R语言应用系列

R in Data Science

数据科学中的 R 语言

李 舰 肖 凯 著

吴喜之　审校

西安交通大学出版社

Xi'an Jiaotong University Press

内容简介

本书是一本 R 语言实战类书籍,目标群体为缺乏编程或者统计基础,但希望能从零开始深入地理解并应用 R 语言的读者。囊括了行业应用的真实案例是本书的亮点,涉及从传统的统计分析领域如新药研发、金融分析到当前最热门的大数据、社交网络等应用的例子。作者把从业以来积累的 R 语言在各行业中的应用案例第一次公开出版奉献给读者。

图书在版编目(CIP)数据

数据科学中的 R 语言/李舰,肖凯著. —西安:西安交通大学出版社,2015.3(2016.9 重印)
(R 语言应用系列)
ISBN 978 - 7 - 5605 - 7082 - 2

Ⅰ.①数… Ⅱ.①李…②肖… Ⅲ.①程序语言-程序设计 Ⅳ.①TP312

中国版本图书馆 CIP 数据核字(2015)第 028978 号

书 名	数据科学中的 R 语言	
著 者	李 舰 肖 凯	
审 校	吴喜之	
责任编辑	李 颖	
责任校对	贺峰涛	

出版发行　西安交通大学出版社
　　　　　(西安市兴庆南路 10 号　邮政编码 710049)
网　　址　http://www.xjtupress.com
电　　话　(029)82668357　82667874(发行中心)
　　　　　(029)82668315(总编办)
传　　真　(029)82668280
印　　刷　陕西宝石兰印务有限责任公司

开　　本　720mm×1000mm　1/16　　印张　26
印　　数　3001~5000 册　　　　　　字数　465 千字
版次印次　2015 年 7 月第 1 版　2016 年 9 月第 2 次印刷
书　　号　ISBN 978 - 7 - 5605 - 7082 - 2/TP·654
定　　价　79.00 元

序　言

　　无论从数据科学的角度，从编程语言的角度，还是从应用的角度，这本书是给读者的一个完全意外的礼物。

　　这本书如此简明，使用最少的文字清楚明白地传达了大量的信息；这本书的内容如此丰富，鲜有包含这样多资源的涉及 R 语言的文献；这本书的作者站得高，绝不纠缠那些繁琐而非必要的细节，读者可以很容易地看到问题的全貌和整体结构，而这是获得任何知识的关键；这本书的安排对于性急的人非常方便，若干分钟就可以获得通常几天才能获得的信息。

　　这本书的成功在于作者的经历：统计 — 计算机软件 — IT 相关业界。没有这样的背景，不可能对问题驱动的数据科学如此明白，也不可能对软件要素的理解如此清楚，更不可能对众多应用如此轻松地介绍。这本书的成功还在于作者多年的实际经验。实际经验比众多的文凭、奖状、职位等更重要，这本书的写法和内容体现了作者本身能力和知识增长的历程，在实践中获得的知识和能力远非课堂灌输式教学所能比拟的。作者的轻松幽默的心境为这本书画龙点睛，这来自于他们的智慧，使读者能够在一种令人享受的心情下阅读这本书。

　　这本书使我得到相当的满足和愉快，相信读者也会有同样的感觉。

吴喜之
2015 年元旦

前　言

僭称科学家我本来是不敢的，不过如今人们对数据的研究和应用的主战场在业界，"数据科学家"通常指的是一个职位的名称。我的部门现在新招的职位都是"Data Scientist"，所以我自称数据科学家应该还好。从我本科进入中国人民大学学习统计学专业开始到现在的 10 多年时间里，我所有的求学经历和职业生涯都在和数据打交道，在数据应用的最前线感受到了业界对于数据价值理解的巨大变化。也亲身经历了从数据被冷遇到如今"大数据"成为显学这一激动人心的变革。这些年的很多经验都化成了这本书中的内容。在这里，我回顾自己在数据科学家道路上的一些经历，用自己的视角来总结这个数据时代的变化，也作为这本书的前言。

我少年时的志向和很多无名的儒生一样，"为天地立心，为生民立命，为往圣继绝学，为万世开太平"，结果也一样，就是越长大越失望、越难有新的目标，对什么事情都不执着，常被推着走。当然也不会否定自己，习惯顺其自然。就这样不小心走上了数据科学家的道路，在这条路上我经历了很多次对知识和技术的被动接受与主动融合。

我们那时高考是先估分再报志愿，很适合我，我对自己的估分很有把握，所以敢于填报一直心仪的人大，最后果然实际得分和估分只差两分，可是离最低录取线也只差两分。于是我被人大录取了，但是专业是我填报的第五志愿，也就是当时还算冷门的统计学，前面四个专业我就不提了，怕被骂黑子。

入学时是 2001 年，刚进入新的世纪。我对统计最初的看法和很多人一样，以为就是算 GDP 和物价指数。后来我在很多报告中都会讲一个段子，"搞计算机的人最烦的就是被叫去修电脑，搞统计最烦的就是一桌人吃完饭后被要求算一下账单是否对"，即使到现在场下都还有不少人笑，说明人们对统计的误解还没完全消失。遥想我自己当年，大一时去系里主办的"资料采矿研讨会"当志愿者，听到谢邦昌老师介绍资料采矿时我还在纳闷"难道台湾也搞采掘业？"后来看到数学公式才明白不是我想的那样。陈希孺老师出来时我和同学都以为可以听懂，因为报告题目是基尼系数，这个词在经济学教材中我们都懂，结果幻灯片出来后没一个人懂，陈老师开口后我比同学多懂了一点点，因为我能听懂一点点的长沙话。从此以后我知道了统计不是以前想的那样。

大二的时候，吴喜之老师给我们上了统计计算的课，这是我求学阶段最庆幸的事。当时赶上非典，这门课被拆成了两部分。一半的人逃回家了所以暑期回来补课。在家期间我以研究吴老师教的 R 语言为乐，回来后考试得了 100 分，这是我学生生涯中期末考试的唯一满分，当时高兴了好久，完全不会想到现在 R 成为了我工作中的主要工具。我们系大三时就有自己的导师，我跟着吴老师从学年论文写起。算起来我学 R 的起点还是很高的，当年把吴老师那本《非参数统计》中的例子全部用 R 代码实现了一遍，开始尝到了编程的甜头，因为之前觉得像天书般的非参数统计在我写完程序后就觉得什么都懂了，而且对吴老师的引言里的内容有了更深刻的理解，直到今天，我这本书的引言里都还借鉴了好多吴老师的思想。我从当年的程序中选了一个符号检验放在本书附带的 R 包中，在"假设检验"一节中还用到了，这个函数的源代码完全可以当作编程规范的反面例子，但是我丝毫不害怕丢脸，因为即使当年这么弱的水平，也可以写 R 程序，而且有用，直到今天还能用，这就是 R 最大的价值，当然也是数据科学的价值所在。从那时起我就发现了一条学统计的捷径，遇到任何不懂的地方，拿到数据后写程序算个结果再来看书。

大四的时候有门专业课叫做"数据挖掘"，这在当时是个极热门的概念，在世纪之交的时候，数据挖掘被各路专家钦点为新世纪最重要的技术。当时谷歌刚刚上市，国内的数据电子化和企业信息化也差不多成熟了，人们的问题由数据不够变成了数据过多，需要借助搜索引擎和数据挖掘才有可能获取有价值的信息。当时比较流行的说法是"知识爆炸"，各路英雄都瞄准了这个激动人心的方向。当时甚至还有数据挖掘和统计学谁主谁次的争论，也有很多认为两者就是一回事的观点。而当时的我对数据挖掘的理解只是关联规则、聚类、分类、神经网络等具体算法的实现。按照我当时的认知水平，我感觉数据挖掘只是对统计方法的补充以及对大数据量的实现，在思维方式上并没有什么不同。当然，那时我对数据挖掘的理解完全是根据其自行描述的理想状态来判断的。

由于统计专业当时仍然不热门，我考研时报了热门的北大光华，当年有个数理金融的方向，我很看好，可惜结果下来后总分出局，不过成绩不算太差，正赶上那时候软件学院刚开张，所有科目和总分都过线的话就可以调剂一个金融信息化方向的双证，于是我又被推着朝数据科学家的方向近了一步。我很喜欢自己的一个优点就是从不抱怨，为了让之前的努力完全没有白费，我就迅速地找到了自己的专业和软件的结合点，在软件学院苦练数据结构和编程技术，也多学了几种编程语言，曾经也怀疑过这样苦练的意义，因为不可能超过同资质下计算机出身的人，后来在我的导师杭诚方老师教的课程中找到了自信，那是一个 OLAP

的练习，我感觉那些立方体实际上就是 R 中的多维数组，于是自己用 R 写了个 OLAP 的工具，从分析结果来看，不比其他同学用商业软件做的差，从此我开始从自己以前的专业中找到了存在感，也可以以一个更轻松的心态来随意学习自己想要的，而不是跟在编程高手后面追赶。

研究生入学的时候是 2005 年，数据挖掘正如日中天，但业界更喜欢热炒的一个词是"商业智能"，简称 BI。BI 主要是厂商提的概念，按道理应该包含数据仓库和数据挖掘。当时大的企业都有 ERP（企业资源规划）系统，小的企业至少也有 MIS（管理信息系统），这些系统都能采集数据，再加上其他各类应用系统，使得数据的内容过于丰富，快速而直观地发现数据中的规律是企业非常现实的需求。数据仓库的思路是将所有系统中的数据存入一个数据库，但这个数据库的设计范式与业务系统的不同，因为其目的是数据分析而不是操作，所以数据的增删改并不重要，而数据的查询非常重要。这样的数据就是数据仓库，可以从数据层面实现企业内所有数据的整合，同时能够快速地访问所需要的数据。所有的数据仓库都包含 OLAP（联机分析处理）系统，基于数据仓库对数据的各个维度进行展现。维度就是统计中分类变量的概念，在行业中也常被写成"纬度"，这和把"阈值"写成"阀值"的是一个门派的。一般来说，BI 项目的核心就是建数据仓库，而建仓库时最大的工作量是 ETL（数据清洗、抽取、转换、加载等），基本上仓库建好后靠 OLAP 就能解决一般企业绝大多数的分析需求，因此很多时候 BI 都不包含数据挖掘。对厂商来说，以 ETL 为主导的 BI 项目可以用比较便宜的人工，同时也容易复制，因此慢慢地在行业内 BI 这个词就变味了，变成了 OLAP 和报表可视化的代称。我那个时候还没有深入业界，虽然有这样的怀疑，但是不敢真往这方面想。

我的实习和第一份工作是在西门子，一个财务相关的部门。同事大多是会计背景，但是他们用 Excel 的能力让我惊叹。我的工作是分析财务数据，但是实际的内容主要是操作 SAP 然后用 VBA 写自动化报告的程序，工作的过程中我也感受到了 Excel 和 VBA 的强大，最重要的领悟就是任何语言都有可能解决任何的问题。网络上喷来喷去的只是弱点，可能影响到效率，但实际工作中，人们最关注的是能与不能，而不是好与不好。用 Excel 的过程中我解决了同事提出的所有问题，有些和交互协作相关的问题就用 JSP 来写，不过当时公司的服务器上没有 Tomcat，于是自学 ASP 也都解决了。毕业后我留在了西门子，并随公司搬到了上海。

我很庆幸我在西门子的工作经历，可能当时入职时最吸引我的只是五百强的虚荣。但在这样的大企业形成的工作习惯是可以受用一辈子的。虽然效率不是很高，但是任何的工作细节决定了所有的努力不会白费也不会起相反作用，这里不需要个人英雄主义,只需要所有人的合力。在自己的位置上完成本职工作就是成功。工作的节奏对我这样的急性子来说太慢了,但是慢下来之后和大家的节奏契合之后常常能出一些我之前想象不到的成果,这都是我自行摸索学习不到的东西。

在感到已经没有可学的东西之后,两年过去了,当时已是 2009 年。继续呆在这里只需要深入学习会计和熬资历,一步步升职加薪就能变成真正的外企人,一直成为有用的螺丝钉,我之前的专业和兴趣就要白费了。于是我选择了另一个极端。源略数据是一个当时的创业公司,其理念是融合 IT 和统计,打动了我,一看 Logo 就喜欢,八卦变来的。即使现在我也佩服老板们的远见,当时要搞的就是今天的数据科学。各种类型的项目都做,不限行业不限内容,从满意度调查到 BI,从运筹学到文本挖掘,都是我们的解决方案。在源略的两年是最开心的时间,一群人可以在办公室里搞烧烤,装个卫星锅看世界杯,还一起自驾千里去搞户外,有过这样的经历后现在对创业就没那么向往了。公司在这段时间靠项目过得很不错,但是最终没能迎来大家期望的对数据需求的爆发。可能在很多人看来只是个没成功的理想主义公司,但是这段经历对我来说非常重要。我作为一个资历尚浅的人可以担当很多重要的角色,很多之前的想法在实际项目中一一得到了印证,纯粹地做任何喜欢的事情,以前不确定的地方靠本事也能找到自信。当我想离开的时候,有一种出山的感觉。

在源略数据的两年时光里,数据开始慢慢变得热门。R 语言也开始走入人们的视线,中国 R 语言会议也办起来了。行业里数据的应用仍然是以 BI 为主,但是很多新的应用已经开始兴起。除了具体的技术和工程实践,我开始意识到对数据的理解其实是最重要的能力。纯粹的技术能解决的问题很少,很多时候问题错综复杂,涉及到多个系统之间的复杂关系甚至人与人之间的复杂关系,数据散布其中形成一个又一个难解的结,再前沿的技术也难以成为一把斩断乱麻的刀,只能靠人来抽丝剥茧,然后在不同的阶段和环节选择最有效的或者自己最擅长的工具一个个地解决问题。如果之前没有一个清晰的总体的理解,那么很容易就陷入到局部的死胡同去硬撼各种难题,反之,如果找到了一条正确的道路,就可以用最经济的方式来解决问题。直到今天我都认为这些是数据科学家最重要的技能,实际上也是最容易被忽视的。

下一站是 Mango Solutions,也是此时此刻我的公司。2011 年离开源略后我对自己不再怀疑,开始坚定地向数据应用的巅峰挑战。选择无非只有两条路,读个博士搞学术或者在业界找个更专业的地方搞技术。无论哪种选择,最现实的出路就是找个狭小的领域寻章摘句或者找个狭小的圈子千锤万凿。我选择了后者,因为我信仰数据的价值,但并不执着于方法。在数据应用的领域,学术界和业界的差别不大，总之数据为王，能更多见到数据的地方就是好地方。Mango 是个专业用 R 的公司，与我的专长非常匹配，更重要的是它可以深入业界去解决一些和数据相关的具体问题，无论大小、无论难易，客户高兴就是最好的度量，这样简单的评价方式是我喜欢的。

在 Mango 一呆就是四年多，已经超过了人大，是我在一个组织内呆的时间最长的了。这四年里，我接触到了欧美很多顶尖的公司和顶尖的人，从他们的项目中学到了很多东西，也帮助他们解决了不少问题，看着自己曾贡献的努力出现到了人们的日常生活中是一种很好的体验，感觉自己的价值得到了实现。这四年的时间也使我从一个青年人变成了中年人，在专业的道路上越走越远，也牺牲了很多原来的兴趣。在这个阶段，我感受到了自己之前所有的技能融会贯通了，统计、编程和沟通能力自不用说，这是基本的技能，即使是会计、市场、销售的能力也感觉很有用武之地。更重要地，我体会到了行业的差异、东西方的差异、文化的差异并没有想象的那么大。能帮到别人，就会是受欢迎的人，能解决难题，就会是令人佩服的人。

这段时间随着互联网行业的成功，"云计算"迅速成了热点。我非常欣赏这种模式，因为"云"是可以对抗传统厂商的绑架的。通过廉价开源的个体聚集成庞大的系统，这就是互联网的精神。但是发起这个概念的人更多的是计算机专家而不是数据的专家，并不是所有分析算法都可以轻松部署到云上的，因此业界的云计算大部分沦为云存储平台。正如之前的数据挖掘变成了关联规则和分类算法、商业智能变成了 OLAP 一样，都是很好的概念被厂商狭义化了。

很快，"大数据"的概念崛起了，迅速占据了最热门的位置，其热度是之前任何时代的热炒概念所不能比拟的。对于大数据，虽然仍然存在很多跟风炒作的，但是不得不承认它确实开创了一个全新的时代。大数据的概念完全是应运而生，因为数据的来源有了翻天覆地的变化，数据的规模完全足够，计算的能力也得到了长足的发展，新的机器学习方法也不断涌现，终于赢来了数据应用的黄金时代。社会上也开始广泛地关注数据的价值和大数据的应用，随后也产生了"数据科学"这一理性的概念。这是所有数据从业者的好时代。

这四年里，数据的价值在国内得到了认可，R 语言也越来越火。工作之余，我和统计之都 [1]一群志同道合的伙伴们也时常探讨数据的价值，也闲聊各类八卦，还组织了规模越来越大的中国 R 语言会议，我们逐渐发现，数据已经融入到了自己的生活和价值观中。理解问题、相信数据、慎用方法、尊重需求，这就是数据科学家的思维方式。数据科学家不是拯救蒙昧的传道者，不是秀智商优越感的"理科生"，不是曲高和寡的"专业人士"，而是真正能用数据来解决问题的

---

[1]Capital of Statistics，简称 COS，主页是 cos.name，是一个旨在推广与应用统计学知识的网站和社区。

实干派。这在本质上与 R 语言是一致的，也是如今大数据时代下这两者越来越火的原因。记得 2012 年北京的 R 语言会议结束之后，郁彬老师给我们作了一次印象深刻的报告，郁老师强调的统计应该跟上现代的节奏、要主动去和计算机结合、要深入到应用领域的观点让我感觉自己做的事情很有意义。

最初有写这本书的想法是在 2012 年上海 R 语言大会时，李颖找到我和肖凯开始谋划一本基于 R 语言与数据实战的原创书。当时肖凯提议起名数据科学时我还从来没听说过这个词，没想到短短两年多的时间后，这个词会变得如此火热。当然，从另一面来看，我们这本书居然写了两年多还没写完。当时我还担心数据科学的书名让人摸不着头脑，不过在读了肖凯写的博客和推荐的链接之后，觉得这个词可以非常精确地描述我们的工作。我们从数据出发，介绍各种方法的原理、在 R 中的实现以及在具体领域中的应用。书中的内容全部来自于我们平时工作中的经验和对 R 语言的感悟，与传统的统计学、R 语言编程或行业实战类书籍都有所不同，命名数据科学是再合适不过了。

感谢中国人民大学的吴喜之老师，从我当年开始学习 R 语言到现在从事专业的数据分析工作，都离不开吴老师悉心的指点，对于本书吴老师也提了很多宝贵的意见，帮助我们改正了不少错误。感谢统计之都的伙伴们，很庆幸有这样一群志趣相投的朋友，大家利用业余时间一同为统计学的普及和应用而努力，平时各类专业问题的讨论和各种各样的八卦是这本书的重要动力和源泉。感谢浙江大学软件学院金融数据分析技术专业 2013 级和 2014 级的全体同学，我在讲授"金融数据分析基础"和"R（语言）及其应用"课程的时候用到了本书中大部分的例子，同学们的参与和反馈为本书的不断完善提供了很大的帮助。

本书作者李舰撰写了第 1 章、第 5 章、第 7 章、第 9 章、第 12 章、第 13 章、第 15 章、第 16 章和第 11.2 节，作者肖凯撰写了第 2 章、第 3 章、第 4 章、第 6 章、第 8 章、第 10 章、第 14 章和第 11.1 节。全书整体风格的统一、语言的润色和文字的校对由两位作者和编辑李颖共同完成。关于本书的意见和建议请联系作者的邮箱 rinds.book@gmail.com。书籍的相关资源和勘误请参见 http://jianl.org/cn/book/rinds.html。欢迎任何的建议和指正！

李舰

2015 年 3 月 1 日

目　录

第 1 章 引言：数据科学与 R

1.1 数据科学简介

1.1.1 什么是数据科学？

关于数据科学这个词的渊源，可以追溯到很久以前。Wikipedia [1]上目前最早考据到上个世纪 60 年代 Peter Naur 提出了这个概念。郁彬教授认为上个世纪 40 年代 Turner 和 Carver 等人就提出了数据科学的思想[40]。C.F. Jeff Wu 于 1997 年旗帜鲜明地提出了"Statistics = Data Science?"[37]，那个时期差不多正是数据科学逐渐变得广为人知的开端。通常认为，从 2008 年 DJ Patil 和 Jeff Hammerbacher 把他们在 LinkedIn 和 Facebook 的工作职责定义为"数据科学家"的那段时期开始，数据科学开始在业界流行起来。截至目前，数据科学这个词已经炙手可热，在欧美，"Data Scientist"这个职位已经成为招聘市场的宠儿。

然而"数据科学"在国内还没有这么热门，近两年随着"大数据"的风潮而崛起。由于数据科学这个词在欧美业界的流行程度更甚于学术界，但究其内涵，推崇数据领域全栈的解决方案，很容易借助开源软件来摆脱传统厂商的绑架，所以完全不具备被炒作的特性。因此数据科学在国内的讨论也不是非常多。国内很多媒体和网文中的观点并不是很准确，基本上只要和处理数据有关系的技术都可以被称为数据科学。这样的理解不能说有很大的错误，但是非常容易引起混淆。由于本书专门介绍数据科学及其在行业中的实现方法，因此有必要对"数据科学"这个概念进行明确的界定和阐述。

如果要对数据科学下个定义的话，我们认为数据科学是使用科学方法从数据中获取知识的学科。关于"科学的方法"的介绍，占据了本书的大部分内容。需要注意的是，作者有时候会基于易经来算卦，网络上也有不少人不加理解地拿数据套用某些模型、方法或者工具直接得出结论，这些方法都是从数据中得出的结论，但都不是科学的方法，所以自然也不能称之为数据科学。此外，我们强调了"从数据中获取知识"，所以一些基于演绎和推导得出结论的科学方法也不纳入数据科学的范畴，比如如果某些药物或者食品通过长时间科学的试验，我们从

---

[1]http://en.wikipedia.org/wiki/Data_science

临床试验数据中得出安全性的结论就是数据科学，但如果直接从其中的生物学、化学原理出发来证明其安全性，就不是数据科学。

关于对数据科学的理解，我们通过图1.1中的韦氏图[2] 来描述。

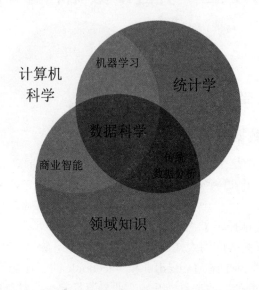

图 1.1　数据科学的韦氏图

这幅图从数据科学涉及到的三个主要领域即统计学、计算机科学、领域知识出发，通过两两结合和三者结合，列出了不同的学科或者行业领域，一共包含七个名词。其中涉及到的一些学科或者领域并不完全与数据有关，所以介绍时只关注其中和数据相关的部分。在这里，作者主要是根据自己的经验进行介绍，可能是一家之言，但是代表了全书的观点。

（1）统计学

统计学是三个领域中唯一一个只和数据相关的学科。可以说统计学是数据科学的核心，因为数据科学的科学性是由统计学体现的。这并不是说其他的领域不是科学，比如计算机科学，当然是科学，但使用计算机的方法进行数据分析的时候并没有专门强调科学性。除了通过简单的分类汇总之类的计算可以得到分析结论以外，复杂的分析常常涉及到推断，关于推断就不能不深入地去研究模型和方法的假设，不能不去透彻地理解数据。

---

[2]　网络上关于数据科学有一张流传很广的韦氏图：http://drewconway.com/zia/2013/3/26/the-data-science-venn-diagram，但是该图遵循 CC Attribution-NonCommercial 协议，无法引用到书籍中。此外，该图与本书作者的观点也有所不同，图1.1是本书作者根据自己的观点使用 R 做的韦氏图，请读者注意其中的区别。关于描述数据科学的韦氏图，类似的还有 IBM 提供的图 https://www.ibm.com/developerworks/jp/opensource/library/os-datascience/。

Efron 说过："统计是仅有的系统地研究推断的科学"。数据分析最重要的目地是研究过去和推断未来，所有对未知的推断都基于历史数据和各种假设，统计之所以是科学就是在假设数据满足某些前提的条件下通过严格的证明和否定，从而得到科学的结论。如果没有这个过程，直接从数据中调用某个工具或者算法就得到结论的话，很容易就变得不科学或者伪科学。

对于科学来说，一直是在否定中发展的，通常是先提出理论或者假说，然后通过试验来证明或者证伪，每当旧的理论被新的理论推翻，就很有可能实现人类的进步。这就是科学的魅力所在。这也是统计学的思维方式，统计学建模的前提是对真实的世界提出假设，然后通过模型来描述，通过数据来支持或者否定，一旦有新的模型能取代旧的模型，就能更好地分析这个真实的世界[41]。

如果脱离了数据或者真实的世界单纯去研究统计的模型，实质上就成了数学的分支，并不是统计学的目的。数学的方法和数学公式是统计学科学性的保证，但数学的思维方式本质上和统计是不同的。数学的世界是一个理想中完美的世界，大部分的结论都是来自于演绎的思维方式和严密的推导。而统计是在模拟一个真实的世界，其思维方式是基于归纳的，所有的结论都来自于数据，甚至可以说来自于历史，这和人类靠经验做决策是相似的。

在图1.1中，我们并没有提到数学，就是因为在数据分析的过程中，我们把数学当作一种工具或者理论基础，我们直接接触到的方法并不是数学，虽然很多都是数学公式，但数学公式只是载体，我们使用的是它们代表的统计模型或者计算机算法。就好比我们在分析数据时会使用中文对结论进行解释，但我们并不把中文当做分析方法。当然，有些应用数据的分支本身就是分析方法，例如最优化方法，很多统计模型都使用最优化方法进行求解，当然最优化方法也可以直接用来解决很多问题（我们在"第206页：9 最优化方法"会进行详细的介绍），但此时就成了一种计算机的实现方式。

如果只有统计学而没有图1.1中的另外两个组成部分计算机科学和领域知识，其代表的是一部分传统的统计学者所从事的研究工作。由于统计学是一门应用的学科，虽然在当今的时代下如果离开了计算机能做的事情很少，但也不是没有，可是如果连具体的行业和领域也脱离了，可以说数据都没有了，这部分群体的数目是越来越少的。

（2）计算机科学

计算机科学最主要研究的对象并不是数据。在行业中最重要的目的也不是数据分析。在人类刚进入信息时代时，计算机科学最重要的应用是开发各种软件和应用系统。对于数据分析来说，通过计算机实现了将存储在纸张中的数据电子化，使用计算机也让人类的计算能力得到了极大的增强，能够更方便地解决更复杂的问题。

人类进入到互联网时代甚至今天的社交网络时代或者移动互联网时代之后，计算机已经构造了一个虚拟的世界，在这个世界里人们可以购买商品、获取知识、休闲和娱乐，还可以沟通和社交，这个虚拟的世界已经取代了很多真实世界的功能，当然也产生了大量的数据。所谓大数据时代已经来临，说的就是这个时代。对于数据科学家来说，数据就是金矿，而这些都是计算机赋予的。

除了存储数据和产生数据之外，其实计算机科学对数据分析领域最大的帮助是提供了分析的工具。无论是统计软件还是各类分析系统，都是通过计算机编程实现的。那么运用计算机的能力就成为数据科学中最重要的技能。我们可以说数据科学中最核心的思想基础来自于统计学，我们也可以说数据科学中最重要的技能来自于计算机。

尤其是在当今的大数据时代下，如果没有很强的计算机编程能力，很多想法根本无法实现。尤其是数据量非常大的时候，如果能高效地完成分析，那么将会比其他人有更多的时间来探索新的方法。如果做数据分析而不擅长编程，只会处处被掣肘，只能去解决传统的问题。这对于一个数据科学家来说是不可想象的。

在数据科学的实际应用领域，若仅具备计算机的技术，而不涉及具体行业并且没有统计背景，对应的是数据库工程师和算法工程师之类的专门人才，虽然非常重要，但是在数据科学的领域中比较边缘。随着真正的数据科学家的大量崛起，在数据分析和处理的领域，传统的计算机工程师的重要性会受到很大的挑战。

（3）领域知识

领域知识可以理解成行业里的分析经验，在这里专指不依赖于计算机程序和统计模型的分析经验。主要是指对行业或者实际需求的理解，如果是数据分析，那么就是对数据本质的理解。如果说数据科学中一定要选出一个最重要的部分，我觉得应该是领域知识。这也是最容易被忽视的环节。仅擅长数学的人容易有智商上的优越感，仅擅长计算机的人容易有技术上的优越感，但是这些优越感更多时候其实是幻觉，在数据科学的应用领域中，如果不能对需求以及数据的背景有着深入的理解，就很容易手持两大科学利器而走向不科学的不归路。

所谓"兵者凶器也，圣人不得已而用之"，我们可以用其来类比数据科学。数据科学是有目的的，而不仅是研究理论，如果通过对数据的深入理解就能解决的问题，千万不要想着一定要使用自己擅长的技术，这在古时候叫做"削足适履"，在今天叫做"拿着锤子找钉子"，是数据分析领域的大忌。我们这本书为了体现"干货"的特点，绝大部分的篇幅是在介绍实现的方法，即使是关于行业里的经验，也是以技术为主。所以希望读者尤其要注意介绍方法时关于对理论背景和应用领域的理解，千万不要舍本逐末。我们要有把计算机算法和数学公式当作"凶器"的心态，一定要注意"不得已而用之"。

很多传统的分析师，并不需要统计背景和计算机编程能力，比如商务分析师、财务分析师，这些人同样能在职业生涯中取得很高的成就，其分析结论也常常能产生极大的影响。其原因就在于对领域的深入理解。可能有些人不和数据打交道，可能有些人接触的只是会计数据或者管理数据，使用的模型和方法也和数学模型体系相差甚远，但只要能深入地理解数据从而发现规律，就是好的分析。

当然，如果没有计算机和统计背景，沦为平庸的可能性也比较大。不过即使平庸也比得出错误结论要好。

数据科学中的统计学就好比武侠小说中的内功，决定了一个武者的上限。计算机技术就好比武功招式，决定了此时的你到底有多强，而领域知识就好比实战的经验，决定了能不能赢。把内功练到绝顶，可以成为杨过，把招式练到绝顶，可以成为风清扬，把经验练到绝顶，可以成为阿飞，这些都是大家耳熟能详的高手。但是空有一身好内功可能会变成《英雄志》中的郁丹枫，坐拥曾大杀四方的剑招也可能会成为《笑傲江湖》中的林镇南。就算这两位，也都需要很大的机缘。而即使完全没有内功也不会武功的话至少还有可能成为《九月鹰飞》中的墨白。这就是领域知识的价值。

（4）机器学习

在图1.1中我们可以看到，机器学习是统计和计算机的结合，不包含领域知识。我们可以认为它是脱离了行业的数据科学。但这并不意味着机器学习无法应用到实践，而事实上机器学习在实际的应用中非常广泛。

在除正中心的数据科学以外的其他六个部分中，只有机器学习是可以独立存在而且是非常有前途的，原因在于机器学习现在是显学，即使只研究理论，也能有很大的成就。之所以有今天这样的局面，很大一部分原因在于传统的统计学界比较保守，过于关注模型本身，对于模型的理论性要求又过于严格，这样就导致很多基于算法的模型很难发表在统计学的期刊上，更多的是发表在工程、计算机等非统计的应用期刊上[41]。在计算机的计算能力发展到一定的程度后，很多算法在实际的应用中成为了可能，而由于数据量的急剧增加，使得模型的验证也更为容易，因此机器学习作为一个新的学科快速崛起，迅速成了业界明星。

真正的机器学习同时要求强大的编程能力和深厚的数学和统计背景，所以哪怕没有任何领域知识的支撑，也不用担心会走偏，最坏的情况也只是没有用而已。而这么多年来积累下来的介于经典统计理论和纯粹计算机算法之间的广阔空间也造就了一个巨大的舞台，这也是我们所说的即使脱离行业也有很大前途的原因。但是需要注意的是，由于机器学习的模型主要是通过算法来实现的，虽然提出模型和理解模型都需要深厚的数学和统计背景，但是应用模型会非常简单，不需要像使用统计模型那样理解所有参数的含义（实际上机器学习模型中很多参数也没办法理解）和检验的结果，因此使得其应用门槛非常低，更加容易犯错误。这也是我们认为的其与数据科学最主要的差别。

如果是致力于理论，那么机器学习完全可以独立存在。但是如果对模型不加理解而试图直接应用的话，很容易陷入到危险的境地，这和其他计算机方法存在的问题是一样的。从这个意义上来说，只有数据科学可以弥补其在应用上的问题，也就是说需要加入领域知识。本书"第175页：8 数据挖掘和机器学习"会专门介绍机器学习的一些方法，从标题来看，应用领域的机器学习与数据挖掘和其他基于计算机的分析方法是类似的。我们在"第7页：商业智能"会进行详细的讨论。

（5）传统数据分析

传统的数据分析是统计学和领域知识的结合，可以不需要计算机编程的能力（并不是指不需要计算机），这是数据分析最广阔的应用领域，也是早期统计学专业的毕业生最主要的就职空间。甚至最主流的职位就称为"数据分析师"。我们之所以加上传统两个字，主要是在介绍数据科学时用来和广义的数据分析相区别，因为数据科学最重要的目的也是数据分析，这是和数据处理等概念相对应的一个词。

对于传统的数据分析师来说，需要对领域知识和统计原理有着深入的了解，这和数据科学家在本质上是一致的。如果我们要在除数据科学家之外的六个领域中找出一个最能接替数据科学家的类别，那么非"数据分析师"莫属，因为传统的数据分析师除了编程能力有所欠缺之外，最重要的特征与数据科学家是没有分别的，直接使用统计软件的图形化界面也可以进行很多分析，不具备编程能力的话只是在一些新的领域和对一些新的方法难以处理，容易受制于人，但是对于传统的分析领域是不存在任何问题的。

传统的数据分析师是最有可能成为数据科学家的人群，不过他们需要训练自己的编程能力。如果没有计算机背景的话，学习计算机编程语言通常会感到困难。但是有了 R 语言之后，这个问题会变得简单不少，R 语言甚至可以说是专门为传统的数据分析师而生的。尽管作为计算机编程语言 R 存在太多的不完美，但是其最大的特点、也是至今难以取代的优点就是他是统计学家设计的。

Google 公司的 Bo Cowgill 说过一句话不小心就传遍了 R 圈："R 最好的地方在于它是由统计学家创造的，而最糟糕的也正是因为它是统计学家创造的"。这句话非常有道理，R 中最宝贵之处在于它的统计思想和数据思维，这是目前任何主流的编程语言都无法比拟的。很多其他语言也擅长分析和处理数据，甚至性能会更好、语法也更清晰，而这些方面 R 的表现比较糟糕。但是 R 直指统计的本心，可以很方便地从模型的角度来思考数据，在各行各业分析师（而不是程序员）的贡献下，其包含的分析方法也几乎是无穷无尽的。R 非常容易入门，尤其是适合传统统计背景的数据分析师学习，如果目标是数据科学家而不是计算机程序专家的话，R 是一个最好的选择。

当然，对于传统的数据分析师来说，还有另一种选择，就是 Excel 中的 VBA，作者曾经使用 VBA 实现过本书中大部分的需求。由于本书是基于 R 语言介绍数据科学，所以不对 VBA 等其他工具进行详细的讲解。之所以要在此处提起，主要是为了说明数据科学家并不是依赖于工具的技术人员，所谓"高手眼中，落叶飞花皆可伤人"，就是这个道理。

（6）商业智能

图1.1显示，计算机科学与领域知识的结合就是商业智能。在网络流传最广的那副数据科学韦氏图中，类似这个领域的区间被标成了"危险区域"。这当然是可以理解的，我们在前文中也提到了，如果没有统计学的背景，数据科学很容易会失去其科学性，最终非常有可能造成危险。

但是在我们的标示中，不加任何感情色彩，目前来说最适合的名词就是"商业智能"，简称为 BI。这是国内业界描述这个问题时所使用的最主流的词汇。关于这方面的词汇的辨析是最困难的，因为既要介绍业界流行的概念，又要说明这些词汇原本的含义。

在业界里，对于本质上相同的产品，隔几年就换个词汇热炒一番是最常见不过的手段。因此很多非常好的名词很可能会被变得越来越狭义化。首先要介绍的一个名词就是"数据挖掘"，其实从其诞生之初的使命追溯的话，这其实就是数据科学所做的事情。但是随着这个词汇的热炒（其热度曾远甚于今天的数据科学甚至大数据），行业里将其界定在基于数据仓库实现的几种特定算法中了，那么对于同样的问题，学术界的人更乐意把新的算法称为"机器学习"，而业界更乐意把新的应用称为"商业智能"，在无法预知的未来中，同样的东西很可能会占据"大数据"这个词。

在对这些词汇进行更深入的辨析之前，我们先介绍一下这些业界的概念究竟是什么。实际上答案就在我们的图1.1 中。在统计学之外，计算机科学与领域知识相结合也是可以解决实际问题的。由于统计学时常披着数学的外衣，因此在业界不是很受欢迎。实际上，即使不需要任何统计理论和假设，也能够通过算法来发现规律，比如经典的"啤酒和尿布"的例子，这是数据挖掘中关联规则的经典应用。我们用来和统计方法类比，可以发现这是两个完全不同的分析思路。

统计方法可以认为是从数据出发，用模型来拟合数据，对于任何数据的改变，模型的参数基本上就会随之改变，甚至模型也会发生改变。比如对于啤酒尿布的例子，我们可以对于不同时期或者不同超市的数据分析啤酒和尿布的相关性，可能国外的超市啤酒和尿布的相关性很强，而国内的超市相关性不强。但是基于计算机的算法正好相反，是从模型出发的，比如设定好关联规则后，无论把什么数据扔进去都会出来结果，比如国外的数据会发现啤酒和尿布关联度高，而国内的超市是啤酒和花生米关联度高，网络文本的数据甚至是啤酒和炸鸡的关联度高，当然更有可能的是发现不了任何有关啤酒的结论。这就是基于统计学和基于计算机算法的最大差异，很显然，业界厂商更喜欢从算法出发的方式，这样他们可以开发出一套产品后一劳永逸，不论结果是不是我们期望的，但至少是有用的，很多时候甚至会给我们惊喜。所以数据挖掘会迅速地占领了业界。随后当计算机系统上的数据仓库理论成熟起来之后，可视化技术也有了进展，商业智能的应用又成为主流。

因此，在当前的时代下，我们把计算机和领域知识的结合称为"商业智能"。和这个领域相关的职位主要有商业智能工程师或者数据挖掘工程师，但是这些职位的工作内容很可能差别会很大，有些会比较偏分析，有些会比较偏挖掘。

对于 BI 工程师来说，从技术上来看是最容易成为数据科学家的，因为其欠缺的只是统计思维，哪怕没有很强的数学功底也可以把统计学到能用的程度，比起传统数据分析师学习编程要容易得多。但是实际情况中好像并不是如此，很可能的原因就在于思维方式的转变上。

比如有个在网络被转载甚广的关于数据分析的段子：

我是搞数据分析的，学会了如何从 *DW* 中用 *SQL* 对数据 *ETL* 并建立了 *Cube*。然后算啊算啊算，得出结论：今年 *2* 月份营业收入远远小于其他月份。我试图用 *SPSS*、*SAS* 中的数据挖掘模型找出原因但至今无果。扫地阿姨弱弱地说："*2* 月份是春节，所有公司半个月无人上班"。

这里的主人公虽说自己是搞数据分析的，但很显然这是传统 BI 的思维，这也是为什么这个领域会被认为是"危险区域"的原因，无论是传统分析师、还是传统数据分析师、或者数据科学家，都不可能编得出这个笑话，因为文中扫地阿姨的想法是再正常不过的，没有任何亮点和笑点，但是对于 BI 这个领域的"分析师"来说，容易被技术所障，倒是有可能犯这样的错误，这是尤其需要注意的地方。对很多 BI 工程师来说，如果要学习 R 语言，更多的应该是关注其中的应用背景而不是方法的实现。

（7）数据科学

通过对其他六个类别的介绍，我们终于回到了数据科学。这是图1.1中的中心，是统计学、计算机科学和领域知识的完美结合，当然也是我们这本书的主角。通过与其他类别的类比，可以了解到各自的优势和不足，同时也可以了解到数据科学的内涵所在。

统计学、计算机科学和领域知识就好比鼎之三足、乌之三脚，缺一不可。这三者的融合将体现在这本书的所有细节中。其中"编程篇"偏重于计算机的技术，"模型篇"偏重统计学及其他数据分析模型，"应用篇"偏重于行业中的领域知识，但是无论以谁为主、以谁为辅，都不能将三者割裂开来，只有三者统一的应用才是真正的数据科学。

1.1.2 如何成为数据科学家？

《哈佛商业评论》说过："数据科学家是 21 世纪最性感的职业"。究竟有多性感？我觉得和图1.2中的 Lena 差不多。

图 1.2　lena 照片灰度图

Lena 是谁？这张照片有什么来头？请参考"第318页：13.3 图像数据"，这里只是想说，对于这张性感的照片，数据科学家眼中是这样的：

```
## imageData(object)[1:4,1:6]:
##            [,1]      [,2]      [,3]      [,4]      [,5]      [,6]
## [1,] 0.537255 0.537255 0.537255 0.537255 0.537255 0.549020
## [2,] 0.537255 0.537255 0.537255 0.537255 0.537255 0.549020
## [3,] 0.537255 0.537255 0.537255 0.537255 0.537255 0.513725
## [4,] 0.533333 0.533333 0.533333 0.533333 0.533333 0.509804
```

　　谁都知道数据科学家是专门研究数据的，但什么是数据？这是成为一个数据科学家之前最应该弄清楚的问题。这比"To be or not to be"还要重要。

　　每个人都知道数据是什么，但是否真正理解了数据呢？从 Lena 的照片来看，照片并不是传统的数据，可能对有些领域的分析师来说这甚至都不算数据。但是我们将其转换成 RGB 矩阵后就变成了数据，这样的数据任何人都知道拿它做加减乘除的运算，其实简单的加减乘除就可以使得 Lena 照片的亮度、对比度发生变化，这些操作在 R 语言中就只是一句命令的事，详情请继续参考"第318页：13.3 图像数据"。

　　我们举 Lena 的例子是为了说明很多想象不到的东西其实都是数据，尤其是在今天大数据的时代下。图像是数据（参见"第318页：13.3 图像数据"），当然视频也是数据，音频也是数据，文本是数据（参见"第280页：12 R 与互联网文本挖掘"），音频经过语音识别后转成的文本仍然是数据，地理信息是数据（参见"第304页：13.1 地理信息数据"），社交网络也是数据（参见"第312页：13.2 社交网络数据"），凡所应有，无所不是数据。大部分的数据都可以像 Lena 的数据那样转成数值的形式，有些数据不用转也能分析，比如文本数据。即使数据都是数值形式，那么他们是否都一样呢？

　　我们用 1 表示性别为男，0 表示性别为女。那么如果我们在模型中算出了 0.5 是个什么意思？答案是模型用错了的意思。用 0 和 1 与用 1 和 2 没有任何区别，因为这是分类数据，虽然是数值，但是数值只有差异之分，没有大小之分，这是初学统计时学的"定类尺度"，在数据分析中是非常重要的"分类变量"，在 R 中是"因子"。

　　如果我们的 1 表示收入在 3000 以下，2 表示 3000 到 5000，3 表示 5000 到 10000，那么这里的 1、2、3 又有什么不同？很显然 1、2、3 除了表示不同的类别，还有大小之分，对于这种能区分大小的数据，我们有个专门的统计量**秩**（Rank，表示大小排名）可以进行处理，由此入手可以使用大量的非参数方法，比如符号秩检验，只需要利用数据的大小信息就好。哪怕如这个例子一样，1 和 2 之间与 2 和 3 之间的距离并不相等，这样的数据称为"定序尺度"。

　　如果收入类别直接变成收入的金额，那么金额之间的差异是有意义的，我们除了能利用大小的关系之外，还能利用其差值的大小，那么可以选用的统计方法至少又多了秩和检验这一项。其实收入的例子在这里是不合适的，更贴切的应该是温度的例子，10℃ 到 20℃ 与 20℃ 到 30℃ 度之间的距离是相等的，但是我们能说 20℃ 是 10℃ 的两倍吗？如果答案如温度般为否，那么数据是"定距尺度"，否则就是"定比尺度"。

　　一直到定比尺度，可能才是大多数人真正理解的数值数据，因为其加减乘除的值都可以比较。我们通过这个简单的例子是为了说明哪怕是数据中最简单的数值数据,其中的道理也不大简单,哪怕仅仅是数据尺度的变化都可能对应不同的统计方法,就不用说除了数值数据之外的文本数据、图像数据、社交网络数据等复杂的数据形式了。

我们在介绍数据科学的时候一直在强调对数据的理解,这也是我们一直强调统计学和领域知识的重要性的原因。当然这并不是说计算机科学不重要,只是计算机科学的重要性人们都可以看到,我们这本书也会用 R 语言来不断例证,所以对于看不到的地方,比如这里提到的对数据的理解,就是成为一个数据科学家之前尤其要注意的地方。

对于数据科学家来说,理解数据是第一步,以上关于数据尺度的介绍只是数据理解中最基础的部分,在实际应用中,至少还需要理解数据的业务背景,由于这部分的能力主要是靠行业中经验的积累以及对数据的感觉,所以不容易在书中介绍一般的方法。但是我们可以使用统计图形的方式辅助我们理解数据,比如最常用的查看数据分布的直方图,如图1.3所示。

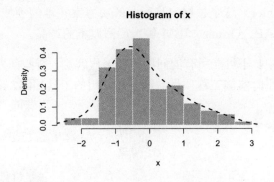

图 1.3 数据分布的直方图

关于数据可视化的展现方法,在"第231页: 10 数据可视化"中有更详细的介绍。

然后是对分析方法的理解,其中至少需要包含统计方法(参见"第120页: 6 统计模型与回归分析"和"第148页: 7 其他统计分析方法")、数据挖掘或者机器学习方法(参见"第175页: 8 数据挖掘和机器学习")和最优化方法(参见"第206页: 9 最优化方法")。这都是业界最常用、最基础的分析方法。

关于数据科学的工具选用,首先需要掌握一门编程语言,本书认为数据科学最好的工具是 R,因此所有的内容都是通过 R 来介绍。实际上,对于图1.1中其他的六个部分,最适合的工具各有不同,这里根据作者的经验简单介绍:

（1）**统计学：**目前最专业的统计软件就是 SAS，如果不考虑成本那么作为统计软件来说没有任何其他缺点。虽然其编程方式非常古老而且不灵活，但传统的统计不需要编程。

（2）**计算机科学：**在计算机应用到数据分析领域中时，最好的选择是 Fortran，不仅是性能的原因，很多分析和计算的库都是由 Fortran 编写。

（3）**领域知识：**最好的工具是 Excel，在不需要专业的计算机技能和统计背景的条件下将能实现的工作做到了极致，如果掌握了 VBA 语言甚至可以直接成为数据科学家。

（4）**机器学习：**目前最好的工具是 Python，作为计算机语言比 R 要完美许多，除了统计分析和图形可视化以外，R 能做的 Python 可以做得更好，但它一个很大的弱点是非计算机背景的人不容易上手，而机器学习恰好不看重领域知识，重视计算机技能，工程应用中弱化数学和统计的能力。

（5）**传统数据分析：**目前来说，最方便的工具还是 SPSS，用户也是众多，其图形化操作的方式非常容易上手。

（6）**商业智能：**这部分是行业中使用工具直接分析的主流领域，最好的工具可能是 RapidMiner。这个领域也是商业解决方案扎堆的领域，最流行的 BI 工具主要是 SAP、Oracle、IBM 等大厂商旗下的产品。

在日常的工作中，不可能所有的问题都要编程解决，有些问题也不是编程能解决的。根据作者平时实施工程项目的经验，常用的工具如图1.4所示。

图 1.4　数据科学的常用开源工具

需要注意的是，其中的工具不一定是所在领域中最优秀的，但所有这些工具可以共存在一个体系中，也是业界常用的解决方案，而且其中的所有产品都是开源的。数据科学最重要的目的是数据分析和建模，因此 R 处于中心的地位。

基于 Java 来开发系统框架比较常见，在作者的项目经验中，参与开发过的比较大的系统是部署在三千多台 Grid Engine 集群上的 Java 系统，其中 R 作为运算和报表引擎，也要分布式地部署在三千多台服务器中。对于纯粹的大数据的管理和分析来说，Hadoop 是目前最主流的选择，R 的部署也要容易许多，只需要按照标准流程根据具体的分析任务编写 Maper 和 Reducer 函数即可，由于基于 Hadoop 的分析应用都是可扩容的，所以对设计分析算法来说，10 台机器与 1 万台机器并没有什么区别。

对于纯分析型项目，NoSQL 数据库也是比较好的选择方案，由于数据分析本身就是在建立关系，所以之前的关系型数据库不仅没有太大用处反而会影响性能，因此在数据科学相关的项目中使用 NoSQL 也是比较好的选择，尤其是高维数据。如果是传统的数据形式，使用传统的数据库来建立数据仓库也是很有效的方案，其中 MySQL 和 PostgreSQL 比较流行，后者使用得越来越广泛，而且对 R 的支持要好得多。

有些在数据库平台下的分析项目，需求可能只是普通的 BI 或者数据挖掘，其实也有比较好的开源工具可供选择。BI 系统中社区版的 Pentaho 功能非常强大，本书作者还开发了一个 R 的接口[3]。对于数据挖掘，Weka 也是一个很好的工具，R 中还有 `RWeka` 包可以使用。

操作系统方面使用 CentOS 比较多，对于相对小型一些的应用会使用 Ubuntu，因为与 PC 机的操作相同所以用起来比较方便。此外由于作者的项目经验主要是 Java 框架，因此在网络服务器方面 Tomcat 接触得比较多。

关于图形可视化，R 中的静态统计图形可以说是行业里的极致，如果是动态交互图形，就需要借助于其他工具，目前最常用的方案是基于 HTML5，R 社区中存在很多非常好的应用。对于 3D 的交互图形，基于 OpenGL 的 `rgl` 包是一个很好的选择。

需要注意的是，与图1.4相关的除了 R 之外的所有软件都不是数据科学家应该必备的技能，只是作者给出的一个参考方案。数据科学本质上是和数据一起愉快地玩耍，无论是从统计出发、从计算机出发或者是从领域经验出发，只要能针对自己的特长和不足，将三者完美地融合起来，就能成为一名合格的数据科学家。如果目前不处于这三个领域之中的任何一个，要寻求一条成为数据科学家的捷径的话，我给出的建议和"熟读离骚痛饮酒"就能速成为名士那样，就是"熟识统计狂练 R"。

---

[3]参见 `https://github.com/lijian13/Rpentaho`

1.2　R 语言简介

1.2.1　什么是 R？

R 语言的前身是 S 语言，S 语言诞生于 John M. Chambers 领导的贝尔实验室统计研究部。1976 年 5 月的时候，Chambers 和同事第一次讨论这个想法，然后很快就使用 Fortran 实现了，此时的 S 语言称为第一版（S Version 1），提供了很多算法的接口，但是只支持作者当时的操作系统。从 1978 年开始进行了很多更新，开始支持 Unix 系统，此时称为第二版（S Version 2）。1983 年到 1992 年是 S 语言的成熟期，此时称为第三版（S Version 3），与今天的 S 语言和 R 语言差别就不大了，在此期间有了"万物皆对象"的概念。

1993 年，S 语言的许可证被 MathSoft 公司买断，在此基础上的 S-PLUS 成为其公司的主打数据分析产品。之后在 1995 年的时候 S 语言又经过了一次比较大的更新，称为第四版（S Version 4），我们今天使用 R 中的面向对象机制时用到的术语 S3 和 S4（参见"第98页：5 面向对象"）就是来自于 S 语言的版本。由于 S-PLUS 继承了 S 语言的优秀血统，因此被世界各国的统计学家广泛使用，并成为世界上公认的三大统计软件之一。不过自从 R 诞生之后，S-PLUS 首当其冲，2008 年时，TIBCO 收购了当年的 MathSoft（2001 年已改名为 Insightful）公司。目前的 S-PLUS 已经纳入了 Spotfire 平台，开始往解决方案的方向发展了。

S 语言表现极为优秀，因此在 1998 年被美国计算机协会 (ACM) 授予了软件系统奖，这是迄今为止众多统计软件中唯一获得过该奖项的。

R 可以认为是 S 语言的一种"方言"(dialect)，同时也吸收了很多 Scheme 语言[4]的特性。根据 R 语言的作者之一 Ross Ihaka 的回忆，很久以前他读了《计算机程序的构造和解释》这本经典的书籍之后受到了很大的启发，而当时他正好有权限使用最新版的 S，于是时常思考 Scheme 与 S 之间的不同。有一次他打算用 Scheme 向别人演示词法作用域的时候，由于手边没有 Scheme，就用 S 来演示，但是失败了，这让他萌生了改进 S 语言的想法。1992 年 Ross Ihaka 和 Robert Gentleman 在奥克兰大学成为同事，二人为了教学的目的基于 S 合作开发了一门新的语言，根据二人的名字首字母，将其命名为 R[38]。

时至 1995 年 6 月，在很多人的建议下，R 终于在 GPL 协议下作为开源软件发布了。两位作者也吸纳了其他的开发者参与 R 的更新。到了 1997 年的时候，成立了正式的开发组织，就是今天的 R 语言核心团队（core group），1997 年刚成立时人数是 11，2008 年的时候增加到 19 位，从 2011 年至今，一直维持

---

[4]Scheme 语言诞生于 1975 年的 MIT，是 LISP 语言的一个方言。

在 20 位[5]。

随着 R 版本的逐渐成熟和稳定，R 在行业里的应用得到了飞速的发展，在欧美已经成为最主流的数据科学工具和数据分析软件。根据作者在国内组织 R 语言会议的经验，差不多从 2012 年开始，R 在国内也变得火热起来。

著名的数据挖掘网站 KDNuggets 每年都会进行关于分析语言和工具的调查，最近的一次"在 2014 年你在数据分析/数据挖掘/数据科学工作中使用过的编程语言或者统计语言有哪些？"[6]调查中，R 语言以 49% 的得票率连续第三年高居榜首。排名第二的 SAS 得票率是 36.4%，第三的 Python 得票率为 35%，第四的 SQL 得票率为 30.6%，第五的 Java 得票率为 12.4%。

另一个调查是关于工具和软件的，"在过去的一年里你在实际项目中用到的数据分析/数据挖掘/数据科学软件或工具有哪些？"[7]，在这一调查中 R 语言以 38.5% 的得票率位居次席，其中排名榜首的是 RapidMiner，得票率为 44.2%。排名第三的是 Excel，得票率为 25.8%，第四的是 SQL，得票率为 25.3%，第五的是 Python，得票率为 19.5%。

除了这些关于语言和工具的调查数据以外，其实最能体现 R 语言热度的是各类招聘信息，很显然，在欧美市场，关于 R 语言技能和数据科学家的职位需求越来越多，尤其是使用 R 语言的数据科学家是最近一个全新的增长点。随着 R 在国内知名度的不断攀升，关于 R 的职位也逐渐多了起来。

作为一套完整的数据处理、计算和绘图系统及操作环境，R 语言可以独立完成数据科学工作中的几乎所有任务，而且可以完美配合其他工具进行数据交互。具体来讲，R 语言有如下优点：

数据分析功能强大： R 语言的函数大部分以扩展包的形式存在，方便管理和扩展。由于代码的开源性，使得全世界优秀的程序员、统计学家和生物信息学家加入到 R 社区，为其编写了大量的 R 包来扩展其功能。这些 R 包涵盖了各行各业中数据分析的前沿方法。从统计计算到机器学习，从金融分析到生物信息，从社会网络分析到自然语言处理，从各种数据库语言接口到高性能计算模型，可以说无所不包，无所不容。

编程简单： R 作为一种解释性的高级语言，程序的编写非常简洁，仅仅需要了解一些函数的参数和用法，不需要了解更多程序实现的细节；而且 R 能够即时解释输入的程序或命令，用户所见即所得。

---

[5]核心团队的名单可以参见http://www.r-project.org/contributors.html

[6]该项调查于 2014 年 8 月进行，共有 719 人参与了投票，投票结果参见 http://www.kdnuggets.com/polls/2014/languages-analytics-data-mining-data-science.html

[7]该项调查于 2014 年 5 月进行，共有 3285 人参与了投票，投票结果参见 http://www.kdnuggets.com/polls/2014/analytics-data-mining-data-science-software-used.html

整合能力强: R 可通过相应接口连接各类数据库获取数据，如 Oracle、DB2、MySQL；也能同 Java、C、C++ 、Python 等语言进行相互调用；R 还可与 web 整合部署，构成网页应用；它还提供了 API 接口，很多统计软件可调用 R 函数，如 SAS、SPSS、Statistica 等。

实现了可重复性分析: 可重复性分析不仅使用户本身能从重复性工作中抽身出来，也能使同行分享你的研究过程并从中获益。借助 R 语言及其相应扩展包能让用户在一份文档中混合编写 R 代码和标记语言，从而实现学术论文的完美排版，并自动生成分析报告。

开源和免费: 商业数据分析软件如 SAS、SPSS 花费不菲。而 R 作为一种 GNU 项目，开放了全部源代码，用户可以免费使用和修改。开源的意义在于新算法可以及时加入到 R 的扩展包中，而且用户可以通过源代码学习算法思想。

跨平台: R 可在多种操作系统下运行，如 Windows、MacOS、各种版本的 Linux 和 UNIX 等。用户甚至可以在浏览器中运行 R 语言。

更新快速且文档完备: R 平均每 6 个月发布一个新版本，并有完备的帮助系统和大量文档以帮助用户学习使用。对于畏惧更新的用户来说也没有任何问题，因为 R 可以很容易地实现多版本的共存和管理。

当然，R 也存在一些固有的缺点，尤其在性能方面是一直被诟病的。不过由于 R 在一直变化，所有很多之前的缺点已经在新版本中完全解决了。从目前的版本来看，R 的缺点主要包括：

某些方面效率低下: R 语言不支持多线程，而且因为是解释性语言，所以运行效率比较低。不过如果能使用矩阵运算的话就没有这些问题，此外，如果使用 R 的内置分析函数，效率会很高，因为很多函数都是由 C 或者 Fortran 编写的。关于 R 语言性能的详细讨论，可以参见"第366页: 16 **R** 与高性能运算"。

单机环境下大数据处理能力不强: 这是除 SAS 外几乎所有分析工具的通病，因为绝大多数统计方法需要通过内存运算来实现。除非使用并行或者 Hadoop，但是一般都需要额外的开发。虽然在 R 中很容易实现，但是对于没有开发基础的用户来说还是存在障碍的。

没有一套完美的语言体系: R 语言虽然继承了 S 语言的所有优点，但这只是存在于统计分析和建模。现在人们对 R 的使用已经不仅仅是统计建模了，在其他应用方面，作为一个编程语言，R 不如其他流行的高级语言那样完美，很多地方都是借鉴了不同的语言特征，感觉比较杂乱，对于高阶用户来说很难完全掌握其核心规律。

第三方包的质量良莠不齐: R 的第三方包的数目非常多, 这是一个很大的优势。但是难免鱼龙混杂, 尤其是 R 作为一个入门非常容易的语言, 哪怕没有计算机基础也可以很容易成为开发者从而贡献自己的 R 包, 这就导致很多 R 包的水平不是很高, 容易出问题。因此在使用时要注意尽量使用官方网站上的第三方包或者经过有经验的用户推荐的包。

1.2.2 如何学习 R 语言?

R 语言是统计学家发明的语言, 和所有的计算机专家发明的语言不同, 就是它更适合毫无编程经验的用户。学习起来入门非常容易, 但是想要深入了解会稍显困难。学习 R 最好的方式是通过网络的资源, 这里推荐一些常用的站点:

R 语言官方网站: http://www.r-project.org/
R 语言官方资源站点, 简称 CRAN: http://cran.r-project.org/
半官方的 Bioconductor: http://www.bioconductor.org/
R 语言博客站点: http://www.r-bloggers.com/
R 语言期刊: http://journal.r-project.org/current.html
R 语言搜索引擎: http://www.rseek.org/
关于 R 的问答网站: http://stackoverflow.com/questions/tagged/r
统计之都: http://cos.name/
本书作者肖凯的博客: http://xccds1977.blogspot.com

在 R 环境下, 查看 R 语言的帮助文档是最好的使用习惯。我们以查找函数 mean 为例, 最方便的查找函数的命令是 ? , 例如:

```
?mean
```

系统会自动弹出帮助界面。Windows 和 Mac 下会使用默认的浏览器显示帮助。Linux 下默认在控制台显示帮助文档, 通过 q 命令可以退出该帮助界面。

如果要模糊查询某个函数, 可以使用 ?? 命令:

```
??test
```

如果要打开帮助的主页, 从链接进入到每个已安装的 R 包然后查看所有的函数, 可以直接运行如下命令:

```
help.start()
```

在 R 的学习过程中，入门是非常容易的，但最苦难的时期在于跨过门槛之后的那段时期。其实这主要是因为 R 具有一个和其他语言都不同的特别之处，就是 R 语言的用户可以有两种身份："使用者"和"开发者"。对于其他编程语言来说，不存在单纯的"使用者"这个概念，比如 C 或者 Python，学习语言就是为了编程，学的就是编程。但是 R 同时也是一个统计软件，可以类比于 SPSS，普通用户只需要鼠标操作即可，如果要增加新的功能，那是 SPSS 公司的程序员干的事。R 用户中的"使用者"可以类比于 SPSS 中的用户，只是因为 R 是使用命令式操作，让人感觉是在编程而已。如果不需要使用 R 进行开发（类比于开发 SPSS 功能的程序员，对应于 R 的"开发者"），那么很多高级的功能完全不需要使用。

R 容易让人困惑的地方就在于此，刚接触 R 的人最不可思议的地方可能就是在 R 中，经常会出现某个类似功能可以通过多种方式来实现的情况，那么用户就会疑惑这几个不同函数的区别，也会感到无所适从。实际上 R 中新函数的添加相对比较随意，很多地方可能仅仅只是因为核心团队的习惯而变化的。作为普通的 R 用户，最好是不要纠结这些奇怪的地方，对于 R 来说，哪怕是学习编程也要有使用统计软件的心态，以解决问题为初学的第一要务，等到对这个工具能够掌控之后再去质疑。

R 是一种函数式的编程语言（参见"第88页：4.3 函数式编程"），同时又大量使用面向对象的机制（参见"第98页：5 面向对象"），很多函数和命令的风格差异很大，对于 R 的第三方包来说，也存在这个问题，不同作者的编程习惯和开发目地可能会千差万别。针对这种情况，我们尤其要注意 R 中使用者和开发者这两种身份。一般来说，为使用者开发的函数都会是一个具体的分析方法或者是做图函数，用户只需要学习参数的用途就可以进行分析。这样的函数帮助和例子也会很丰富。为开发者开发的函数通常涉及到一些系统的高级操作或者复杂的数据处理，很多时候文档不是很详细。普通用户在使用的时候一定要注意区分。

关于 R 的学习，本书的第一部分也试图从最简单的原理讲起，一直介绍到常用的一些高级应用。无论是初学者还是有经验的开发者都可以参考其中的例子，最好是通过键盘跟着运行一遍，应该会有所收获。

1.2.3 R 的安装和配置

1.2.3.1 Windows 下的安装

我们可以在http://cran.r-project.org/bin/windows/base/下载到最新版的 R 包，这是一个 exe 执行文件。如果要安装旧版的 R，可以到http://cran.r-project.org/bin/windows/base/old/ 下载到对应的版本。

无论是 32 位或者 64 位的操作系统,直接双击安装即可。如果是 64 位的系统,R 会默认将 32 位和 64 位版本同时安装,并在桌面建立两个快捷图标。用户可以任意选择使用 32 位或者 64 位,对于大多数的函数和第三方包使用起来基本上没有任何区别,只是 64 位版本中可以使用长整型的数据结构和能利用更大的内存。有些和系统相关的包,比如 rJava 或者数据库的接口包,需要依赖于Java 或者数据库,驱动装的是 32 位还是 64 位版本要和 R 的版本相对应。

在安装的过程中全程默认即可,程序会在硬盘中新建一个名为"R"的文件夹,并把对应的 R 版本装入该文件夹下,如果安装其他版本的 R,都能在这个"R"文件夹下和平共处。安装过程中需要注意一点,就是有个"将版本写入注册表"的选项,这里只是写入一个版本信息,所以不管是否写入,都不会污染注册表,如果删除 R 时也不需要删除。如果不写入的话基本没有任何影响,只有极少数的包(例如 RExcel)会从注册表中寻找版本信息。

安装之后会发现安装目录下有多个文件,其中以下几个文件需要注意:

bin: 这里包含 R 的可执行文件,如果需要在命令行运行 R,需要手动将该路径添加到 PATH 环境变量。

library: 这里包含所有的 R 包,一个文件夹对应一个包,每个包对应一个功能模块。第一次安装后该文件夹中只包含基础包,此后安装第三方包也会默认装到该文件夹。

etc : 这里包含某些设置文件,比如 Rprofile.site 文件中可以写入一些 R 代码,将会在启动 R 之前运行该代码。Rconsole 文件内可以设置控制台的参数,常用的修改是将语言设置为英语:"language = en"。这样可以使得命令的出错提示是英文,在网络上能搜索到更丰富的结果。

安装后双击桌面上的快捷图标可以打开一个 Windows 下的控制台,如图1.5所示。在红色箭头后面可以输入 R 命令,然后回车就会执行该命令。

Windows 下如果要删除某个 R 版本,直接通过卸载文件或者通过控制面板的程序管理就能完全清除。

1.2.3.2 Linux 下的安装

我们可以通过 http://cran.r-project.org/bin/linux/下载 R 的发行版,常见的 Linux 版本比如 Ubuntu、SUSE 都可以直接找到二进制的安装文件,我们可以下载 "r-base-core" 和 "r-base-dev" 开头的文件,然后在图形界面下双击安装。

如果是其他版本的 Linux,或者需要自行安装,那么编译安装是最好的选择。我们以 Ubuntu 下的操作为例,其他版本的 Linux 原理相同。

首先需要到 CRAN 上下载 R 的源码包,比如 R-3.2.0.tar.gz。我们希望将

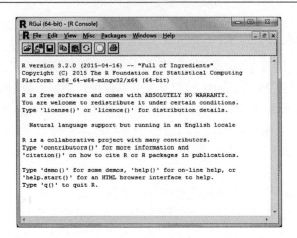

图 1.5　R 语言控制台

其安装到文件夹"/home/jian/R"，那么可以将源码包复制到该文件夹，然后解压缩：

```
1  tar -zvxf R-3.2.0.tar.gz
```

我们可以将目录改名为 R-3.2.0-src，进入目录 R-3.2.0-src，运行./configure 检查安装的依赖环境并配置安装文件，包括将要安装的目录：

```
1  ./configure --prefix=/home/jian/R/R-3.2.0 --enable-R-shlib
```

注意 prefix 参数可以设置 R 将要安装的路径，enable-R-shlib 可以保证 lib 目录下的动态库能够共享，这个选项一定不要忘记添加，否则以后安装某些包的时候会出现 Error in dyn.load 的错误。

如果之前没有安装过其他的开发环境，安装的过程中系统可能会提示未找到 g77 编译器的错误，需要安装一个 gfortran，当然安装 g77 也能顺利编译通过，不过新版本的 Ubuntu 不再提供 g77 的源，需要配置旧的 aptitude 的方式，而且有些新的 R 包用 g77 编译会出问题，所以使用新的 gfortran 比较保险。此外还需安装 build-essential，提供 C/C++ 的编译环境，否则也会报错。

```
1  sudo apt-get install build-essential
2  sudo apt-get install gfortran
```

如果系统没有 libreadline6-dev 和 libxt-dev，还需要先安装：

```
1  sudo apt-get install libreadline6-dev
2  sudo apt-get install libxt-dev
```

所有依赖包安装好之后，配置就可以成功，此时进行编译就能成功：

```
1  make
2  make install
```

安装完成后可以把 R 加入环境变量，运行该命令编辑环境变量：

```
1  sudo gedit /etc/profile
```

在打开的 gedit 编辑器中里面加入以下内容：

```
1  R_HOME=/home/jian/R/R-3.2.0
2  export R_HOME
3  PATH=$PATH:$R_HOME/bin
4  export PATH
```

至此，R 就安装配置成功了。在终端下键入 "R" 或直接打开 R 的命令行界面就可以运行 R 了。

1.2.3.3 Mac OS X 下的安装

Mac OS X 下安装 R 也非常简单，首先到http://cran.r-project.org/bin/macosx/下载二进制的安装文件，然后默认安装即可。

Mac OS X 中删除 R 没有 Windows 下那么方便，我们需要在终端运行如下命令：

```
1  sudo rm -rf /Library/Frameworks/R.framework
2    /Applications/R.app \
3    /usr/bin/R /usr/bin/Rscript
```

如果要在终端使用 R，也需要配置环境变量，方法与 Linux 下差不多。

1.2.4 R 的常用编辑器

1.2.4.1 Notepad++

Notepad++ 是 Windows 操作系统下的最佳选择，完全开源和免费，非常强大，也默认支持 R 语言的高亮显示。对于中文编码和文本操作非常方便，安装后几乎就不用考虑任何问题了。

其官方主页是http://notepad-plus-plus.org/，除了基础的功能以外，还可以很容易地加载第三方包来扩展。我们下载安装文件后直接双击默认安装就可以使用。

在 Windows 系统中，直接把.R 的后缀名设为使用 Notepad++ 打开是一种最方便的方式。

1.2.4.2 Sublime Text

Sublime Text 是目前最流行的文本编辑器之一。其最大的好处是跨平台的支持，无论是 Windows 还是 Linux 或者 Mac OS X，都可以使用同样的操作方式。当然其在 Windows 平台下对于中文的操作不是很好，但是也不影响使用。

Sublime Text 是付费软件，但是免费使用也没有任何限制，只是偶尔弹框提示而已。一旦购买，就可以应用到不限台次的个人电脑中。

其官网为http://www.sublimetext.com/，根据提示可以很容易地下载和安装。目前的版本是 Sublime Text 3，但是当前处于飞速发展中，建议使用比较稳定的 Sublime Text 2。

1.2.4.3 StatET

基于 R 进行工程开发的首选是 StatET[8]，这是一个 Eclipse 下的插件。作者平时的工作环境就是 Eclipse，包括这本书，从排版到开发都是在 Eclipse 环境下完成的。

安装在 Eclipse 中完成，根据版本添加库，例如 http://download.walware.de/eclipse-3.8，安装完成后就可以正常使用了。

1.2.4.4 RStudio

RStudio 是目前最流行的 R 语言编辑器，实际上 RStudio 已经成了开发环境，除了高亮显示代码、主动联想命令等编辑器该做的本职工作以外，还提供了 R 的图形设备、对象管理器、调试工具等高级功能，很大程度上弥补了 R 的不足。此外还能与版本管理工具很好地结合，非常适合工程开发。RStudio 也能在多平台中使用，这也是一个很大的优势。

RStudio 的主页是www.rstudio.com，除了提供 RStudio 这个优秀工具以外，还提供了 shiny 等激动人心的应用。

一般来说，如果只进行 R 开发的话，RStudio 是不二之选。如果同时进行很多其他语言的开发，更轻量化的 Notepad++、Sublime Text 加上 Emacs、

---

[8]也很可能是 Emacs 下的 ESS，不过在 R 的用户中比例比较少，这里就不进行专门介绍了。感兴趣的读者可以参考http://ess.r-project.org/。

Eclipse 这样的开发环境可能是更好的选择。

1.2.5 **R** 的第一步

1.2.5.1 Hello world

R 语言是解释性的语言，输入命令后可以实时响应，就好像聊天工具一样，输完命令敲回车键，R 就会自动输出结果。比如我们要让 R 显示一个"Hello world"的字符：

```
"Hello world"

## [1] "Hello world"
```

第一行是我们在控制台键入的字符，"#"号后的内容是控制台返回给我们的内容。需要注意的是，这里的 # 号只是为了显示方便的一种符号，在 R 的控制台中并不会出现这个字符。

实际上，# 号在 R 中是一个特殊的符号，表示注释，# 号后面的此行内所有内容都不会起作用。

这里我们直接输入字符串，R 就返回字符串。实际上这在 R 中是一个非标准的操作，因为我们在控制台输入"Hello world"并敲击回车键之后，R 产生了一个字符对象，然后调用 print 函数来显示这个对象，实际上按照 R 中标准的操作应该是：

```
print("Hello world")

## [1] "Hello world"
```

但是根据 R 内部面向对象的机制，对这个对象使用 `print` 函数时等价于直接输入对象的情形，所以我们一般没有必要再输入"print"这几个字母。

从这个例子我们可以发现 R 操作的规律，就是命令式操作，基本上 R 中所有的操作就是函数加对象的方式，对于初学者来说，掌握一些常用的函数就能很快上手。

1.2.5.2 变量和赋值

计算机程序里的变量对应了一块内存空间，其中可以存储不同的值。在 R 中，万物皆对象，即无论是数据还是函数都是对象。将对象赋值给变量，就可以通过变量名进行调用和操作了。

R 中的赋值符号有两种方式：`<-` 和 `=`，例如：

```
x <- 1
x = 1
```

都是代表把 1 这个数值赋值给变量 x 。我们可以直接打印 x ，也可以对 x 进行运算：

```
x
## [1] 1

x + 1
## [1] 2
```

需要注意的是，R 中的英文字母大小写是敏感的，也就是说 x 与 X 代表不同的变量。

关于变量和对象的详细用法，可以参考"第30页：2 数据对象"。

1.2.5.3 安装第三方包

使用 R 语言离不开各种各样的扩展包。如果你已经知道扩展包的名称，则可以直接通过 CRAN 默认安装。已安装的 R 包在每次使用之前需要通过 library 函数进行加载。例如下面的例子就是默认安装 knitr 以及加载该包的命令：

```
install.packages("knitr")
library(knitr)
```

如果 R 包并不在 CRAN 上，比如在开发者站点 R-forge 上，需要通过 repos 参数指定站点位置。如果不是最新版本的 R，可能需要通过源来安装，可以通过 type 参数来设置，例如我们需要以源代码的方式安装 Rweibo 包：

```
install.packages("Rweibo",
    repos="http://R-Forge.R-project.org", type = "source")
```

现在越来越多的 R 包发布在了 Github 上，需要注意的是，由于 Github 上的 R 包基本没有任何的门槛[9]，所以使用的时候要小心。我们以本书附带的 R 包 rinds 为例：

---

[9]CRAN 上的 R 包会经过人工审核，Rorge 上的 R 包会经过自动的编译和测试。

```
library(devtools)
install_github("lijian13/rinds")
```

所有的 R 包都会安装到默认的路径，该路径可以通过 .libPaths 函数来查看：

```
.libPaths()
```

```
## [1] "/home/jian/lib/R/R-3.2.0/lib/R/library"
```

如果需要改变路径，只需要通过该函数传入另一个路径名即可：

```
.libPaths("C:/rlib")
```

在 R 中删除包，非常方便，直接进入到 library 文件夹删除该包对应的子文件夹即可。

1.2.5.4 工作目录和工作空间

操作 R 时有一个默认的工作目录，在该目录下的文件可以直接访问，否则需要输入完整路径。查看当前工作目录的命令是 getwd ，修改工作目录的命令是 setwd ：

```
oldwd <- getwd()
setwd(oldwd)
```

R 中所有的对象都在内存中，但是具体查看的区域在 R 中称为工作空间。每次退出 R 之前会提示是否保存工作空间，如果选择保存的话，会自动存到工作目录下一个默认名为 ".RData" 的文件中，下次启动 R 会保存当时内存中的所有对象。我们也可以使用 save.image 函数来指定保存的文件名：

```
save.image("myfile")
```

不过一般不建议保存工作空间，如果需要保存之前的工作，最好是把代码的脚本保存下来，下次启动时重新运行一遍即可。如果是重要的中间对象，可以通过数据文件的方式保存。例如如果我们要将 x 对象保存成文件，可以使用 save 函数：

```
save(x, file = "x.rda")
```

下次运行时可以使用 load 函数进行加载：

```
load("x.rda")
```

其后缀名并不要求一定是 ".rda"，但是.rda 格式的数据在开发 R 包的时候存入到 "data" 文件夹，那么加载包之后，用户可以通过 data 函数来直接使用这个数据，例如：

```
data(iris)
```

1.3　如何使用本书？

1.3.1　排版和代码环境

　　本书全部排版基于 LaTeX [14]，在 TeXLive 环境下使用 xelatex 编译。所有的 R 语言代码都基于 knitr 运行和生成，并嵌入到 LaTeX 环境。

　　R 的执行环境如下所示：

```
R.version

##                 _
## platform        x86_64-unknown-linux-gnu
## arch            x86_64
## os              linux-gnu
## system          x86_64, linux-gnu
## status
## major           3
## minor           2.0
## year            2015
## month           04
## day             16
## svn rev         68180
## language        R
## version.string R version 3.2.0 (2015-04-16)
## nickname        Full of Ingredients
```

　　此处显示了本书当前排版中使用的 R 语言环境，其中阴影区域是由 knitr 生成的代码区域，正体字的 R 语言代码表示在 R 中输入的命令，# 号后面的内容表示 R 中生成的结果。读者如果运行书中的示例代码中的命令，应该可以得到和书中相同的结果。

所有的 R 包和函数使用正体字显示，例如：rinds 中的 loadAllDSPkgs 函数。所有的 R 包和函数将会出现在本书最后的索引部分。

文中的参考文献也显示在本书的最后，正文引用时会标注出来，例如：knitr[35] 是个好东西。

1.3.2 测试环境

本书的所有代码都在当前最新版的 R 下经过严格的测试。其中测试的操作系统包括：

- Windows 7 家庭普通版 64 位操作系统
- Ubuntu 14.04 LTS 64-bit
- Mac OS X 10.9 Mavericks
- Windows 7 Professional 32-bit
- Windows 8 64-bit

读者的操作系统如果与之完全相符，那么重现书中的代码将不会有任何问题。即使不完全相同一般也不会出现问题，万一遇到问题请给作者发邮件求助。

1.3.3 本书相关资源

本书的主页是http://jianl.org/cn/book/rinds.html，在该页面可以获取本书的所有最新信息，包括该书的新闻、勘误、最新数据等。

本书提供了一个 R 包 rinds ，包含所有示例的数据和常用函数。其 Github 的主页是 https://github.com/lijian13/rinds，可以通过以下方式进行安装：

```
library(devtools)
install_github("lijian13/rinds")
```

本书的官方邮箱是rinds.book@gmail.com，有任何问题请联系该邮箱，两位作者都可以收到其中的邮件。欢迎任何的勘误和建议。

第一部分

编程篇

第 2 章　数据对象

数据分析包括很多步骤，从数据整理、探索、建模到可视化，每个步骤都需要处理不同的对象，例如数据集、模型和图片。我们需要有相应的操作方式来控制这些对象。在本章我们将介绍 R 语言的几种常用数据对象及其操作方法。在"第51页：3 数据操作"我们会针对这些对象讨论更复杂的操作运算，使用户能自如地使用它们。

本章将讨论 R 的基本对象向量，以及在此基础上的复合对象，包括矩阵、数组、数据框和列表。另外还将遇到一些特殊对象，例如缺失值、文件连接、函数，等等。

2.1　基本对象

2.1.1　向量入门

本节将介绍**向量**（vector）这种基本操作对象，并由此熟悉 R 的基本操作方法。所有的示例都是在 R 的控制台完成，输入完成后按回车键即可从屏幕上得到结果。实际上可以把 R 看作是一个功能强悍的计算器，用户输入数据，得到输出结果。我们先来看如何用一些简单的数学运算，将摄氏 27 度变成华氏温度。

```
27 * 1.8 + 32

## [1] 80.6
```

上面的表达式由简单的四则运算符和数字构成。对于控制台的输入，R 软件的交互解释器会自动地将计算结果输出到屏幕上。你会注意到结果的前面有一个[1] 符号。这是因为在 R 语言中任何一个数字都看作是一个向量。这个[1] 表示数字的向量索引号，即向量的第一项。当然一个常数是只有一个元素的向量。

除了计算单个数字，R 更擅长批量计算，也就是通常所说的向量化计算。例如我们要将四个不同的摄氏温度一次性转为华氏温度：

```
temp <- c(27,29,23,14)
temp * 1.8 + 32
```

```
## [1] 80.6 84.2 73.4 57.2

log(temp)

## [1] 3.295837 3.367296 3.135494 2.639057

length(temp)

## [1] 4
```

在上面的例子里，首先用函数 c 建立一个包含四个元素的向量，再将向量赋值到 temp 变量中，这种赋值操作符就是 <- ，也可以使用等号 = 。然后将 temp 对象如同之前一样运算操作，可以看到向量经过运算后仍然是一个向量。R 的很多内置函数也支持以向量作为输入参数，例如对数函数 log ，它可以直接输入向量，计算每个元素的对数，然后输出为一个向量。这个向量有四个元素，可以用 length 函数来得到这个结果。

对于向量经常需要取出它的子集，例如，取出在 20 度以下的温度数值，也就是向量 temp 的第 4 个元素。

```
temp[4]

## [1] 14
```

可以观察到，从向量中取出某一个元素的话，是使用方括号再加一个数字作为索引。要注意的一点是 R 中的索引是从 1 开始的。如果我们要一次取出多个元素，则可以在索引中使用向量。例如取出超过了 20 度的那些温度数值，也就是 temp 中的前三个元素。

```
temp[c(1,2,3)]

## [1] 27 29 23

temp[-4]

## [1] 27 29 23
```

上面第一行代码使用一个向量放在方括号中作为索引，取出了第 1、2、3 个元素。那么第二行代码使用负数作为索引号，-4 意味着除了第 4 个元素以外，取出其他元素，读者可以思考一下，如何用两种方法取出前两个元素。

上述的三段代码虽然简单，却已涉及到了向量生成和向量计算的操作。下面我们再深入谈一下这些方面的内容。

2.1.2 向量的生成

编程的目的之一就是要让计算机帮助我们减少手工劳动，下面示范如何生成更多的有规律向量。例如，生成一个从 1 到 10 的一个向量，我们并不需要手工输入 10 个数字，而是可以用冒号这种操作符得到，或是用 seq 函数是同样的效果。读者可以键入变量名来自行观察两个变量的内容。

```
vector1 <- 1:10
vector2 <- seq(from = 1, to = 10, by = 1)
```

使用冒号很方便，不过 seq 函数有更丰富的参数控制，功能更为强大。seq函数的第一个参数是向量的起始位数值，第二个参数是终止位数值，第三个参数是间隔数值，我们可以用它来生成 10 以下的偶数序列。

```
vector2 <- seq(2, 10, 2)
```

读者会发现，使用 R 中的函数可以明确参数名，如 from、to、by，也可以按照位置输入参数值而省略参数名。后者虽然方便，但有时候会出现疏漏和错误，要小心使用。

之前我们说过，对于一个函数可以通过 help 或? 来获取帮助，这是学习 R 的不二法门，我们来看看 seq 函数的帮助。

```
?seq
```

根据帮助文档，seq 函数还有其他参数可以使用，例如 length.out，它的作用是设置要生成的向量的长度。along.with 参数可以依照另一个向量长度来生成。例如生成一个从 1 到 100，长度为 10 的向量，可以这么做。

```
vector2 <- seq(1, 100, length = 10)
vector2 <- seq(1, 100, along = vector1)
```

从上面的例子可以看到，只要可以区别参数，参数名可以只使用前几个字母，不必全部写出来。

在使用冒号: 运算符的时候还要注意，这是一种优先级很高的二元操作符号。读者需注意下面两种不同代码的区别。

```
vector1 <- 1:10 + 2
vector2 <- 1:(10 + 2)
```

第一行中先产生了 10 个元素的向量，然后向量与 2 相加。第二行则是产生了从 1 到 12 的向量。

下面用 seq 函数来处理一个数值积分问题，计算 sin 函数从 0 到 pi 的曲线下面积。基本思路就是用小矩形面积之和来近似精确值。读者可以先尝试自己编写程序，再看下面的示例。

```
n <- 100
h <- pi/n
x <- seq(from = 0, to = pi, length = n)
rect <- sin(x) * h
sum(rect)

## [1] 1.979834
```

在上面的代码中，我们用 n 作为切分的数量，计算了 100 个小矩形的面积，并将它们求合。当然如果我们考虑使用更好的算法和更精细的切分，得到的数值会更接近于真实值 2。

seq 函数可以很方便地生成有规律的序列，而另一种生成规律序列的是 req 函数。假设在统计分析中需要处理三个组的数据，每组分别有 8、10、9 个样本。这时可以生成各样本的组别变量。这种变量经常会在数据分析中用到，所以专门称之为因子变量。在后续章节的建模中，我们也会大量使用它。

```
group1 <- rep(1:3, times = c(8, 10, 9))
group2 <- factor(group1)
class(group1)

## [1] "integer"

class(group2)

## [1] "factor"
```

上面先用 rep 函数建立了一个整数向量，然后使用 factor 函数将其转换为因子，然后使用 class 函数分别观察它们的类别，也就是向量中的元素是什么样的数据。

如果把向量看作是一种容器，那么数值只是放在其中的一种内容。前面我们见过了因子向量，还可以放其他东西进去，例如下面的逻辑向量和字符向量。

```
vec_logic <- c(TRUE, TRUE, TRUE, FALSE)
class(vec_logic)
```

```
## [1] "logical"
```

```
vec_string <- c('A', 'B', 'C', 'D')
class(vec_string)
```

```
## [1] "character"
```

前面的逻辑向量是通过 TRUE 和 FALSE 关键字生成，而最有用的方式是通过判断语句生成的，例如回到之前的温度问题上来，观察哪些元素的温度超过 20 度，哪个字符是 A。

```
temp > 20
```

```
## [1]  TRUE  TRUE  TRUE FALSE
```

```
vec_string == 'A'
```

```
## [1]  TRUE FALSE FALSE FALSE
```

通过这样的判断操作符，很便捷地生成了逻辑向量。注意上面的等于判断符号是 == ，不要和赋值符号 = 混淆了。

除了生成有规律的数据，我们经常需要生成随机数，例如下面的第一行代码生成了 10 个服从 0 ∼ 1 之间均匀分布的随机数。第二行生成了 10 个离散随机数，它是有放回的从 A,B 两个字符中随机抽取的结果。在统计模拟章节我们会接触到更多关于随机数生成的内容。

```
vec_random1 <- runif(5)
vec_random2 <- sample(c('A','B'), size = 10, replace = TRUE)
```

在大型运算中为了方便起见，我们往往会事先建立一个空向量，然后再放入运算结果。下面的代码即建立了一个包含 10 个元素的数值向量。

```
vector1 <- numeric(10)
```

2.1.3　向量的计算

向量是 R 语言中的基本操作对象，向量可以作为输出，也可以作为输入。将不同向量结合使用，能非常灵活地操作数据。还是看前一节的温度数据 temp，任务仍然是要取出 20 度以上的温度数值。

```
temp[1:3]
temp[c(TRUE, TRUE, TRUE, FALSE)]
temp[temp > 20]
```

上面的代码是等价的结果，但实现方法不一样。第一行是将一个数值向量作为索引，第二行是将逻辑向量作为索引，而第三行最为智能。首先用判断表达式产生了一个逻辑向量，然后在方括号中使用逻辑向量来索引，得到最终需要的子集，这是一种很有用的表达语句。

如果将 vec_string 向量看作是地区的名称，temp 是对应的温度，下面的例子是找出那些高于平均温度的地区名称：

```
vec_string[temp > mean(temp)]
```

```
## [1] "A" "B"
```

前面的 mean 函数用来计算一个向量的平均值，如果一个向量中存在异常值会影响均值，所以我们往往会去掉两端极值后再计算均值。下例就是求 trimmed mean 的语句，即去掉最大值和最小值后的向量的算术均值。

```
vector <- runif(10)
vec_max <- max(vector)
vec_min <- min(vector)
vector_trimmed <- vector[vector < vec_max & vector > vec_min]
vec_mean <- sum(vector_trimmed)/length(vector_trimmed)
```

上例中我们先生成了一个包括 10 个随机数的向量，求出了最大值和最小值，第四行代码取出了位于最大和最小之间的向量子集，最后求平均值。& 符号是逻辑并符号，即要同时满足两侧的条件。另两个相关的符号是表示逻辑或的 |，以及表示逻辑否的 !。

向量的计算要注意长度问题，两个向量的长度一致才会得出正确的结果。如果两个向量长度不一致会出现两种情况，一种情况是两个向量长度不存在倍数关系，那么会报错，另一种情况是两个向量长度存在倍数关系，那么短向量会自动重复计算。

```
vector1 <- 1:10
vector2 <- 1:5
vector3 <- vector1 + vector2
```

关于向量需要注意的另一点就是其中的内容必须是同质的。例如，一个向量中必须全部是数值或者是字符，当然不同的基本向量类型可以在一定条件下相互转换。此外 R 也提供了有用的判断函数和转换函数。下例就是先用 `as.character` 函数将数值向量转为字符向量，然后用 `is.character` 函数来判断的。

```
vec_string <- as.character(vector)
is.character(vec_string)
```

```
## [1] TRUE
```

下面看一个略为复杂的例子。我们要在 100 以下的整数中，找出所有能被 3 和 2 整除的数，将它们相加。读者可以先自己尝试，再看后面的代码示范。

```
x <- 1:100
sum(x[x %% 3 == 0 & x %% 2 == 0 ])
```

```
## [1] 816
```

上面的代码里，x 是一个从 1 到 100 的向量，`%%` 是一个类似四则运算的二元运算符，它将会产生余数。如果余数为 0，则意味着可以被整除。第二行方括号中使用了更为复杂的方式来生成索引，在两个逻辑表达式之间使用了 `&` 来表示逻辑并。

2.2 复合对象

复合对象是建立在向量基础上的数据结构，这些复合对象是为了满足数据分析的需要而建立的。下面来介绍三种复合对象：矩阵、数据框和列表。

2.2.1 矩阵

如果向量是一种一维的容器，**矩阵**（matrix）可以看作是一种二维的容器，其中可以放入数值、逻辑、字符等数据。生成矩阵的方式是先生成一个向量，然后再确定行与列的数目，或者说矩阵的维度。下面来生成一个 3 行 4 列的矩阵。

```
vector <- 1:12
class(vector)
```

```
## [1] "integer"
```

```
my_matrix <- matrix(vector, nrow = 3, ncol = 4, byrow = FALSE)
dim(my_matrix)
```

```
## [1] 3 4
```

```
dim(vector) <- c(3, 4)
class(vector)
```

```
## [1] "matrix"
```

上面的代码首先生成了 1 到 12 的向量，然后使用 matrix 函数定义矩阵，定义时输入参数包括列数、行数，以及是否按行来放置数据。我们选择的 F，即逻辑否 FALSE 的简写，那么数据会按列来放置。dim 和 length 类似，返回对象的维度。这个函数神奇的地方在于，它可以直接用来定义一个对象的维度，在第五行我们直接将 vector 转为一个 3 行 4 列的矩阵。第二行的 class 函数告诉我们 vector 中的数据内容是数值，不过在第六行 vector 已经是一个矩阵，class 将直接返回复合对象的名称。

生成矩阵的另一种方式是将多个向量进行合并，但这些向量的类型必须是一致的。下例我们将三个单独的向量组合成一个矩阵。

```
vector1 <- vector2 <- vector3 <- runif(3)
my_matrix <- cbind(vector1, vector2, vector3)
```

上例中我们同时生成了三个向量，再用 cbind 函数按列合并，也可以使用 rbind 函数按行来合并向量。

和向量一样，矩阵也支持向量化计算，例如将矩阵中所有元素均乘以 10，再四舍五入保留两位小数。

```
round(my_matrix*10, digits = 2)
```

```
##       vector1 vector2 vector3
## [1,]    9.25    9.25    9.25
## [2,]    9.07    9.07    9.07
## [3,]    3.92    3.92    3.92
```

取矩阵的子集也是使用方括号和索引编号，不过矩阵有两个维度，所以需要两个数字作为索引。下面我们用 R 语言来玩一下幻方，所谓幻方是指各方向上求和均相等的矩阵。先用 matrix 函数生成矩阵。

```
my_mat <- matrix(c(8,3,4,1,5,9,6,7,2), ncol = 3)
print(my_mat)
```

```
##       [,1] [,2] [,3]
## [1,]    8    1    6
## [2,]    3    5    7
## [3,]    4    9    2
```

　　上面我们用一个有 9 项元素的向量构建了一个 3 行 3 列的矩阵。同样可以用方括号索引来提取矩阵中的元素并进行计算。

```
my_mat[1,1] + my_mat[1,2] + my_mat[1,3]

## [1] 15

sum(my_mat[1, ])

## [1] 15

rowSums(my_mat)

## [1] 15 15 15

colSums(my_mat)

## [1] 15 15 15

sum(diag(my_mat))

## [1] 15
```

　　在提取某一行所有元素并求和时，第一行和第二行代码是等价的。在提取某一行时，将列号省略不写即可。rowSums 函数能同时按行计算每行的数值之和。而 diag 函数能返回矩阵的对角线数值，这样很容易地检验出它的确是一个幻方。

　　需要留意的是，矩阵在取出某一行或某一列的子集后，将退化为一个向量，如果说希望保留矩阵的属性，需要设置一个特别的 drop 参数。

```
class(my_mat[1, ])

## [1] "numeric"

class(my_mat[1, , drop = FALSE])

## [1] "matrix"
```

矩阵可以通过方括号来取子集，也可以直接赋值修改，例如我们找出 my_mat 矩阵中大于 5 的数值，并将它们转为 1，其他的数字转为 0。

```
my_mat[my_mat <= 5] <- 0
my_mat[my_mat > 5] <- 1
```

但上面的代码可以使用另一种方式完成，也就是 `ifelse` 函数。函数中第 1 个参数是一个逻辑判断，后面第 2 个参数是判断为真时的取值，第 3 个参数是判断为否时的取值。这样的操作不需要循环和条件等语句，非常方便快捷。

```
my_mat <- matrix(c(8,3,4,1,5,9,6,7,2), ncol = 3)
ifelse(my_mat > 0.5, 1, 0)

##      [,1] [,2] [,3]
## [1,]    1    1    1
## [2,]    1    1    1
## [3,]    1    1    1
```

一般的四则运算符号对于矩阵是逐项元素进行计算的，如果要进行专门的矩阵运算则需要特定的符号。

```
A <- matrix(c(3,1,5,2), 2, 2)
t(A) %*% A
b <- matrix(c(4,1), ncol = 1)
x <- solve(A, b)
```

`t` 函数返回矩阵的转置，`%*%` 二元运算符表示矩阵乘法，`solve` 函数则用来求解线性方程组。如果 `solve` 函数没有第二个参数输入，则会返回矩阵的逆。

除了矩阵之外，R 语言也提供了更高维的数据结构，也就是数组。对于一个三维数组，你可以将其想像成一个魔方，其操作和矩阵很类似。你可以使用 `array` 函数来建立数组，由于在实践中使用数组很少见，我们在这里不作详细介绍了。

2.2.2 数据框

和矩阵类似，**数据框**（Data frame）也是为了更方便地管理操作多个向量，但优点在于数据框中不同向量的数据类型可以是不同的。你可以将它看作是一种类似 Excel 表格的数据结构，各列的类型可以不一样，但各列的数据长度必需一致。数据框非常适合用来进行数据分析，它的每一列可以代表数据的每个变量或属性，每一行可以代表一个样本。所以数据框是 R 语言中用得最频繁的对象。下面我们来构建一个由两个不同类型向量构建的数据框。

```
city <- c('A', 'B', 'C', 'D')
temp <- c(27, 29, 23, 14)
data <- data.frame(city, temp)
class(data)

## [1] "data.frame"
```

和数组操作一样，我们可以用方括号来提取数据框中的元素，或者用列名来代替数字索引。另一种方法是用 $ 符号来提取某一列，例如提取 city 变量。

```
data[ , 1]

## [1] A B C D
## Levels: A B C D

data[, 'city']

## [1] A B C D
## Levels: A B C D

data$city

## [1] A B C D
## Levels: A B C D
```

读者会发现 city 变量原本是字符向量，但存入数据框后被转成了因子类型，这是在使用 data.frame 函数时由缺省设置造成的。一般情况下，我们建模时会需要这种自动的因子转换，但如果不需要转换的话，你可以按如下方式手工进行参数设定。

```
class(city)

## [1] "character"

class(data$city)

## [1] "factor"

data <- data.frame(city, temp, stringsAsFactors = FALSE)
```

数据框将不同向量组合在一起更方便操作，这样使用索引更为强大，我们从示例的数据中尝试找出高于平均温度的城市：

```
data[data$temp > mean(data$temp), ]

## city temp
## 1    A   27
## 2    B   29

with(data, data[temp > mean(temp), ])

## city temp
## 1    A   27
## 2    B   29
```

上例在行索引处使用了判断表达式，也就是使用了逻辑向量选择了需要的行，然后在列索引留空，即选择所有的列。由于操作数据框中的列需要使用符号 `$`，这样输入会略显麻烦，也可以使用 `with` 函数，直接操作列名。上面两行代码的作用是一样的。

如果只需要输出 city 变量也可以如下操作。

```
with(data, data[temp > mean(temp), 'city'])

## [1] "A" "B"
```

对于一个陌生的数据框，最快速的熟悉方法就是使用下面几个函数。

```
data <- data.frame(city, temp)
summary(data)

## city       temp
## A:1   Min.   :14.00
## B:1   1st Qu.:20.75
## C:1   Median :25.00
## D:1   Mean   :23.25
##       3rd Qu.:27.50
##       Max.   :29.00

dim(data)

## [1] 4 2

head(data)

##   city temp
```

```
## 1     A    27
## 2     B    29
## 3     C    23
## 4     D    14

str(data)

## 'data.frame': 4 obs. of  2 variables:
##  $ city: Factor w/ 4 levels "A","B","C","D": 1 2 3 4
##  $ temp: num  27 29 23 14
```

    summary 函数负责对每列进行统计，dim 得到维度，head 得到前六行数据，而 str 则返回整个数据的结构。

    按照某个变量对数据框排序是经常要做的事，推荐的排序方法是使用 order 函数。

```
order(data$temp)

## [1] 4 3 1 2

data[order(data$temp), ]

##    city temp
## 4     D    14
## 3     C    23
## 1     A    27
## 2     B    29

data[order(data$temp, decreasing=T), ][1:2, ]

##    city temp
## 2     B    29
## 1     A    27
```

    order 函数的返回值是向量的索引号，缺省是从小到大排序。上面代码结果的意义即第 4 个城市温度最低，第 3 个城市排第 2。返回索引的好处在于，可以使用索引号作为行选择的输入参数，从而得到整个数据框。第三行代码则是将排序参数改为从大到小，最后取数据框的前两行，也就是温度最高的两个城市数据。

2.2.3 列表

列表（List）是最为灵活的数据对象，它可以容纳任何类型和结构的数据在一个列表中。下面仍是用 age、city、sex 三个向量来构建列表。

```
data_list <- list(temp = temp, city = city)
print(data_list)

## $temp
## [1] 27 29 23 14
##
## $city
## [1] "A" "B" "C" "D"
```

下面将之前建立的向量和数据框添加在列表中。那么这个列表中就包括了 4 个元素，其中 2 个向量、1 个矩阵、1 个数据框。

```
data_list$mat <- my_mat
data_list$data <- data
```

确定了元素名字后，我们可以使用 $ 来提取元素。列表也能使用数字作为索引提取元素，但是提取出来的结果仍是一个列表，要用两个方括号加数字索引才会得到内部的数据对象。例如提取最后一个 data 元素。

```
names(data_list)

## [1] "temp" "city" "mat"  "data"

class(data_list[3])

## [1] "list"

class(data_list[[3]])

## [1] "matrix"

class(data_list$data)

## [1] "data.frame"

length(data_list)

## [1] 4
```

列表这种结构很灵活，但有时候用来存放简单数据就显得复杂，所以需要将它转为简单的数据对象。如果是转为最基本的向量，可以使用 `unlist` 函数。如果想转为数据框，可以使用专门的函数，我们会在下一章的数据操作部分来讨论这个问题。

2.3 特殊对象

2.3.1 缺失值与空值

在现实的数据分析工作中会经常遇到数据缺失情况，缺失的数据在 R 中一般表示为 NA。当一个数据中包含了 NA 时，很多函数的行为会不一样，甚至会产生错误。来看一下如果一个向量中包含了 NA，再求均值会怎样。

```
temp <- c(27, 29, 23, 14, NA)
mean(temp)

## [1] NA

mean(temp, na.rm = TRUE)

## [1] 23.25

is.na(temp)

## [1] FALSE FALSE FALSE FALSE  TRUE
```

可以看到，向量中包含 NA 会使得结果也为 NA，好在 mean 函数中包含了一个参数设置，可以自动删除 NA 后再计算。这种参数在很多的 R 函数中都有，读者需要注意函数的帮助文档。第四行代码是为了探测数据中的 NA，使用了 `is.na` 函数，它将返回一个逻辑向量。

缺失值的意义是应该有数据而没有，起到一个占位符的作用。空值的意义则是完全没有，空值的表示是 NULL。下面的例子中 temp 仍然只有四个元素。

```
temp <- c(27, 29, 23, 14, NULL)
```

NULL 有时候可以用来快速删除复杂对象中的一个元素，例如删除前面 data_list 中的 data 元素。

```
data_list$data <- NULL
```

缺失值的处理是非常重要的步骤，具体方法我们会在后面的统计模型章节介绍。

2.3.2 连接

R语言中的**连接**是指一类可以反复调用的输入输出对象。常见的连接包括了文本连接、文件连接、网络连接、压缩文件以及管道。建立连接后，我们可以打开、读取、写入或是关闭连接。大部分时候我们只需要一次性地读入或写入操作，这种情况下并不一定需要建立连接。但在处理大文件情况下，我们需要频繁地操作外部数据，这时最好先建立好一个连接，方便后续的处理工作。下面来看一个文本连接的例子。

```
textcon <- textConnection('output', 'w')
sink(textcon)
x <- runif(10)
summary(x)
print('这句话并没有显示在终端上，而在被写入了output对象')
sink()
print(output)
```

在上面的代码中，我们先使用 `textConnection` 函数建立一个文本连接，连接到内存中一个文本对象 output，并增加写入属性。之后使用 sink 函数，使之后的所有控制台输出全部转到连接中去。在两句输出代码后使用 sink 关闭控制台的转换，然后观察 output 的结果。

在连接完成后最好记得关闭，我们先观察当前的连接信息，连接对象的类型，然后关闭连接。

```
showConnections()
class(textcon)
close(textcon)
```

同样也可以建立一个在硬盘上的文件连接。

```
filecon <- file('output.txt', 'w')
sink(filecon)
x <- runif(10)
summary(x)
print('这句话并没有显示在终端上，而在被写入了output对象')
sink()
close(filecon)
browseURL('output.txt')
```

步骤是相似的，用 `file` 函数建立文件连接，输出从控制台转换到连接，最后关闭连接。你可以试着在工作目录中找到 output.txt 文件观察是否正确。文件连接会在当前工作目录中建立，如果不清楚当前工作目录的话，可以尝试使用 `getwd` 。关于和外部数据的交换，我们将在后续的输入输出章节详细讲解。

2.3.3 公式

建立预测模型是数据分析的重要任务，建模时一般都要确定解释变量和响应变量，或者说是自变量和因变量，在 R 语言中需要用户输入**公式**来加以明确二者。不论是简单的回归还是复杂的神经网络预测，这类公式的形式均是类似 y~x 的这种写法。波浪号左侧为因变量，波浪号右侧为自变量。如果数据中变量较少我们可以直接手工输入，但如果遇到几十个变量，我们可以编程生成公式。下面的例子就是生成有 50 个自变量的公式。

```
n <- 1:50
xvar <- paste0('x', n)
right <- paste(xvar, collapse = ' + ')
left <- 'y~'
my_formula <- paste(left, right)
my_formula <- as.formula(my_formula)
class(my_formula)

## [1] "formula"
```

代码第二行使用了 `paste0` 函数，它的作用是将两种字符进行粘合，本例中 n 为向量，所以在向量化计算后生成了 50 个形如 x1 的粘合好的变量名称，这构成一个字符串向量。第三行将这个字符向量再粘合为一个字符串，构成公式的右侧，之后将左侧和右侧粘合为一个整体，最后使用 `as.formula` 函数将这个字符串转换为公式。以后就可以直接将 my_formula 放到建模函数中使用了。可见字符串的操控对于数据分析有最大的作用，我们会在后续章节再详细讲解字符串的操作。

2.3.4 表达式

R 中还有一类特殊对象，但又是编程必不可少的，这就是**表达式**和函数对象。表达式就是我们前面见到的一些对象和运算符构成的代码组合。表达式一般会在 R 解释器中立刻执行，但有些情况下我们希望表达式也可以暂缓执行。

```
ex <- expression(x <- seq(1, 10, 2))
print(ex)

## expression(x <- seq(1, 10, 2))

class(ex)

## [1] "expression"
```

上面我们用 seq 函数建立一个 10 以内的奇数向量,并且赋值到 x 中,但并没有马上执行这个表达式,而是将其转为一个表达式对象存在 ex 变量中,所以变量 x 还并不存在。

```
eval(ex)
print(x)

## [1] 1 3 5 7 9
```

使用 eval 函数来运行这个表达式,最终才生成了需要的 x。在之前我们曾经提到赋值操作 <- 和 = 基本上是等价的,但它们有微弱的区别,如果在下面的表达式中使用 =,会发现表达式没有运行成功。所以在复杂情况下赋值时,推荐大家尽量使用 <-,以避免可能的错误。

```
ex <- expression(y = seq(1, 10, 2))
eval(ex)

## [1] 1 3 5 7 9

print(y)

## Error in print(y): object 'y' not found
```

还有些情况下,表达式是以字符串形式存在的,此时我们需要先用 parse 函数将其解析,转义为表达式,再用 eval 运行表达式。

```
tex <- c('z<-seq(1, 10, 2)', 'print(z)')
eval(parse(text = tex))

## [1] 1 3 5 7 9
```

2.3.5 环境

由于 R 中各种数据对象众多，为了便于管理，R 提供了**环境**这种特殊的对象。环境可以看作是分隔出来的不同的房间，数据呆在各自的房间中活动，不会相互干扰。

当用户启动 R 之后，R 新建了一个全局环境以存放当前用户要处理的对象。这个全局环境的名字叫作 `.GlobalEnv` 。

ls 函数可以查看内存中的所有对象名，其中的 envir 参数默认是当前环境。如果未作任何特殊的操作，我们能够见到的是默认的全局环境 `.GlobalEnv` 。默认的 ls() 操作等价于：

```
ls(envir = .GlobalEnv)
```

除了默认的全局环境，我们还可以通过 `new.env` 函数来新建环境：

```
env1 <- new.env()
```

环境中包含各对象的名称，我们在环境中可以使用 `assign` 和 `get` 函数对变量进行存取：

```
assign("x1", 1:5, envir = env1)
ls(envir = env1)

## [1] "x1"

get("x1", envir = env1)

## [1] 1 2 3 4 5
```

`exists` 函数可以用来判断环境中是否存在某个对象：

```
exists("x1", envir = env1)

## [1] TRUE
```

`rm` 函数加上环境的参数后可以删除某个环境中的对象：

```
rm("x1", envir = env1)
exists("x1", envir = env1)

## [1] FALSE
```

2.3.6 函数

函数是建立在各种表达式组合基础之上的运算单元，可以说 R 中所有复杂的运算都是由函数来完成的。和数学中的函数概念类似，函数由三部分构成，即输入、运算、输出。例如，下面计算指数的内置函数，exp 是函数名，括号中的 1 则是输入，结果 2.718 则是输出。

```
exp(1)
## [1] 2.718282
```

函数的输入通常称为参数，参数也可以是向量形式，这正是 R 的方便之处。例如同时计算四个指数：

```
exp(c(1, 2, 3, 4))
## [1]  2.718282  7.389056 20.085537 54.598150
```

如果需要经常使用某些代码来完成工作，推荐的作法是将它们编写成一个函数，这样方便重复调用。例如自定义一个求圆面积的函数，则可以像下面这样做。等号的左边为函数名，右边括号中为函数所需的参数，最后需要用 return 来明确函数输出值。

```
myfunc <- function(r) {
  area <- pi*r^2
  return(area)
  }
print(myfunc(4))
## [1] 50.26548
```

函数在调用时会新建一个特殊的子环境，用以处理函数中涉及到的变量，例如上面函数中的 area 变量，这种变量称为**局部变量**，因为不会在全局环境中出现而影响其他函数，使用起来非常安全。但函数内部可以调用**全局变量**，例如上面的 pi。

函数本身也是一种特别的对象，它可以作为参数放到其他函数中，我们也可以用一些方法来观察函数的构造。观察一个函数原始代码的最直接方式就是在控制台输入函数名，注意不要加任何参数。

```
myfunc

## function(r) {
##    area <- pi*r^2
##    return(area)
##    }
```

还可以使用 formals 调取参数，body 调取运算过程，environment 调取函数计算环境。我们在"第81页: 4.2 函数"中将进一步讲解这方面的问题。

本章总结

　　向量是 R 中最基本的数据对象，它就是一种容器可以存放不同的内容，例如数值向量、逻辑向量、字符向量，但是一个向量中必须只能是同质的内容。

　　在向量的基础之上，可以构建三种重要的复合对象，即矩阵、数据框和列表。绝大部分的数据分析需求都可以通过这三种数据对象来解决。这些数据对象的运算问题我们将在后续的数据操作章节讲解。

　　对于更复杂的问题，可能会遇到更复杂的对象，例如空间数据的处理。读者也可以自定义对象以处理特别的数据需求，这些内容将在面向对象章节讲解。

第 3 章   数据操作

本章将会介绍 R 语言的数据操作,掌握如何通过向量化操作来处理各类数据对象;如何使用 reshape2 包和 plyr 包对数据进行转换整理,构成需要的格式;如何从外部读取需要的数据,并将计算结果进行输出;同时会介绍日期类数据的处理。

3.1   向量化操作

R 语言中有一系列的向量化计算函数,它们可以极大地帮助我们简化代码,提升计算速度,并增强工作效率。在之前的章节里我们已经遇到过一些可以输入向量、输出向量的内部函数,下面我们来看一下对于自定义函数如何来进行向量化计算。

首先编写一个简单的自定义函数,目的是判断一个数字是否为偶数。如果是则返回 TRUE,不是则返回 FALSE。

```
func <- function(x) {
  if (x %% 2 == 0){
    ret <- 'even'
  } else {
    ret <- 'odd'}
  return(ret)
}
func(34)

## [1] "even"
```

上面代码中使用 if-else 逻辑判断语句和求余数的操作符。这个自定义函数和其他内置函数的差别在于,其输入参数只能为一个数值,而非多个数值的向量。在这种情况下,可以使用 sapply 函数来进行向量化计算。

```
vec <- round(runif(4)*100)
func(vec)
```

```
## [1] "even"
sapply(vec, func)
## [1] "even" "even" "even" "odd"
```

我们建立了一个有四个元素的整数向量，如果直接以向量为参数计算，func 函数的结果会报错，那么用 sapply 函数以要计算的对象和计算函数作为参数，一行代码即可迅速地计算出结果，而不必使用循环。还有一种变通的方法是将 func 这个自定义函数改装成可以接受向量的函数。

```
funcv <- Vectorize(func)
funcv(vec)
## [1] "even" "even" "even" "odd"
```

其实对于这个具体的问题，并不一定非要使用 sapply ，我们直接使用 ifelse 即可，上例只是为了举例说明。

```
ifelse(vec%%2, 'odd', 'even')
## [1] "even" "even" "even" "odd"
```

sapply 函数不仅能以向量作为输入，而且能计算数据框，例如计算内置数据集 iris 的前四列的变异系数。

```
op <- options()
options(digits = 2)
sapply(iris[ , 1:4], function(x) sd(x)/mean(x))
## Sepal.Length  Sepal.Width Petal.Length  Petal.Width
##         0.14         0.14         0.47         0.64
options(op)
```

在上例中，我们在 sapply 中使用了一个匿名函数，对数据框前四列进行了计算，此外，为了显示方便，控制了 options 的参数只显示两位小数。有读者可能会想，数据框有两个维度，如果上面 sapply 只考虑以列为单位分别计算，那么如何以行来计算，例如要计算每行第一列和第二列元素的和。这种情况只需要利用数据框本身的特性就足够了。

```
result <- iris[ , 1] + iris[ , 2]
```

除了向量和数据框，sapply 函数也可以对列表进行计算。

```
mylist <- as.list(iris[ , 1:4])
sapply(mylist, mean)
```

```
## Sepal.Length  Sepal.Width  Petal.Length  Petal.Width
##     5.843333     3.057333      3.758000     1.199333
```

上面的代码先将数据框转成了列表，再计算了每个向量的均值。和 sapply 很相似的是 lapply 函数，lapply 也能对向量、数据框和列表进行向量化计算，只不过区别在于返回结果的形式是一个列表。

```
lapply(mylist, mean)
```

```
## $Sepal.Length
## [1] 5.843333
##
## $Sepal.Width
## [1] 3.057333
##
## $Petal.Length
## [1] 3.758
##
## $Petal.Width
## [1] 1.199333
```

有时候 lapply 返回的列表结果形式较为复杂，需要一定的方法才能转换成需要的格式。例如下面同时计算均值和标准差。

```
myfunc <- function(x) {
  ret <- c(mean(x), sd(x))
  return(ret)
}
result <- lapply(mylist, myfunc)
```

上面函数的特别之处在于同时输出两个结果，并以向量形式存放。那么 lapply 的计算结果就是一个包括四个元素的列表，而每个元素是一个向量。如果说我们想将 result 转换为一个整齐的矩阵，要求是均值和标准差指标各为一列，可以有如下三种方法：

```
t(as.data.frame(result))

##                   [,1]      [,2]
## Sepal.Length 5.843333 0.8280661
## Sepal.Width  3.057333 0.4358663
## Petal.Length 3.758000 1.7652982
## Petal.Width  1.199333 0.7622377

t(sapply(result, '['))

##                   [,1]      [,2]
## Sepal.Length 5.843333 0.8280661
## Sepal.Width  3.057333 0.4358663
## Petal.Length 3.758000 1.7652982
## Petal.Width  1.199333 0.7622377

do.call('rbind', result)

##                   [,1]      [,2]
## Sepal.Length 5.843333 0.8280661
## Sepal.Width  3.057333 0.4358663
## Petal.Length 3.758000 1.7652982
## Petal.Width  1.199333 0.7622377
```

第一种是先转成数据框，再转置一下；第二种是使用取子集的二元操作符作为 sapply 的参数；第三种是利用 do.call 将 result 传入 rbind 函数中。读者可在实践中多尝试这三种方法来处理数据。

前面我们讨论了向量、数据框和列表，下面我们来看一个计算矩阵的例子。

```
set.seed(1)
vec <- round(runif(12)*100)
mat <- matrix(vec, 3, 4)
apply(mat, MARGIN = 1, sum)

## [1] 218 144 228

apply(mat, MARGIN = 2, function(x) max(x)-min(x))

## [1] 30 71 31 15
```

首先生成一个三行四列的矩阵，再计算每行数值之和，使用的是 apply 函数。apply 函数和 sapply 类似，不过要注意的是其中多了一个参数 MARGIN，其值为 1，表示以行（第 1 个维度）为计算单位。最后一行代码中 MARGIN 的值为 2，表示以列（第 2 个维度）为单位，计算每列数值的极差。

从前面的例子可以看到，向量化计算的特性方便我们按某种方式划分数据，然后分别计算。按列或按行都是非常有规律的数据划分方式，还有一类划分方式就是按变量的取值进行划分。例如在鸢尾花 iris 数据集中的 Species 变量，这个分类变量有三种取值。我们希望以此分组，计算每种花的 Sepal.Length 均值。

```
tapply(X = iris$Sepal.Length, INDEX = list(iris$Species),
    FUN = mean)

##     setosa versicolor  virginica
##      5.006      5.936      6.588
```

上例使用了 `tapply` 函数来完成这个工作，其中第一个参数是计算的对象，第二个参数是划分数据的依据，第三个参数是计算所用的函数。因为调用数据框中的列名需要写较多的代码，为简便起见也可以如下的方式：

```
with(iris, tapply(Sepal.Length, list(Species), mean))

##     setosa versicolor  virginica
##      5.006      5.936      6.588
```

和 `tapply` 函数类似的还有 `aggregate`，不过后者的功能要略强于前者，而且是以数据框形式输出，较为友好。

```
with(iris, aggregate(Sepal.Length,by = list(Species), mean))

##      Group.1     x
## 1      setosa 5.006
## 2 versicolor 5.936
## 3  virginica 6.588
```

如果说计算函数的参数只有一个，`sapply` 非常适合用来将其进行向量化。如果函数的参数有两个，那么只能固定一个参数不变。如果说两个参数同时需要变化，我们可以使用 `mapply`。例如，为计算出九九乘法表，需要两个参数同时从 1 到 9 逐一变化。

```
vec1 <- vec2 <- 1:9
para <- expand.grid(vec1, vec2)
res <- mapply(FUN = prod, para[, 1], para[, 2])
```

首先生成两个向量备用，再使用 expand.grid 函数将两个向量中的值两两配对，最后使用 mapply 生成 81 个乘积结果。mapply 可以看作是 sapply 的增强版，可以处理 3 个及以上参数的向量化计算问题。如果我们只处理两个参数，R 也提供了一种比较方便的函数 outer 。

```
myfunc <- function(x, y){
  left <- paste0(x, '*', y, '=')
  right <- x*y
  ret <- paste0(left, right)
  return(ret)
  }
outer(vec1, vec2, FUN = myfunc)

##       [,1]      [,2]      [,3]      [,4]      [,5]      [,6]
## [1,] "1*1=1"  "1*2=2"  "1*3=3"   "1*4=4"   "1*5=5"   "1*6=6"
## [2,] "2*1=2"  "2*2=4"  "2*3=6"   "2*4=8"   "2*5=10"  "2*6=12"
## [3,] "3*1=3"  "3*2=6"  "3*3=9"   "3*4=12"  "3*5=15"  "3*6=18"
## [4,] "4*1=4"  "4*2=8"  "4*3=12"  "4*4=16"  "4*5=20"  "4*6=24"
## [5,] "5*1=5"  "5*2=10" "5*3=15"  "5*4=20"  "5*5=25"  "5*6=30"
## [6,] "6*1=6"  "6*2=12" "6*3=18"  "6*4=24"  "6*5=30"  "6*6=36"
## [7,] "7*1=7"  "7*2=14" "7*3=21"  "7*4=28"  "7*5=35"  "7*6=42"
## [8,] "8*1=8"  "8*2=16" "8*3=24"  "8*4=32"  "8*5=40"  "8*6=48"
## [9,] "9*1=9"  "9*2=18" "9*3=27"  "9*4=36"  "9*5=45"  "9*6=54"
##       [,7]      [,8]      [,9]
## [1,] "1*7=7"  "1*8=8"  "1*9=9"
## [2,] "2*7=14" "2*8=16" "2*9=18"
## [3,] "3*7=21" "3*8=24" "3*9=27"
## [4,] "4*7=28" "4*8=32" "4*9=36"
## [5,] "5*7=35" "5*8=40" "5*9=45"
## [6,] "6*7=42" "6*8=48" "6*9=54"
## [7,] "7*7=49" "7*8=56" "7*9=63"
## [8,] "8*7=56" "8*8=64" "8*9=72"
## [9,] "9*7=63" "9*8=72" "9*9=81"
```

outer 函数类似于矩阵计算中的外积，直接对两个向量计算乘积。该函数可以灵活地调用其他函数进行计算，例如我们自定义的函数将计算式左侧和右侧粘合在一起输出。

本节要讨论的最后一个函数是 replicate ，它能让某个函数重复调用多遍，这在统计模拟中非常有用。例如，先生成 1000 个服从正态分布的随机向量，然后计算其均值，并使这个过程重复 100 遍。

```
res <- replicate(100, mean(rnorm(10000)))
```

3.2 数据转换整理

3.2.1 取子集和编码转换

对数据框取子集是最常见的数据操作，通常我们可以使用方括号加索引来取子集，不过 R 还提供了一种更简洁明了的函数，即 subset 。我们尝试用它来取 iris 数据集中花的种类为 setosa 的子集，并取出后三列数据。

```
data_sub <- subset(iris, Species == 'setosa', 3:5)
data_sub <- with(iris, iris[Species == 'setosa', 3:5])
```

上面 subset 函数的第一个参数是要取子集的数据对象，第二个参数是用一个逻辑判断确定需要的行，第三个参数是确定需要的列。第二行的代码是一样的效果，只不过略为繁琐一点。

另一种常见的数据整理是编码转换，即对数据框中的值进行映射。例如对 iris 中的第一列求对数，建立新的变量名为 v1，将结果存到新的数据框中。

```
iris_tr <- transform(iris, v1 = log(Sepal.Length))
```

变量离散化可以看作是编码转换的一种，下面将 v1 变量根据数值大小分为四组，而且要求每组的样本数大体一样。

```
q25 <- quantile(iris_tr$v1, 0.25)
q50 <- quantile(iris_tr$v1, 0.50)
q75 <- quantile(iris_tr$v1, 0.75)
groupvec <- c(min(iris_tr$v1), q25, q50, q75, max(iris_tr$v1))
labels <- c('A', 'B', 'C', 'D')
iris_tr$v2 <- with(iris_tr, cut(v1, breaks = groupvec,
    labels=labels, include.lowest = TRUE))
```

上面的代码中，首先使用 quantile 函数计算第 25、50、75 百分位数，这三个百分位数可以将数据等分为四组，之后使用 cut 函数将数据进行了切分，并转换为因子变量。

有时原始的数据是数字，但需要转为因子变量，我们可以使用前面谈过的 factor 函数，例如将下面的数字转为性别。

```
vec <- rep(c(0,1), c(4,6))
vec_fac <- factor(vec,labels = c('male', 'femal'))
levels(vec_fac)

## [1] "male"  "femal"
```

factor 函数将数值变量转为因子变量，同时其中的 labels 参数控制了因子
的取值。levles 可以用以观察，而且它还能用来设置。例如有三种因子，但将其
中两种归为一类，即可直接在 levels 中设置。

```
vec <- rep(c(0,1,3), c(4,6,2))
vec_fac <- factor(vec)
levels(vec_fac)  <- c('male', 'femal', 'male')
```

在转为因子变量时，levels 的缺省顺序是按照数字大小或是字符顺序。这在
无序因子中本没有多大关系，但在统计建模中，排第一位的因子会被设定为基准
参考因子，如果对此有不同要求，可通过 relevel 进行重设。

```
vec <- rep(c('b','a'), c(4,6))
vec_fac <- factor(vec)
levels(vec_fac)

## [1] "a" "b"

relevel(vec_fac, ref = 'b')

##  [1] b b b b a a a a a a
## Levels: b a
```

3.2.2 长宽格式互转

统计中待分析的数据框通常有两种形式：一种称为**长型数据**；一种称为**宽型
数据**，宽型数据一般是各变量取值类型一致，而变量以不同列的形式构成。例如
iris 的前四列子集即是一个典型的宽型数据。长型数据是各变量取值在一列中，
而对应的变量名在另一列。例如，下面将宽型数据转为长型数据：

```
data_w <- iris[,1:4]
data_l <- stack(data_w)
data_w <- unstack(data_l)
```

长型数据又称之为堆叠数据，只要在一列中存在分类变量，都可以将其看作是长型数据。而宽型数据则可称之为非堆叠数据，在上例中 iris 的前四列可以看作是宽型数据，但最后两列可以看作是一个长型数据。可以根据 Species 变量将数据转为宽型，并得到各花种类的平均值。

```
subdata <- iris[,4:5]
data_w <- unstack(subdata)
colMeans(data_w)

##     setosa versicolor  virginica
##      0.246      1.326      2.026
```

在实践中这种单纯的长宽格式互转并不多见，因为我们不需要不同的数据格式，而需要不同格式下的分析结果。在上例中我们先转换数据格式再计算分析结果，而更常见的是一步直接得到分析结果。此时我们需要的是更为强大的 reshape2 包。

```
library(reshape2)
dcast(subdata, Species~., value.var = 'Petal.Width', fun = mean)

##      Species      .
## 1     setosa 0.246
## 2 versicolor 1.326
## 3  virginica 2.026
```

dcast 是 reshape2 包的一个函数，它的作用是将长型数据进行汇总计算，函数中第一个参数是分析对象，即一个长型数据，第二个参数是一个公式，即设置数据分组的方式。上面我们只用 Species 一个变量来划分数据，所以右侧用点号。第三个参数是要计算的数值对象，第四个参数是计算用函数名。dcast 的思路和 aggregate 很相似，都是根据变量切分数据，再对分组后的数据进行计算，但 dcast 的输出格式和功能在多维情况下要方便很多。

reshape2 包中还有一个极有用的函数，即 melt 函数，melt 函数的作用是将一个宽型数据融合成一个长型数据。例如，我们将 iris 数据集进行融合。

```
iris_long <- melt(iris, id= 'Species')
```

melt 函数第一个参数是要融合的对象，第二个参数确定哪些变量不参与到融合中，或者说哪些变量已经是分类变量。你可以自行观察融合后的数据是什么样子。我们可以归纳出来，一个纯粹的长型数据，只包含一个数值变量，其他均为分类变量。而一个纯粹的宽型数据，则不包含分类变量，均为数值变量。而现实中你遇到要处理的数据，则多半是二者的混杂，正如 iris 数据集那样。

melt 和 dcast 正如同是铁匠的两种得力工具，melt 可以看作是炼炉，负责融合数据，成为一个纯粹的长型。而 dcast 则可以看作是铁锤，负责重铸数据，使之成为需要的格式并加以分析。当熟练掌握这两种函数后，我们就可以任意地揉捏数据了。下面的例子就是将之前生成的数据进行汇总计算，得到三种花各自的四个指标。

```
dcast(data = iris_long, formula = Species~variable,
    value.var = 'value', fun = mean)

##       Species Sepal.Length Sepal.Width Petal.Length
## 1      setosa        5.006       3.428        1.462
## 2 versicolor        5.936       2.770        4.260
## 3  virginica        6.588       2.974        5.552
##    Petal.Width
## 1        0.246
## 2        1.326
## 3        2.026
```

下面再看一个复杂的例子。reshape2 包中自带一个叫作 tips 的数据集，它是一个餐厅侍者收集的关于小费的数据，其中包含了七个变量，包括总费用、付小费的金额、付款者性别、是否吸烟、日期、时间、顾客人数。我们想知道不同性别顾客是否会支付不同的小费，则可以按 sex 变量汇集数据。

```
dcast(tips, sex~., value.var = 'tip', fun = mean)

##       sex        .
## 1 Female 2.833448
## 2   Male 3.089618
```

又或者说，可以按 sex 和 size 变量划分数据，分别计算小费金额，可以观察到用餐人数越多时，小费相应给的越多，而且男性顾客一般会比女性顾客大方一点。

```
dcast(tips, sex~size, value.var = 'tip', fun = mean)

##       sex        1        2        3        4    5    6
## 1 Female 1.276667 2.528448 3.250000 4.021111 5.14 4.60
## 2   Male 1.920000 2.614184 3.476667 4.172143 3.75 5.85
```

可以归纳出，dcast 函数的使用前提是，数据中已经存在分类变量，例如
sex 或者 smoke。根据分类变量划分数据，再计算某个数值变量。如果问题再复
杂一点，我们想同时计算出不同性别顾客的小费和总费用。但现有的数据集中并
没有这种分类变量，怎么处理呢？一种是笨一点的方法，即将前面用过的方法用
两次，然后合并这两个结果。但这种方法在多变量情况下并不方便。

```
dcast(tips, sex~., value.var = 'tip', fun = mean)

##      sex        .
## 1 Female 2.833448
## 2   Male 3.089618

dcast(tips, sex~., value.var = 'total_bill', fun = mean)

##      sex        .
## 1 Female 18.05690
## 2   Male 20.74408
```

另一种推荐的方法就是使用前面提到的 melt 函数，先将数据融合成纯粹
的长型数据，再用 dcast 重铸。

```
tips_melt <- melt(data = tips,
    id.vars = c('sex', 'smoker', 'time', 'size', 'day'))
dcast(data = tips_melt, sex ~ variable, value.var = 'value',
    fun = mean)

##      sex total_bill      tip
## 1 Female   18.05690 2.833448
## 2   Male   20.74408 3.089618
```

dcast 函数的长处在于可以处理多维变量的汇总分析，例如我们要同时考
虑不同性别和吸烟习惯的顾客给小费的相对比例。

```
tips_mean <- dcast(data = tips_melt, sex + smoker~variable,
    fun= mean)
tips_mean$rate <- with(tips_mean, tip/total_bill)
tips_mean

##      sex smoker total_bill      tip      rate
## 1 Female     No   18.10519 2.773519 0.1531892
## 2 Female    Yes   17.97788 2.931515 0.1630623
```

```
## 3     Male    No    19.79124 3.113402 0.1573122
## 4     Male    Yes   22.28450 3.051167 0.1369188
```

在 `dcast` 函数中的公式同时考虑到了三个分类变量，在第二步计算了小费相对于总餐费的比例。可以清楚地看到，吸烟的女性顾客相对是最大方的，而吸烟的男性则是最小气的。

3.2.3 数据的拆分和合并

数据可长可宽，同样数据可分可合，也就是数据的拆分与合并。常规的数据分拆其实就是取子集，使用 `subset` 函数即可完成。非常规一点的数据拆分是按照某个分类变量进行的。例如，需要对 iris 数据中按不同的花的属性来分拆数据。

```
library(reshape2)
library(plyr)
iris_splited <- split(iris, f = iris$Species)
class(iris_splited)

## [1] "list"
```

`split` 函数可以将一个数据框拆分成多个数据框，存放在一个列表对象中。合并这个列表，只需要使用 `unsplit` 函数即可进行逆操作了。

```
iris_all <- unsplit(iris_splited, f = iris$Species)
```

下面来看一个拆分数据并进行计算的例子，对 tips 数据集，我们对它按照性别变量拆分数据，然后计算每个部分的统计指标，在本例中就是小费和总餐费的比率。

```
ratio_fun <- function(x) {
    sum(x$tip)/sum(x$total_bill)
}
pieces <- split(tips, tips$sex)
result <- lapply(pieces, ratio_fun)
do.call('rbind', result)

##                 [,1]
## Female 0.1569178
## Male    0.1489398
```

在上面的代码中我们首先建立了一个计算比率的函数，之后使用 split 拆分数据，由于拆分后的数据为一个列表，列表中每个元素是一个数据框，所以使用 lapply 函数对列表进行向量化计算，计算每个数据框中的指标，最后用 do.call 将结果合并。整个步骤可以归纳为三步，即拆分、计算、合并。

正如我们前一节所谈到的，单纯的拆分数据是很少见的，多数情况下我们的目的是要计算拆分数据后的结果。如果能将上面的三个步骤合在一个步骤内完成，就并不一定需要 split 函数，只需要强大的 plyr 包就可以了。

```
library(plyr)
ddply(tips, "sex", ratio_fun)

##      sex         V1
## 1 Female 0.1569178
## 2   Male 0.1489398
```

在加载 plyr 包之后，使用 ddply 函数一步完成拆分、计算和合并。其中第一个参数是我们要拆分计算的对象，第二个参数是按照什么变量来拆分，第三个变量是拆分计算的函数。当然我们也能使用两个变量的拆分数据，并直接得到四种分类情况下的小费比率。

```
ddply(tips, sex~smoker, ratio_fun)

##      sex smoker         V1
## 1 Female     No 0.1531892
## 2 Female    Yes 0.1630623
## 3   Male     No 0.1573122
## 4   Male    Yes 0.1369188
```

到目前为止我们已经讨论了三种功能相似的函数，aggregate 、dcast 、ddply 。它们的基本思路都是按照某个分类变量来划分数据，然后计算出结果。从能力上来讲，aggregate 是最弱的，它只能按单个变量划分数据，计算单个数值对象。dcast 要强一些，它可以按多个变量划分数据，但也只能计算单个数值对象，但它适合于生成格式整齐的表格形式。ddply 是最强的数据整理函数，它可以按多个变量划分数据，并计算整个数据框的所有变量，在自定义函数的配合下极为灵活。

ddply 函数是 plyr 包中的一个主力函数，它的第一个字母 d 表示输入的数据是数据框，第二个字母 d 表示输出的数据也是数据框。plyr 包还有一些其他函数，例如 adply 即表示输入的是 array，输出的是 dataframe。有兴趣的读者可以自行阅读 plyr 包的帮助文档了解其用法。

最后来介绍数据的合并，例如下面两个数据框，分别包含了年龄和名字两种信息，现在要按 id 号将它们合为一个数据框。

```
datax <- data.frame(id = c(1,2,3), gender = c(23,34,41))
datay <- data.frame(id = c(3,1,2), name = c('tom', 'john', 'ken'))
merge(datax, datay, by = 'id')

##   id gender name
## 1 1      23 john
## 2 2      34  ken
## 3 3      41  tom
```

上例不能使用 cbind 来合并，因为 id 的顺序不一样，所以需要使用 merge 函数，按照 id 来合并两组数据，这种操作思路和数据库操作中的 join 是类似的。如果用户对数据库非常熟悉，也可以在 R 中用 SQL 语句来操作数据框，前提是需要安装加载 sqldf 包。

3.3 输入与输出

3.3.1 控制台的输入和输出

控制台是最基本的输入输出设备，用户可以使用 print 或者输入变量名，即可在屏幕上显示出输出的结果。如果需要对输出有格式上的要求，则利用 format 函数进行调整。

```
set.seed(1)
out <- data.frame(x1 = runif(3)*10, x2 = c('a', 'b', 'c'))
print(out)

##         x1 x2
## 1 2.655087  a
## 2 3.721239  b
## 3 5.728534  c

out <- format(out, digits = 3)
out

##     x1 x2
## 1 2.66  a
## 2 3.72  b
## 3 5.73  c
```

上面对 format 中的数字格式进行了调整，只显示三位有效数字。另一个有用的控制显示的函数是 cat，它支持字符拼接操作。

```
cat(paste(out$x2, out$x1, sep = '='), sep = '\n')

## a=2.66
## b=3.72
## c=5.73
```

上例首先使用字符拼合函数 paste，它本身支持向量化操作，将两个向量拼接成了一个字符串向量，之后再使用 cat 输出，输出时使用了转义字符串作为向量间的分隔符，实际上就是起到回车符的作用。

用户也可以通过控制台进行交互输入。readline 函数可以输入单个字符串数据，而 scan 函数则可以输入多个数值数据。读者可自行尝试下面的操作，要注意的是，readline 中输入的数字也会被认为是字符，而 scan 中缺省的是输入数值，若停止输入则空行回车。

```
x <- readline()
x <- scan()
```

3.3.2 文本文件

控制台的交互输入方式只适合在少量数据情况下，若数据很多，还是尽量从外部文件读写比较方便。最常见的外部文件格式就是纯文本文件。在下面例子中，先尝试输出一个文本文件。

```
output <- file('output.txt')
cat(1:100, sep = '\t', file = output)
close(output)
```

使用 file 函数建立一个文件连接。前面使用过的 cat 函数可以直接将数据对象输出到文件连接中，如果文件中已经有内容，可以在 cat 函数中设置 append 参数为真，即表示数据将新增在文件尾部。

输入仍然可以用前面讨论过的 scan 函数，只不过参数中包括了文件连接对象。要注意的是 scan 读入的内容应该是一致的类型，不可能同时读入字符和数值。

```
input <- scan(file = output)
```

　　如果只需要处理字符串的输入输出，可以考虑 readLines 和 writeLines 这一对函数。writeLines 会将一个字符向量输出到外部文件中，每个字符元素为一行保存，而 readLines 则读取一行文件作为一个字符串元素。

```
output <- file('output.txt')
writeLines(as.character(1:12), con = output)
input <- readLines(output)
```

　　下面再看一个略复杂的例子，目的是读取用户 R 语言已经安装的每个扩展包的 DESCRIPTION 文件。

```
path <- .libPaths()[1]
doc.names <- dir(path)
doc.path <- sapply(doc.names, function(names) {
    paste(path, names, 'DESCRIPTION', sep = '/')})
doc <- sapply(doc.path, function(doc) readLines(doc))
```

　　上例中.libPaths 函数能返回 R 的扩展包存放目录，dir 函数能得到目录下的子目录名称。在第三行我们将扩展包名和目录名以及文件名拼接在一起，构成了一个路径字符串向量，然后使用 readLines 的向量化操作，一次性读取了数百个文件内容，存放在列表对象 doc 中。所以在处理这种大量外部文件时，可以充分利用 R 来自动化处理。

3.3.3 表格型文件

　　前面介绍的函数都只能处理单一类型的数据，但我们常常需要处理数据框这种格式数据。这种情况下最常用的是 read.table 和 write.table 这一对函数。

```
write.table(iris, file = 'iris.csv', sep = ',')
data <- read.table(file = 'iris.csv', sep = ',')
```

　　write.table 将数据框 iris 存为一个名为 iris.txt 的外部文档，而且每列之间以逗号分隔。这种文档实际上就是典型的 CSV 文件格式，CSV 即表示 Comma Separated Values。之后使用 read.table 来读取这个外部文件，同样要在 sep 参数中确定分隔符。

　　数据框和 Excel 表格数据结构是类似的，如果要读入一个 Excel 文件，文件不复杂的话，最简便的方法是使用剪贴板复制的方式。用户先在 Excel 中打开文件，选择待读取的区域，并复制内容。然后在 R 中运行如下命令，即可读入数据。

```
data <- read.table('clipboard', 'r')
```

另一种更方便的导入方法是利用 Rstudio 的功能，在 workspace 菜单选择"import dataset"也是一样的。

对于一个外部文件，不论是什么后缀名，只要是纯文本都可以读入到 R 中加以分析。如果是非结构化的数据，可以使用 `readLines` 函数；如果是结构化的数据，可以使用 `read.table` 读入。`read.table` 函数包含了大量参数，可以控制是否读取表头，是否忽略某几行，是否将字符转为因子，并且控制读取的列数据类型，以及控制字符编码类型。对于大规模数据的读入，控制这些参数能加快读取速度。读者可参看帮助文档了解其用法。

关系型数据库是另一种结构化的数据来源，一般我们可以用 SQL 来提取需要的数据，存为文档再由 R 来读入。这种方式结合了数据库的储存能力和 R 的分析能力，速度也非常快。但是如果要形成一套可重复性的自动工作流程，则可以将 R 与外部数据库连接，直接在 R 中操作数据库，并生成最终结果，这也是一种可行的方法。

在 R 中连接数据库需要安装其他的扩展包，根据连接方式不同我们有两种选择：一种是 ODBC 方式，需要安装 `RODBC` 包并安装 ODBC 驱动；另一种是 DBI 方式，可以根据已经安装的数据库类型来安装相应的驱动。因为后者保留了各数据库原本的特性。R 的很多扩展包中包含了与各种主流数据库的连接，具体的使用方法请参考本书的 "第347页: 15 R 与其他系统的交互" 章节。

3.3.4 其他外部文件

对于 Excel 文件，通过复制到剪贴板的方法输入数据是最方便的，这种方法前面已经谈到了。或者是转成 CSV 文件，再用 `read.table` 读入。第三种方法是直接用 R 来读 XLS 文件，可以把 XLS 文件看作一个数据库，使用 `RODBC` 包来连接这个电子表格文件。对于复杂的格式，可以使用 `XLConnect` 包或是 `openxlsx` 包来操控。

对于 SPSS、SAS 之类的其他统计分析的数据文件，可以使用 `foreign` 包中的函数来读取。

3.4 时间相关数据的处理

对于 R 的初学者来说，最困难的也许就是处理与时间相关的数据了。R 语言中时间相关数据的形式多样，存储格式也是五花八门，用户很容易被一系列不同的数据格式所迷惑。本节将这些内容梳理成两大部分，并给出详细的案例。

　　最显著的区分有两大类，一类是时间类对象，另一类是时间序列类对象。所谓时间类对象是指仅包含日期和时间信息的数据，而时间序列类对象是指在一个普通的数据对象上附加了时间戳的数据。

3.4.1　时间类数据处理

　　时间类数据有两类，一类是简单的 Date 类型，一类是复杂的 POSIXct 类型。简单的时间类数据只包含日期而不包含时钟信息。在数据量少的情况下，可以手工输入为字符串格式，然后转为 Date 类型；数据量多的情况下应从外部文件输入，再转为 Date 格式。两种方式都需要使用 as.Date 函数。

```
date1 <- '1989-05-04'
date1 <- as.Date(date1)
class(date1)

## [1] "Date"

date1 <- '05/04/1989'
date1 <- as.Date(date1, format = '%m/%d/%Y')
```

　　通常的输入格式是用短横隔开，如果是其他格式，则在 as.Date 函数内需要有 format 参数来确定。Date 类数据可以进行常规的加减和比较。

```
date2 <- date1 + 31
date2 - date1

## Time difference of 31 days

date2 > date1

## [1] TRUE
```

　　对于时间类数据，通常会使用一个起始点进行比较。在 R 中默认使用 1970 年 1 月 1 日作为起始点。例如，计算从那天开始直到现在的天数。

```
Sys.Date() - structure(0, class = 'Date')

## Time difference of 16577 days
```

　　我们也可以创建一个日期向量，并进行计算。

```
dates <- seq(date1, length = 4, by = 'day')
format(dates, '%w')

## [1] "4" "5" "6" "0"

weekdays(dates)

## [1] "星期四" "星期五" "星期六" "星期日"
```

上面建立了一个从 date1 开始的长度为 4 天的日期向量，并分别转换格式，显示当天是星期几，一年中的第几天。如果需要了解更多日期的格式转换，可以参见 strptime 函数的帮助。

复杂的时间数据不仅包括日期还包含了时钟信息。此时的时间数据类型称为 POSIXct。POSIXct 类型的数据创建和计算是类似的。

```
time1 <- '1989-05-04'
time1 <- as.POSIXct(time1)
time1 <- "2011-03-1 01:30:00"
time1 <- as.POSIXct(time1, format = "%Y-%m-%d %H:%M:%S")
time1 <- as.POSIXct("2011-03-1 01:30:00", tz = 'GMT')
time2 <- seq(from = time1, to = Sys.time(), by = 'month')
```

POSIXct 类型的数据也可以不包含时钟信息，或者在日期后加空格以冒号分隔时钟信息，也可以加上时区缩写。如果对输入格式有特别要求，可以使用 format 参数对输入格式进行设定，再进行转换。之前我们都是输入字符串再转为时间，这种方式有点繁琐，我们也可以直接从数值转为时间：

```
time1 <- ISOdatetime(2011, 1, 1, 0, 0, 0)
rtimes <- ISOdatetime(2013, rep(4:5,5), sample(30,10), 0, 0, 0)
```

ISOdatetime 函数能将数值转为 POSIXct 时间对象，六个输入数值参数分别为年、月、日、时、分、秒。上面第二行代码使用了向量化特性，随机生成了 10 个时间。

3.4.2 时间序列类数据

时间序列类数据是一个普通数据加上了时间戳，可以简单地理解为一个普通的向量绑定了一个时间类向量。在处理时间序列数据时，我们可以使用 xts 包中的 xts 格式。

```
library(xts)
x <- 1:4
y <- seq(as.Date('2001-01-01'), length = 4, by = 'day')
date1 <- xts(x, y)
```

上面我们建立了一个数值向量和一个时间类向量，然后使用 xts 将二者绑定在一起，建立了一个时间序列数据。如果需要，可以将其数据内容和时间属性分别提取和修改。

```
value <- coredata(date1)
coredata(date1) <- 2:5
time <- index(date1)
```

有了 xts 的支持，之前我们讨论过的数据整理方法，在时间序列数据上仍然是适用的。例如，取子集、合并、向量化计算，等等。

```
x <- 5:2
y <- seq(as.Date('2001-01-02'), length = 4, by = 'day')
date2 <- xts(x,y)
date3 <- cbind(date1,date2)
names(date3) <- c('v1','v2')
date4 <- rbind(date1,date2)
names(date4) <- 'value'
aggregate(date4, index(date4), sum)

##
## 2001-01-01 2
## 2001-01-02 8
## 2001-01-03 8
## 2001-01-04 8
## 2001-01-05 2
```

对于时间序列的取子集可以通过数字索引，也可以用 window 函数通过时间索引提取子集数据。

```
window(date4, start = as.Date("2001-01-04"))

##            value
## 2001-01-04     5
## 2001-01-04     3
## 2001-01-05     2
```

```
window(date4, start = as.Date("2001-01-04")) <- c(10,11,12)
date4[6:8]

##            value
## 2001-01-04    10
## 2001-01-04    11
## 2001-01-05    12
```

同样，时间序列数据还支持滞后项和离差项计算。

```
lag(date2)

##              [,1]
## 2001-01-02   NA
## 2001-01-03    5
## 2001-01-04    4
## 2001-01-05    3

diff(date2)

##              [,1]
## 2001-01-02   NA
## 2001-01-03   -1
## 2001-01-04   -1
## 2001-01-05   -1
```

3.4.3 时间数据处理实例

下面来看一个更为复杂的例子，使用前面我们学到的工具来分析股票数据。首先加载 quantmod 包，使用它的 getSymbols 函数，从 yahoo 财经网站下载上证综合指数的历史数据。保存变量为 SSEC，其类型正是 xts。

```
library(quantmod)
library(xts)
getSymbols('^SSEC', src = 'yahoo', from = '2000-01-01')

## [1] "SSEC"

class(SSEC)

## [1] "xts" "zoo"
```

```
head(SSEC)
```

```
##           SSEC.Open SSEC.High SSEC.Low
## 2000-01-04  1368.693  1407.518 1361.214
## 2000-01-05  1407.829  1433.780 1398.323
## 2000-01-06  1406.036  1463.955 1400.253
## 2000-01-07  1477.154  1522.825 1477.154
## 2000-01-10  1531.712  1546.723 1506.404
## 2000-01-11  1547.678  1547.708 1468.757
##           SSEC.Close SSEC.Volume SSEC.Adjusted
## 2000-01-04   1406.371           0       1406.371
## 2000-01-05   1409.682           0       1409.682
## 2000-01-06   1463.942           0       1463.942
## 2000-01-07   1516.604           0       1516.604
## 2000-01-10   1545.112           0       1545.112
## 2000-01-11   1479.781           0       1479.781
```

```
data <- SSEC[ , 'SSEC.Adjusted']
names(data) <- 'close'
```

　　数据的最后一列是调整了股利等因素后的收盘价，这是我们的主要分析对象。将最后一列单独提取出来，首先计算每天的收盘价相对前一天的变动率，这个变动率可以简单看作是每个交易日的收益率。我们来找出收益率的绝对值最大的那些交易日。

```
data$ratio <- with(data,diff(close)/close)
data.df <- as.data.frame(data)
data.df[order(abs(data.df$ratio), decreasing = TRUE),][1:10, ]
```

```
##                close       ratio
## 2007-02-27 2771.791 -0.09697993
## 2007-06-04 3670.401 -0.09000136
## 2001-10-23 1670.562  0.08972613
## 2008-09-19 2075.091  0.08638369
## 2008-04-24 3583.028  0.08503924
## 2002-06-24 1707.313  0.08468918
## 2008-06-10 3072.333 -0.08375945
## 2015-01-19 3116.351 -0.08347713
## 2000-02-14 1673.943  0.08300524
## 2008-01-22 4559.751 -0.07778584
```

由于 xts 对象不方便进行排序，所以需要转为普通的数据框格式，时间戳将自动变为数据框的行名。然后配合 order 函数找出收益率的绝对值最大的那些交易日。

如果要计算每个月的平均收益率，需要按月将收益率数据进行分组，apply.monthly 函数即可将数据分组，之后计算每个月中日收益率的平均值。由于原数据中存在 NA，因此我们在后面增加了处理缺失的参数。

```
monthratio <- apply.monthly(data$ratio, mean, na.rm = TRUE)
```

若用户需要计算按月的价格波动，可以将收盘价按月分组，使用 to.monthly 函数将原数据转为四列 OHLC 型数据，即当月开盘、当月最高、当月最低、当月收盘。

```
data.month <- to.monthly(data$close)
```

股票分析中常需要计算移动平均值，下面例子计算 90 日移动平均，并观察在平均线上下的天数。

```
rollmean <- rollapply(data$close, width = 90, FUN = mean)
rollmean <- rollmean[!is.na(rollmean)]
sum(data$close > rollmean)
```

```
## [1] 1861
```

```
sum(data$close < rollmean)
```

```
## [1] 1773
```

rollapply 函数会先计算第 1 ~ 90 天的平均值，再计算第 2 ~ 91 天的平均值，以此类推，一直计算到当前日构成一个移动平均，去除其中的缺失后，再和收盘价格比较，比较结果是一个逻辑向量，其中逻辑为真是 1，逻辑为假是 0，可以直接用 sum 函数得到在平均线之上和之下的天数。

市场上经常传说有一种一月效应，也就是每年的第一个月，各类投资者会纷纷入市抬高股价，由此使得收益率偏高。下面我们将计算出的收益率按十二个月份分组，计算出各个月份的变化率平均值。

```
library(lubridate)
data$mday <- month(data)
res <- aggregate(data$ratio, data$mday, mean, na.rm = TRUE)
cat(format(res*100, digits = 2, scientific = FALSE))
```

在上面我们加载了 lubridate 包，使用其中的 month 函数，用于提取时序数据中的月份。然后使用 aggregate 得到不同月份的平均收益率，从结果来看二月份的收益率最高。这也正是中国新年的开始时间。

本章总结

R 的数据操作中大量使用了向量化计算函数，读者需要熟练掌握 apply 函数族的使用方法。在此基础上，对于复杂的操作需求可以借助两个强大的扩展包，即 reshape2 和 plyr，前者着重于数据变形，后者着重于汇总计算。最近 plyr 包的作者开发了升级版 dplyr，语法更为简洁，速度更快，并支持数据库中的数据操作。有兴趣的读者可以学习了解一下。

文件的输入输出主要依赖 read.table 以及 write.table 这两个函数。如果需要和数据库交互，可参考后续应用篇中的章节。对于 R 中时间数据操作可多了解 lubridate 包。文本操作可以参考应用篇中的文本挖掘章节。

第 4 章 　控制语句与函数

本章将介绍 R 语言中的控制语句和函数，通过循环和条件来完成较复杂的任务，并了解如何编写自定义函数，学习函数式编程。此外，还会介绍和工程开发相关的函数，用于程序调试和错误处理。读者在阅读本章节代码时最好在 R 环境中把每个例子运行一遍。

4.1　控制语句

4.1.1　条件判断

通常 R 代码的执行是按行顺序执行的，但为了执行较复杂的任务，需要根据某些条件判断来执行某些分支代码。在 R 语言中使用 if 来进行判断。下面来看一下判断变量是否为奇数的例子。

```
num <- 5
if (num %% 2 != 0) {
  cat(num, 'is odd')
}

## 5 is odd
```

首先给变量 num 赋值为 5，然后使用 if 语句判断 num 除以 2 的余数是否为 0，if 后面需要用括号将条件括起来，括号中的条件语句应该是一个逻辑值。当条件为真时将执行后面大括号中的代码，也就是在屏幕中输出一句话；当条件为假时将跳过大括号中的代码，此时将什么也不做。

如果判断条件中的语句返回一个数值，也会自动转为逻辑值进行判断，数值为 0 意味着假，数值不为 0 则为真。下例中余数不为 0，则被 if 认为是逻辑真，于是输出后面 cat 函数的结果。

```
if (num %% 2)  cat(num, 'is odd')

## 5 is odd
```

如果 if 后的语句可以写在一行以内，则大括号可以省略。

　　if 只是单一判断是否执行某条代码，若需要多分支判断，可增加 else 语句，例如增加奇数和偶数的屏幕输出。

```
num <- 4
if (num %% 2 != 0) {
  cat(num, 'is odd')
} else {
  cat(num, 'is even')
}

## 4 is even
```

　　上例中首先根据 if 后的条件判断，如果为真则执行其后的代码，跳过 else 后的代码，否则跳过 if 后的代码，而去执行 else 后的代码。

　　对于超过两个分支的条件判断，我们可以使用多重嵌套的 if-else 语句。例如计算某个数字和 3 相除的余数。

```
num <- 10
if (num %% 3 == 1)  {
  cat('mode is',1)
} else if (num %% 3 == 2) {
  cat('mode is', 2)
} else {
  cat('mode is', 0)
}

## mode is 1
```

　　在前面章节我们也见到过了 ifelse ，它能非常方便地进行向量化计算，同时使代码变得简洁易读，例如用 ifelse 来实现之前判断奇偶的例子。

```
num <- 1:6
ifelse(num%%2 == 0, yes = 'even', no = 'odd')

## [1] "odd"  "even" "odd"  "even" "odd"  "even"
```

　　ifelse 函数的第一个参数是逻辑判断，如果为真则返回 yes 参数对应的值，如果为假则返回 no 参数对应的值。ifelse 函数本身可以嵌套在自身的参数中，可用来进行多重分支的条件判断。例如将人群按年龄分为老中青三个群组。

```
set.seed(1)
num <- sample(20:70, 20, replace = TRUE)
res <- ifelse(num > 50, '老年', ifelse(num < 30,'青年', '中年'))
```

上例中先生成了 20 个从 20 到 70 的数值，然后使用 ifelse 判断，大于
50 归为老年组，小于 30 归为青年组，其他则为中年组。

对于多重分支的条件判断，还可以使用 switch 语句。switch 本质上是一
个函数，第一个参数负责判断，参数如果是数值，则会取出后面的相应位置的参
数。例如返回第二个位置的 apple 字符串。

```
switch(2, 'banana','apple','other')

## [1] "apple"
```

对于前面计算和 3 相除的余数的例子，可以使用 switch 函数，这样的代
码更为简洁。

```
num <- 10
Mode <- num %% 3
cat('mode is', switch(Mode+1,0,1,2))

## mode is 1
```

如果 switch 的第一个参数为字符串，则会与后面的参数精确匹配，返回
相应数据。

```
fruits <- c('apple','orange', 'grape', 'grape','other')
price <- function(fruit){
    switch(fruit,
        apple = 10,
        orange = 12,
        grape = 16,
        banana = 8,
        0
    )
}
price('apple')

## [1] 10
```

上例中我们建立了一个向量 fruits 和函数 price，函数负责返回各种水果
的价格，其中用到的 switch 会将字符串和后面的价格相匹配，返回数值。

4.1.2 循环

循环语句可以重复运行某一段代码，当然最终我们会让代码停下来，而不是一直运行。根据终止的条件，可以将循环分为 `for` 循环和 `while` 循环。

`for` 循环的终止条件是循环的次数，例如我们计算 1 到 100 所有奇数的和。

```
x <- 0
for (i in 1:100) {
  if (i %% 2 != 0) {
    x <- x + i
  }
}
print(x)

## [1] 2500
```

上例中先定义一个变量 x 以便计算，然后使用 `for` 循环，后面需要加小括号以明确循环变量 i 从 1 循环赋值到 100，`for` 之后的大括号是循环体，即将要执行 100 次的代码段，其中包括了一个 `if` 判断，如果 i 为奇数，将会累加到 x 中。当然此例只是为了演示 `for` 循环的用法，实际上计算奇数之和只需要一条代码即可。

```
sum(seq(1, 100, by = 2))

## [1] 2500
```

`while` 循环的终止条件是达到某一个标准，还是计算上面同样的例子。

```
x <- 0
i <- 1
while (i < 100) {
  if (i %% 2 != 0) {
    x <- x + i
  }
  i <- i + 1
}
```

可见 `while` 循环的区别在于，要在 `while` 后面的条件中明确 i 的取值范围。还需要在循环体内部增加对 i 的更新操作，并事先定义 i。

除了 `for` 、`while` 循环之外，R 语言中还可以使用 `repeat` 来进行无限次的循环操作。仍是计算 100 以内的奇数之和。

```
x <- 0
i <- 1
repeat  {
  if (i %% 2 != 0) {
    x <- x + i
  }
  i <- i + 1
  if (i > 100) break
}
```

repeat 循环没有任何条件，所以需要在循环体内部进行条件判断，如果满足条件则使用 break 退出循环。另外一个常见的命令是 next ，也就是跳过循环中 next 后面的代码，而重新开始一次循环。

```
x <- 0
i <- 0
repeat  {
  i <- i + 1
  if (i > 100) break
  if (i %% 2 == 0) next
  x <- x + i
}
```

在 R 语言中所有涉及到修改变量的情况，都会将变量重新复制一份，这样会消耗内存和计算时间，因此在循环中修改变量会比较慢[1]，我们用一个判断质数的例子来比较如下三种编程方法的速度：

```
findprime  <- function(x) {
    if (x %in% c(2, 3, 5, 7)) return(TRUE)
    if (x%%2 == 0 | x == 1) return(FALSE)
    xsqrt <- round(sqrt(x))
    xseq <- seq(from = 3, to = xsqrt, by = 2)
    if (all(x %% xseq != 0)) return(TRUE)
    else return(FALSE)
}

system.time({
  x <- logical()
    for (i in 1:1e5) {
```

---

[1]关于 R 语言中性能的度量，比如 system.time 函数，可以参考"第367页: 16.1 性能的度量与函数编译"。

```
    y <- findprime(i)
    x <- c(x, y)
  }
})
```

```
##    user  system elapsed
## 20.221   0.036  20.370
```

首先建立了一个判断是否为质数的简单函数，函数输入任一整数，输出逻辑值。之后用 logical 函数建立了一个长度为 0 的空逻辑向量，在 for 循环内部使用 findprime 函数判断是否为质数，并修改 x 变量的内容。这种修改实际上复制了原先的 x 变量的所有内容并重新赋值。这种方式花费的计算时间比较长。

```
system.time({
  x <- logical(1e5)
    for (i in 1:1e5) {
      y <- findprime(i)
      x[i] <- y
    }
})
```

```
##    user  system elapsed
##  3.377   0.000   3.390
```

上面这种方式的重要区别在于事先定义好了 x 的长度，即在内存中占据了一块相对稳定的位置。修改只是 x 向量的一部分，因此时间花费会少得多。

```
system.time({
  x <- sapply(1:1e5, findprime)
})
```

```
##    user  system elapsed
##  3.195   0.012   3.221
```

最后这一种方式直接使用了向量化的计算方式，代码最为简洁而且时间花费最少。所以读者在使用 R 语言的时候，尽量要避免使用循环，而多使用向量化计算方法。如果必须要使用循环，则需事先定义好变量。

使用向量化计算的前提是不同的计算步骤要相互独立，例如之前计算不同数值是否为质数，这些计算并没有相互依赖关系。但有些情况下，不同的计算步骤是相互依赖的，此时则需要使用循环来迭代计算。例如下面计算 fibonacci 数值。

```
# 找到10000以下的斐波那契数列
i <- 2
x <- 1:2
while (x[i] < 1e4) {
  x[i+1] <- x[i-1] + x[i]
  i <- i + 1
}
x <- x[-i]
```

4.2 函数

函数是 R 语言的基石，在前面章节我们已经遇到并使用了很多函数，读者可以感觉到，只要掌握一些现有的简单函数就可以完成很多工作了。使用函数有这样几个好处：首先，函数代码运行在一个子环境中，不会对其他代码造成影响；第二，函数有利于代码复用；第三，通过编写函数让我们专注于实现某个小功能；第四，我们可以将简单函数进行组装，以完成更为复杂的任务。

编写自定义函数是非常容易的，下例是将前面的计算 fibonacci 数列的代码段转化为一个函数。

```
fibonacci <- function(n) {
  i <- 2
  x <- 1:2
  while (x[i] < n) {
    x[i+1] <- x[i-1] + x[i]
    i <- i + 1
  }
  x <- x[-i]
  return(x)
}
SeqFi <- fibonacci(100)
```

如上所示，新建一个函数和新建一个变量类似，需要在赋值符号左侧确定函数名，右侧使用 function 来确定建立的类别是函数，同时确定输入参数。函数的参数可以为 0 个，也可以为多个。上例使用 n 作为函数的形式参数，它将参与函数中的计算过程。在最后需要用 return 来确定函数最终的返回值。返回值可以是一个向量，或是列表。如果函数最后没有明确 return 的话，会将最后位置的对象进行输出。

执行函数时，输入的实际参数 100 将代替形式参数 n 的作用，也可以认为是形式参数 n 赋值为 100。需要注意的是，函数中建立的变量都是局部变量，不会在全局环境中获取。如果函数内部计算时需要变量参与，R 语言首先会从函数内部环境中搜寻，再从外部环境中搜寻。

```
x <- 10
tempfunc <- function(n) {
  x <- 1
  return(x+n)
}
tempfunc(2)

## [1] 3

print(x)

## [1] 10
```

上例首先在全局环境中建立了一个变量 x，然后通过 tempfunc 函数，在其内部建立了一个局部变量 x，这两个变量同名但是处于不同的环境中，函数优先使用内部的局部变量来计算，而局部变量并不会影响全局变量。如果说要在函数计算中修改全局变量，可以使用另一种赋值符号。

```
x <- 10
tempfunc <- function(n) {
  x <<- 1
  return(x+n)
}
tempfunc(2)

## [1] 3

print(x)

## [1] 1
```

上例和之前的区别只在于第三行的 x 赋值使用了 <<- 符号，这会改变全局变量的值。

一般来讲，考虑 R 语言中的函数需要考虑四个方面，分别是：函数输入什么？它是如何计算的？函数的输出是什么？函数处于一个什么环境？我们可以使用如下函数来调取其信息，用户也可以通过直接输入函数名来得到函数的所有内容。

```
formals(tempfunc)

## $n

body(tempfunc)

## {
##      x <<- 1
##      return(x + n)
## }

environment(tempfunc)

## <environment: R_GlobalEnv>
```

使用 formals 可以得到函数的形式参数，body 返回函数的内容，而 environment 可以得到其环境，上面我们是在 R 控制台中建立的函数，这类函数的外部环境都是全局环境（.GlobalEnv 对象）。

在编写函数时，可以为其参数增加缺省值，例如下面计算一组数据的样本标准差的函数。

```
SdFunc <- function(x, type = 'sample') {
  n <- length(x)
  m <- mean(x)
  if(type == 'sample') {
    sd <- sqrt(sum((x - m)^2)/(n - 1))
  }
  if(type=='population') {
    sd <- sqrt(sum((x - m)^2)/(n))
  }
  return(sd)
}
SdFunc(1:10)

## [1] 3.02765

SdFunc(1:10,type = 'population')

## [1] 2.872281
```

上面的函数根据计算方法分为两种，一类计算样本标准差，一类计算总体标准差，我们在建立函数时在类别参数中设置了缺省值或者说默认值。那么在后面调用函数时，可以不明确设置这个参数，当然用户也可以修改这个参数值。

在实际运用函数的时候，需要对输入参数加以检测，确保输入的类型是函数需要的正确类型。

```
SdFunc <- function(x, type = 'sample') {
  stopifnot(is.numeric(x),
            length(x) > 0,
            type %in% c('sample', 'population'))
  x <- x[!is.na(x)]
  n <- length(x)
  m <- mean(x)
  if(type=='sample') {
    sd <- sqrt(sum((x - m)^2)/(n - 1))
  }
  if(type=='population') {
    sd <- sqrt(sum((x - m)^2)/(n))
  }
  return(sd)
}
SdFunc(1:10)

## [1] 3.02765
```

在上例中，我们使用 stopifnot 函数确定了三个条件必须为真，才能继续运行函数，这三个判断条件分别是参数 x 的类型要为 numeric 数值型，长度大于 0，而且参数 type 是两种之一。这样的条件相当于一个过滤器，防止无关的输入参数进入到函数中运算。之后去除了 x 中可能的缺失值，再进入下一步运算。读者可以尝试下输入非数值参数情况，这个函数会有什么样的输出。

函数的参数中还可以加入特殊的省略符号，以表示可能需要传递给其他函数的参数。

```
SdFunc <- function(x, type = 'sample', ...) {
  stopifnot(is.numeric(x),
            length(x) > 0,
            type %in% c('sample', 'population'))
  x <- x[!is.na(x)]
  n <- length(x)
  m <- mean(x, ...)
  if(type == 'sample') {
    sd <- sqrt(sum((x - m)^2)/(n - 1))
```

```
}
if(type == 'population') {
  sd <- sqrt(sum((x - m)^2)/(n))
}
return(sd)
}
y <- c(1:10, 50)
SdFunc(y, type = 'sample', trim = 0.1)
```

```
## [1] 14.21619
```

上例中函数的形式参数中增加了省略符,同时在 mean 函数中增加了省略符。这意味着用户在调用 SdFunc 函数时,可以直接在其参数中设置 mean 函数的参数。而 mean 函数中的一种参数是 trim,当数据中有异常值存在时,可以设置 trim 删除一定比例的异常数据后再计算均值。最后我们在调用 SdFunc 时就设置了 trim 参数。

R 语言的函数采用了惰性计算的运算规则,也就是说参数的计算只有在需要的时候才会执行,这样计算起来比较省时省力,例如下面两个相同功能的函数。

```
test1 <- function(x,y){
  if (x | y)  return(TRUE)
}

test2 <- function(x,y){
  force(x)
  force(y)
  if (x | y)  return(TRUE)
}

system.time(replicate(1e6, test1(x = TRUE, y = TRUE)))

##    user  system elapsed
##   3.378   0.064   3.457

system.time(replicate(1e6, test2(x = TRUE, y = TRUE)))

##    user  system elapsed
##   4.035   0.044   4.095
```

对于 if 条件中的或判断,如果 x 判断为真,那么就直接返回为真,不必再去判断 y,所以 test1 函数只需要对 x 参数赋值,并不需要 y 参数。而在

test2 函数中，我们用 force 函数强制对两个参数赋值，这样增加了计算时间。上例中使用了 replicate 函数，来反复运行后面的函数。

惰性计算也使递归成为可能，所谓递归就是在一个函数内部调用其自身。最典型的就是计算阶乘的问题。

```
Fac1 <- function(n) {
  if (n == 0) return(1)
  return(n*Fac1(n - 1))
}
Fac1(10)

## [1] 3628800
```

递归可以看作是数学归纳法的反方向思维，它将一个大问题逐步分解成一些小问题。所有的递归问题也可以转为循环来做。

```
Fac2 <- function(n) {
  if (n == 0) return(1)
  else {
    res <- n
    while (n > 1) {
      res <- res * (n - 1)
      n <- n - 1
    }
  }
  return(res)
}
Fac2(10)

## [1] 3628800
```

另一个使用递归来解决的常见例子就是计算 fibonacci 数列。

```
system.time({
fibonacci <- function(n) {
  if (n == 0) return(0)
  if (n == 1) return(1)
  return(fibonacci(n - 1) + fibonacci(n - 2))
}
fibonacci(30)
})
```

```
##    user  system elapsed
##   3.711   0.000   3.727
```

在之前的函数运算中，我们都给函数定义了一个函数名，如果我们的函数只是临时使用一次，那么可以使用匿名函数，也就是没有名字的函数。匿名函数通常会在向量化计算中遇到。例如计算一个矩阵中每行数值的极差，即最大值和最小值之差。

```
set.seed(1)
m <- matrix(rnorm(100), 10, 10)
apply(m, 1, function(x) max(x) - min(x))

## [1] 3.028072 1.917814 2.013716 3.809981 2.963893
## [6] 2.800868 2.868058 2.936307 2.324638 2.762133
```

之前我们使用过的四则运算符号称之为二元运算符，这种运算符也是一种函数，例如乘法可以有如下两种实现：

```
Prod <- 1:4 * 4:1
Prod <- '*'(1:4, 4:1)
```

上例中第一行代码是二元运算符的经典使用，即放在两个变量之间。而第二行代码得到同样的结果，只不过星号加上引号后作为函数名，两个变量放在括号中作为参数输入。

二元运算符也可以自定义，以方便完成任务。例如定义一个集合运算的运算符，找出两个集合的交集。

```
a <- c('apple', 'banana', 'orange')
b <- c('grape', 'banana', 'orange')
'%it%' <- function(x, y) {
  intersect(x, y)
}
a %it% b

## [1] "banana" "orange"
```

需要注意的是，自定义二元运算符需要加上引号，并且使用百分符号以方便区分。

二元运算符一般只能输入两个变量，如果要运算多个变量就会显得不够简洁，此时可以使用 Reduce 函数将二元运算符进行简化。

```
c <- c('grape', 'banana', 'other')
a %it% b %it% c

## [1] "banana"

L <- list(a, b, c)
Reduce('%it%', L)

## [1] "banana"
```

4.3　函数式编程

　　R 语言是一种**函数式编程**语言，其本质可归纳为一句话，即函数和其他对象一样是"一等公民"[31]，也就是说函数这种对象和普通的向量一样，可以有名字或者没名字，可以作为函数的输入或输出。

　　有名字的函数就是前面我们遇到过的普通函数，函数可以赋值给一个变量，而没名字的函数就是所谓的**匿名函数**。函数可以单独存放，也可以存放到列表中。

```
FuncList <- list(base=function(x) mean(x),
                 med=function(x) median(x),
                 manual=function(x) {
                   n <- length(x)
                   x <- sort(x)[c(-1,-n)]
                   mean(x)
                 })
set.seed(1)
x <- sample(100,10)
FuncList$base(x)

## [1] 53.9
```

　　上例建立了三个函数，分别求取均值、中位数以及去除两端数值的均值。三个函数存放在一个 list 对象中，调用其中某个函数和提取列表内容是一样的方式。如果要将三个函数都对 x 进行计算，用户可以使用 for 循环，或者更好的方法是向量化计算。

```
for (f in FuncList) {
  print(f(x))
}

## [1] 53.9
## [1] 57.5
## [1] 54.5

sapply(FuncList,function(f) f(x))

##   base    med manual
##   53.9   57.5   54.5
```

函数式编程最大的特点在于可以输入和输出函数。实际上前面遇到的向量化计算函数族中都可以见到这类例子，上面的 sapply 就将一个匿名函数作为输入。

下面来看一个前面遇到过的例子，即计算标准差。我们可以用 mean 来计算数据的集中程度，并由此计算数据的离散程度，也可以换一种方式来计算集中程度，例如采用中位数。这样我们可以分别建立两个函数。

```
SdMean <- function(x,type='sample') {
  stopifnot(is.numeric(x),
            length(x) > 0,
            type %in% c('sample', 'population'))
  x <- x[!is.na(x)]
  n <- length(x)
  m <- mean(x)
  if(type=='sample') n <- n-1
  sd <- sqrt(sum((x-m)^2)/(n))
  return(sd)
}

SdMed <- funclion(x,type='sample') {
  stopifnot(is.numeric(x), length(x) > 0,
            type %in% c('sample', 'population'))
  x <- x[!is.na(x)]
  n <- length(x)
  m <- median(x)
  if(type=='sample') n <- n-1
  sd <- sqrt(sum((x-m)^2)/(n))
```

```
  return(sd)
}
```

上面的两个函数有很多部分是重合的功能，只是在计算数据集中程度时使
用了不同的函数，实际上为了使代码更为简洁，我们完全可以将函数作为一种输
入参数。如下例如示：

```
SdFunc <- function(x, func, type = 'sample') {
  stopifnot(is.function(func),
            is.numeric(x), length(x) > 0,
            type %in% c('sample', 'population'))
  x <- x[!is.na(x)]
  n <- length(x)
  m <- func(x)
  if(type == 'sample') n <- n-1
  sd <- sqrt(sum((x - m)^2)/(n))
  return(sd)
}
set.seed(1)
x <- sample(100, 30)
SdFunc(x, func = median, type = 'sample')

## [1] 29.00832

SdFunc(x, func= FuncList$manual, type = 'sample')

## [1] 28.33786
```

这里我们将两个函数合为一个函数，使用了 func 参数去设置计算集中程度
的方法。在具体使用时再将函数名传到参数中，这样使函数具备了更强的灵活
性。这就是一种通过合并重复代码并增加参数来简化函数的方法。

前面的例子是将函数作为输入参数，下面我们来看一个输出为函数的例子。

```
SdFunc <- function(func, type) {
  stopifnot(is.function(func),
            type %in% c('sample', 'population'))
  function(x) {
    stopifnot(is.numeric(x), length(x) > 0)
    x <- x[!is.na(x)]
    n <- length(x)
    m <- func(x)
```

```
    if(type == 'sample') n <- n - 1
    sd <- sqrt(sum((x - m)^2)/(n))
    return(sd)
    }
}

SdMean <- SdFunc(func = mean, type = 'sample')
SdMed <- SdFunc(func = median, type = 'sample')
x <- sample(100, 30)
res1 <- SdMean(x)
res2 <- SdMed(x)
```

上例中，SdFunc 函数的最后一项是一个匿名函数，也就是 SdFunc 的输出，SdFunc 相当于一个**工厂函数**（Factory function），生产出了其他函数，在调用 SdFunc 赋值给 SdMean 时，即输出了一个新的函数。这个新的函数 SdMean 记得其环境变量（func 和 type）的取值。之后我们可以再用 SdMean 来得到结果。这种纯粹由 R 代码写的函数称为**闭包**（Closure），闭包中不包含内部调用的 C 函数等，在函数体内共用一个环境对象。

我们可以看到有两种函数编写方式，一种是使用大量控制参数和复杂的计算过程，另一种是使用工厂函数或者闭包的方式。一般情况下二者没有很大的区别，但使用后者的好处是，在某些情况下可以简化程序结构和计算过程。我们再来看一个复杂的例子，比对两种函数编写方式，函数计算的目标是算出假设检验的 P 值是否显著。

根据总体的方差是否已知，检验应该使用不同的分布，我们先熟悉 R 中的分布函数，再以此先建立一个计算 P 值的函数 Pv。

```
pnorm(0)

## [1] 0.5

pt(-2, df = 20)

## [1] 0.02963277

Pv <- function(cdf, x, side, ...){
  p <- cdf(x, ...)
  res <- switch(side,
                left = p,
                right = (1-p),
```

```
                  double = ifelse(p < 0.5, 2*p, 2*(1 - p)))
  return(res)
}
Pv(pt, -2, 'double', df = 10)
```

```
## [1] 0.07338803
```

　　分布函数是计算在密度曲线下某个值左侧的面积，正态分布的分布函数是 pnorm ，而 *t* 分布的分布函数是 pt ，不同的分布函数需要不同的参数，因此在 Pv 函数中使用省略号将需要的参数传递给相应的分布函数，计算 P 值还要根据需要计算是单侧还是双侧，所以使用 side 参数加以设置。

　　下面我们来结合实际数据编写函数实现 Z 检验和 *t* 检验。

```
MeanTest1 <- function(x, mu=0, sigma = FALSE, side){
  n <- length(x)
  xb <- mean(x)
  if (sigma){
    z <- (xb - mu)/(sigma/sqrt(n))
    P <- Pv(pnorm, z, side = side)
    res <- c(mean = xb, df = n, Z = z, P_value = P)
  }else{
    t <- (xb - mu)/(sd(x)/sqrt(n))
    P <- Pv(pt, t, side = side, df = n - 1)
    res <- c(mean = xb, df = n - 1, T = t, P_value = P)
  }
  return(res)
}
x <- rnorm(100)
MeanTest1(x, sigma = 1, side = 'double')
```

　　Z 检验是在当总体的标准差已知的情况下使用，而 *t* 检验是在未知的情况下换用样本标准差来代替。因此计算时分两种情况，在使用函数时会自动根据 sigma 参数来判断，如果用户输入了 sigma 参数，那么在 if 条件中，只要是不为 0 的 sigma 数值都会被认为是 TRUE。

　　统计分析中会出现这样一种场景，给定一组数据，预处理之后再分别计算各种结果，如果采用上面 MeanTest1 函数的方法，在预处理阶段就会重复计算多次 x 的均值。若采用下面工厂函数的方式编写函数，那么对于均值的计算只需要一次，这样会更高效一些。

```
MeanTestF <- function(x){
  n <- length(x)
  xb <- mean(x)
  function(mu = 0, sigma = FALSE, side) {
    if (sigma){
      z <- (xb - mu)/(sigma/sqrt(n))
      P <- Pv(pnorm, z, side = side)
      res <- c(mean = xb, df = n, Z = z, P_value = P)
    }else{
      t <- (xb - mu)/(sd(x)/sqrt(n))
      P <- Pv(pt, t, side = side, df = n - 1)
      res <- c(mean = xb, df = n - 1, T = t, P_value = P)
    }
  return(res)
  }
}
x <- rnorm(1e5)
MeanTest2 <- MeanTestF(x)
MeanTest2(sigma = 1, side = 'double')
```

4.4 工程开发的相关函数

4.4.1 程序调试

和其他的程序语言一样，R 中的 print 函数和适当的日志系统总是终极的调试工具。我们这里并不打算详细讲述各种调试的技巧，只是将 R 自身提供的最常用的调试命令加以解释。

不论以何种语言编写的程序如果需要调试的话，第一个想到的就是 print 打印出各个步骤的结果，第二个想到的就是设断点，browser 函数就是 R 的断点工具。

在交互式的 Rconsole 上执行某个函数时，如果遇到 browser()，那么解释器会停下来，出现一个 REPL 的提示符，供开发员查看变量的值。

在这个提示符下，有下面几个特殊指令可用，

c: 继续执行（到结束）

cont: 同 c

n: 单步到下一句

where: 打印函数调用的堆栈当前状态

Q: 退出调试环境

这个 `browser()` 语句可以放在分支语句 `if/else` 之后，所以可以设置条件断点来检查变量的值，从而发现问题的根本所在。

有时 R 会报个 Error，但是却不知道错在哪一句，这时候就是 `traceback` 发挥作用的时候了。

```
foo0 <- function() {
    refer_to_un_exists_variable
}
foo1 <- function() {
    foo0()
}
foo0()

## 1: foo0()
```

会打印出来

```
foo1()

## 2: foo0() at #2
## 1: foo1()
```

有了 `print` 、`browser` 和 `traceback` ，基本上就可以完成几乎 99% 的调试工作了。

在最新版的 Rstudio 里，有了图形化的调试界面。和其他 IDE 一样，可以设断点，修改变量等等。发生错误时也可以直接打印堆栈，或是重启错误的函数，然后停在发生错误的位置。

4.4.2 异常处理

R 程序的异常严格来说有三种，分别是错误、警告和强行打断。

错误是最常见的异常，R 程序在任何位置遇到错误后，都会立刻中断整个程序，向最上层的运行环境抛出错误。最直接的结果就是在控制台上显示错误的内容：

```
log("")

## Error in log(""): non-numeric argument to mathematical function
```

　　所有的错误描述都是系统内置的，这些错误经常都会从最底层的函数中抛出来，如果对底层的函数不是很了解的话就会觉得不直观，很难从错误的语句中真正地认识到错误的来源。如果是自己写函数的话，需要针对不同的错误情况来自定义错误的提示，R 提供了 stop 这个函数可以中断程序的执行，并抛出一个自定义语句的错误。

　　上一个例子中我们向 log 函数中传入了一个字符型的向量，默认的错误提示只是告诉了用户对数值函数传入了非数值的参数。如果我们希望自定义一个新的 log 函数，当传入了字符型参数的时候能够提示我们 log 函数不能接纳非字符的参数，那么可以在自定义的函数中使用 stop 函数：

```
newlog <- function(x) {
if (!is.numeric(x)) {
stop("can't pass non-numeric argument to 'log'!")
}
return(log(x))
}
errormsg <- newlog("1")

## Error in newlog("1"):  can't pass non-numeric argument to 'log'!
```

　　我们可以看到此时抛出的错误已经是我们自定义的那个字符串了。如果想捕获这条错误信息，可能会想到将这个表达式赋值给某个变量，让我们来查看上面例子中想要赋值的 errormsg 这个变量：

```
errormsg

## Error in eval(expr, envir, enclos):  object 'errormsg' not found
```

　　可以发现错误信息并没有复制到这个变量。这是因为在 R 的错误处理机制中不会自动捕获错误信息，只会在控制台打印信息[2]。要想捕获错误信息的话可以使用 try 函数。

　　对于想要执行的表达式，可以将其作为 try 函数的参数，那么遇到错误的时候程序不会终止，将会继续运行下去。此外这个 try 函数会输出一个类型为 try-error 的对象，能够将其赋给某个变量，从而实现对错误的捕获。try 函数还具有一个 silent 参数，默认为 FALSE，遇到错误时会在控制台打印错误，如果将其设置为 TRUE，将不会打印任何错误信息。例如：

---

[2]如果希望将错误信息打印到文件，可以使用 sink 函数，详情参见"第45页：2.3.2 连接"。

```
errormsg <- try(newlog("1"), silent = TRUE)
errormsg

## [1] "Error in newlog(\"1\") : can't pass non-numeric
##      argument to 'log'!\n"
## attr(,"class")
## [1] "try-error"
## attr(,"condition")
## <simpleError in newlog("1"): can't pass non-numeric
## argument to 'log'!>
```

将表达式放入 try 函数中执行，可以不中断程序，同时捕获到错误的具体内容，try-error 类型的错误可以使用 as.character 函数来强制转化成字符串，还能够针对错误信息进行后续的分析。

除了引起程序中断的错误以外，对于一些轻微的错误，R 不会中断整个程序，而是使用 warning 的方式来给出警告：

```
log(-1)

## [1] NaN
```

如果对 log 函数传入一个不合理的数值，并不会中断程序的运行，系统会返回一个特殊值 NaN，同时抛出一个警告。如果要在自己的函数中自定义警告的话，可以使用 warning 函数，和 stop 函数的用法完全一样，不同的只是执行该函数之后不会终止函数并抛出异常，而是直接存下或者抛出警告信息，然后继续执行后续的代码。

在全局设置的 options 中有一个 warn 选项，默认是 0，会在程序执行完完成之后抛出所有的警告信息。我们可以通过设置该选项的值来处理警告的不同表现形式。如果 warn 的值是一个负数，将不会显示任何警告信息，如果值是 1，将会在警告产生的同时抛出警告信息。如果是大于 1 的数，将会把警告直接转化成错误：

```
options(warn = 2)
log(-1)

## Error in log(-1):  (converted from warning) NaNs produced
```

除了错误和警告，R 中还有一种常常被忽视的异常情况，就是强制打断。当一段程序在执行的时候如果非常占用系统资源，常常会有一段时间失去响应，这个时候如果使用 Ctrl+C 组合按键（或者按下 Esc）可以中断程序，退出到控制台。对于一些大型的程序，如果是由于用户等待得不耐烦了而自主退出，之前计算的很多中间过程也会全部失去，下次计算时又要重新开始，对于资源是一种很大的浪费。

所有的这些异常的情况，其实在 R 中都可以使用 tryCatch 这个函数来捕获并且有针对性地处理，这对于我们程序的健壮性是非常有好处的。在 tryCatch 内部，我们可以执行一段表达式，这和 try 函数的操作方式相同。不同的是 tryCatch 函数中还包含几个关键字，针对这些关键字编写不同的错误处理或者操作的函数可以实现异常处理：

interrupt 被用户强行中断后的操作；

error 出现错误后的操作；

warning 出现警告后的操作；

finally 无论何种情况，在函数退出之前执行的操作。

本章总结

循环、条件是基本的控制语句。R 中循环的效率比较低下，使用时要注意事先占好固定的内存空间，这样可以使循环速度加快。如果对运算绝对速度有更高的要求，可以参考后续章节中关于高性能运算的介绍。

本章还介绍了如何使用和编写函数，匿名函数则通常会和向量化计算配合使用。函数的调试请参考后续高级编程的章节。

函数式编程是近年来的一个热门词汇，它能灵活地输入和输出函数，特别适用于数据分析场景。

综合使用函数和控制语句，并结合 R 中进行工程开发的相关函数，可以很方便地把 R 用在项目的工程实践中。

第 5 章　面向对象

面向对象的程序设计（Object-oriented Programming, OOP），又称**面向对象编程**，是一种编程范型，在很多年以前是一个非常时髦的概念，当时的语言如果不支持面向对象一定会被认为是古董。经过时间的沉淀，人们不再纠结于编程的范型，开始把关注点回归到语言本身。尽管如此，面向对象的程序设计仍然是现代计算机语言的一个重要组成部分，尤其是大的软件工程项目，面向对象的编程语言（比如 Java）仍然是主流。

在面向对象这个概念开始在国内流行的时候，与之对应的另一个词是"面向过程"，很多旧式的按照程序步骤来处理问题的语言都被归入了面向过程的程序设计。实际上，通常认为存在四种编程范型，除了面向对象编程和面向过程编程（又称命令式编程）以外，还有逻辑式编程和函数式编程。

R 语言就是一种函数式编程语言，当然与 Haskell 这样的纯函数式语言不同，R 同时也具备很多其他特征。由于 R 语言的一个最重要的源头是 S 语言，自然也继承了很多 S 语言中面向对象的特性。目前常用"S3"和"S4"来指代R 语言的面向对象机制，实际上就是"S 第 3 版"和"S 第 4 版"的简称[1]。

在实际的使用过程中，由于 R 语言的使用领域主要是数据分析，函数式编程有着天然的便利和优势。很多关于 R 语言编程风格的介绍[2] 中甚至不提倡在R 中使用面向对象的程序设计。

根据笔者的经验，在 R 中使用函数式的编程风格是一个非常好的习惯，如果只是使用 R 语言来实现某些分析过程，大可不必使用面向对象。但是如果要利用 R 语言进行工程开发（比如开发一个很复杂的 R 包，或者利用 R 开发一个复杂系统的分析组件），需要涉及很多代码的封装和重用，面向对象编程是一个很好的选择。

本章我们会详细介绍 R 语言中面向对象的实现过程，通过一些例子来解释原理，目地是使读者能够清楚地了解到 R 语言中实现面向对象编程的机制。在本书的应用篇中会有基于面向对象进行工程化开发的例子。

---

[1] 关于 S3 和 S4 的历史可以参见"第14页：1.2.1 什么是 **R** ？"。

[2] 比如流传很广的 Google Style：
http://google-styleguide.googlecode.com/svn/trunk/google-r-style.html

5.1 对象导论

5.1.1 面向对象的思想

学过计算机编程基础的人都知道，计算机是通过接受一些逻辑的指令，然后翻译成机器码，进而控制 CPU 的电路，从而实现我们能看到的所有操作。无论是何种计算机编程语言，都可以认为是计算机和人类沟通的翻译，将一般人能懂的计算机语言翻译成计算机能懂的机器语言。

简单地理解，可以认为有的语言比较接近机器的习惯，机器执行起来会更有效率；有的语言比较接近人的习惯，人类设计起来会更容易。面向对象的编程思想就属于第二种情况。

人的思维方式和计算机是不同的，计算机习惯按照顺序执行不同的指令，依据严格的逻辑进行不同的行为。而人类处理问题的方式通常是先对问题进行分析，然后调动不同的资源做不同的事情。

喜欢历史故事的朋友都知道诸葛亮打仗和刘邦打仗的区别。诸葛亮会命令某人埋伏、某人放火、某人举旗、某人不战只退、某人斜刺里杀出，每个人听到命令后都不知道最后会发生什么。直到最后敌军被一条龙地歼灭后，得胜归来的将军们都会对诸葛亮佩服得五体投地。而刘邦打仗的故事远没有这么精彩，韩信说他不善将兵善于将将，刘邦自己说运筹帷幄不如张良、镇国抚民不如萧何、战胜攻取不如韩信，实际上也是如此，事情来了该让韩信做的交给韩信、该让萧何做的交给萧何。

我们都佩服诸葛亮的能力，但是羡慕刘邦的生活。如何找到像韩信、张良这般厉害的手下以及如何让这些人听自己的话，不是本书关注的内容，这是管理学的内容。但是如何像刘邦一样写程序，是我们这一章可以介绍的，这就是面向对象的程序设计。韩信、张良这些人都可以认为是对象，我们只需要清楚地知道他们有什么特点，根据问题的不同派不同的人去做就可以了，至于他打仗时是爱放火还是爱埋伏随他的便。而诸葛亮关注的是具体放火、埋伏的流程，他会根据敌军主帅的特点、地形的特点、甚至天气的变化来安排不同的流程，至于是关羽、张飞去做还是廖化、张翼去做反而不重要了，这就是过程式的编程思想。

是要打得爽快还是要活得自在？这是个问题。不过选择面向对象的人无疑会选择后者。在面向对象的程序设计中，万事万物都是对象，每个对象都具有自己独特的属性、状态以及可以进行的操作。对象创建后就成了一个相对独立的个体，不用再去管它的内部是如何实现，只需要通过接口进行调用就可以。对于已存在的对象，无论来自于自己之前的程序还是别人的程序，都可以直接使用。如果要进行修改，也不一定需要从头到尾阅读所有的代码，只需要修改特定的功能模块即可。

面向对象的程序设计在运行效率上可能没有优势，但是节约了开发者和设计者的时间，在这一点上和 R 语言以及 S 语言是完全一致的。S 语言有一个很重要的设计理念就是"人的时间永远比机器的时间宝贵"。对各种模型和算法的封装及重用与面向对象编程的目的是相同的。

5.1.2 面向对象编程的特性

上一节通过例子和类别介绍了面向对象的思想，这一节我们将会具体介绍面向对象到底是怎么回事。

在面向对象的程序设计中，对象（object）自然是最基本的元素。不过对象指的是具体的实例，在对象之上还有一个类（class）的概念。这里的类和 R 语言中类的概念没有任何不同，指的都是某一种对象的抽象类型（和 R 中的 type 不同，type 指的是在内存存储方面的类型）。

比如说"马"就是一个类而不是一个对象，随便牵来一匹白马或者红马都属于马这个范畴，但都和"马"这个东西不一样。如果白马是马，红马也是马，那么白马就是红马，这个问题公孙龙子很久以前就在考虑，可见类和对象的概念并不仅仅只是计算机编程中才有。但如果牵来的白马是刘备的那匹的卢马，牵来的红马是关羽的那匹赤兔马，那么这两匹马就是对象。所以，类是抽象的概念，对象是类的具体实例。我们直接操作的是对象，但是需要定义的是类。

用面向对象编程的专业术语来说，马是一个"类"，白马和红马是马的"子类"，的卢马是白马实例化的对象，也是马实例化的对象。

一般来说，类会包含属性（property）及方法（method）。属性指的是类具有的某些信息，在计算机程序中通常是变量。方法指的是类能进行的操作，在计算机程序中相当于函数。

并不是具有了"类"和"对象"的概念后就成了面向对象的程序设计。一般来说，还应具备三个特性：**封装**（encapsulation）、**继承**（inheritance）和**多态**（polymorphism）。

封装指的是隐藏对象的实现细节，仅对外公开接口。每个对象都可以独立完成一定的功能，不需要和其他的对象进行过多的交互，所有的数据交换都通过接口来处理，用软件工程的术语来说，降低了系统的"耦合度"。

比如说马这种交通工具就是一个封装得很好的类。具有颜色、体重等属性，具有载人、奔跑等方法。用的时候把马牵出来，通过缰绳和马鞭这几个接口来控制动作。一匹马就是一个独立的有机体，不是每次使用之前用零件组装而成的。

继承指的是一个类可以继承另一个类的各种属性及方法，但是可以重写或者增加某些属性和方法。被继承的类称为"父类"，继承了父类的称为"子类"。通过继承可以重用父类的代码，同时可以增加一些不同的功能。如果允许一个类继承不同的类，称为"多重继承"，R 语言就支持多重继承（有些语言不支持多重继承，比如 Java，但是可以通过其他的手段来实现）。

比如说白马就继承了马这个类，形体和一般的马没有什么不同，也可以载人和奔跑，但是颜色这个属性被重写了，限定成了白色。

如果仅仅只是想要重用某些类，也不一定需要使用继承。组合（composition）也是一种重用的方式。组合就是在新的类中创建已存在的类的对象，简单地说就是把几个类拼在一起。比如我们要新建"战马"这个类，可以用普通的马加上铠甲这个类。产生对象实例的时候，也只用找一匹普通的马，然后装上铠甲即可。

多态可以说是面向对象的程序设计中最关键的特性，如果某种语言支持以上所有的特性但是不支持多态，我们可以称其为"基于对象"而不是面向对象。所谓多态，简单来说就是希望能用相同的命令作用于不同的类，根据类的不同产生不同的结果。

比如鞭打这个动作，如果作用在马身上，马会跑得更快，如果作用在狗身上，可能会被咬一口。在计算机编程中，希望一个同名的函数可以作用在不同的数据对象上，产生不同的结果。用过 R 的人都知道，同样的 summary 函数，当参数是数值型和字符型的结果是不一样的，例如[3]：

```
summary(rnorm(10))

##    Min. 1st Qu.  Median    Mean 3rd Qu.    Max.
## -1.4630 -0.7646 -0.1557 -0.1284  0.5929  1.2130

summary(lm(rnorm(10)~rnorm(10)))

##
## Call:
## lm(formula = rnorm(10) ~ rnorm(10))
##
## Residuals:
##     Min      1Q  Median      3Q     Max
## -2.2785 -0.8202  0.1820  0.7789  1.5224
##
## Coefficients:
##             Estimate Std. Error t value Pr(>|t|)
## (Intercept)   0.4459     0.3836   1.162    0.275
```

---

[3]我们将在"第103页：5.2 **S3** "节介绍 S3 的时候详细讨论。

```
##
## Residual standard error: 1.213 on 9 degrees of freedom
```

对于面向对象的各种特性，R 提供了三种方式来实现，分别是 S3、S4 和 Reference object。我们会在后面的章节里进行详细的介绍。

5.1.3 R 的内置对象

在"第30页: 2 数据对象"一章中我们介绍了 R 中的数据对象，包括基本对象、复合对象以及一些特殊对象。对于这些对象，我们可以通过 **class** 函数来查看其类属性，比如：

```
class("haha")

## [1] "character"

class(complex(real = 1))

## [1] "complex"

class(expression(1 + 1))

## [1] "expression"

class(1L)

## [1] "integer"

class(list(1))

## [1] "list"

class(TRUE)

## [1] "logical"

class(1)

## [1] "numeric"

class(charToRaw("A"))

## [1] "raw"

class(sum)

## [1] "function"
```

这些非常常见的数据对象都有着自己独特的 class 属性。这里的 class 属性实际上就是我们介绍的面向对象编程中的类的概念。在 R 中，万物皆对象，也就是说，所有的数据结构都可以认为是对象。即使是函数（上面最后一个例子）也是一个类属性为"function"的对象。

如果我们只使用内置的数据对象，可以不需要了解任何 R 中面向对象的机制，把这些数据对象当成解释性的函数式编程语言中基本的数据结构即可。如果放在面向对象的程序设计中考虑，可以认为这些内置的基本对象是由系统预先定义好的类来实现的，关于这些类的方法也由很多内置的方法来实现。需要注意的是，这些基本的数据对象的实现方式与我们将要介绍的 S3 是一致的，因此可以认为 S3 是 R 中原生的面向对象机制，虽然这种方式并不是很严格的面向对象编程。

5.2 S3

5.2.1 初识 S3

上一节里我们提到过 R 中的内置对象。比如:

```
class(rnorm(10))

## [1] "numeric"

class(lm(rnorm(10)~rnorm(10)))

## [1] "lm"
```

类属性分别是 numeric 和 lm，通过前面的例子我们可以发现对这两个对象分别作用同一个 summary 函数后的结果差别很大。这样的实现其实就是面向对象中的多态。我们查看这个 summary 函数:

```
summary

## function (object, ...)
## UseMethod("summary")
## <bytecode: 0x30e7308>
## <environment: namespace:base>
```

可以发现该函数的代码并不像很多其他的 R 函数那样是一段程序编码，而是一句 UseMethod("summary") 的命令。这种方式就是 R 中面向对象的 S3 实现方式，我们称之为**泛型函数**。

对于泛型函数，我们可以使用 methods 来查看其能够作用到的对象:

```
methods(summary)[1:5]

## [1] "summary.aov"
## [2] "summary.aovlist"
## [3] "summary.aspell"
## [4] "summary.check_packages_in_dir"
## [5] "summary.connection"
```

其中每个函数名都是由 summary 加上一个 "." 号再加上一个对象名组成，
对于这样的函数可以直接查看其源码：

```
summary.POSIXlt

## function (object, digits = 15, ...)
## summary(as.POSIXct(object), digits = digits, ...)
## <bytecode: 0x25f7a78>
## <environment: namespace:base>
```

如果函数列表中包含星号 "*"，则说明该函数被隐藏，无法直接查看其代码
（会报错），需要使用 getS3method 来查看，例如：

```
summary.loess

## Error in eval(expr, envir, enclos):  object 'summary.loess'
not found

getS3method(f = "summary", class = "loess")

## function (object, ...)
## {
##     class(object) <- "summary.loess"
##     object
## }
## <bytecode: 0x2789a88>
## <environment: namespace:stats>
```

也可以直接使用 getAnywhere 函数，将会自动搜索所有可能的函数并返回
其定义：

```
getAnywhere("summary.loess")

## A single object matching 'summary.loess' was found
```

```
## It was found in the following places
##   registered S3 method for summary from namespace stats
##   namespace:stats
## with value
##
## function (object, ...)
## {
##     class(object) <- "summary.loess"
##     object
## }
## <bytecode: 0x235e590>
## <environment: namespace:stats>
```

5.2.2 面向对象的实现

通过上一节的例子，我们对 R 中 S3 的面向对象实现机制有了比较直观的认识。主要是通过泛型函数的方式来实现多态。首先定义一个（或者系统预先定义好了的）泛型函数，然后针对不同的类写函数来进行不同的操作。

假设我们要定义一个通用的函数 play ，对不同的乐器能演奏出不同的声音。那么首先定义一个泛型函数：

```
play <- function(x, ...) UseMethod("play")
```

可见定义泛型函数的方法非常简单，只要定义一个普通的函数，然后使用 UseMethod 来声明一个泛型函数即可，最好是使得 UseMethod 声明的函数名和定义的函数名相同，比如本例中都是 play 。

然后通过函数加上 "." 再加上类名的方式来定义不同对象的函数，例如：

```
play.Instrument <- function(x) print("I am a Instrument")
play.Stringed <- function(x) print("I am a Stringed")
play.default <- function(x) print("I don't know who I am")
```

分别定义了乐器 Instrument、弦乐器 Stringed 和默认的 play 函数。在这里需要注意的是， "." 号并不像其他语言那样作为保留字来定义函数，实际上只是一个普通的字符，对泛型函数定义具体对象函数的操作与定义普通函数没有任何的不同，只是如果该函数通过 "." 来连接、左边为某个泛型函数、右边为某个对象名的时候，系统会默认其为某个泛型函数对于某个类的具体实现。

在 S3 的机制下定义类和对象的方式非常简单,与一些严格的面向对象的编程语言不同,S3 并没有正式的定义类和实现对象的机制,只需要新建任意一个对象,然后通过对 class 属性赋值的方式来指定类名。可以指定为某个已存在的类,也可以是任意的字符串,表示新建了一个类。严格来说这种方式并不是面向对象的实现机制,也没有任何封装性可言。先有对象再赋予类名的方式也和一般的面向对象的实现差异很大。

假如我们要新建几个关于乐器的类,首先建立几个 R 的数据对象,可以是任意的形式,比如都是整数 0。然后通过修改 class 属性来设置类名:

```r
a1 <-a2 <- a3 <- a4 <- a5 <- 0
class(a1) <- "Instrument"
class(a2) <- c("Stringed", "Instrument")
class(a3) <- c("Wind", "Instrument")
class(a4) <- c("Brass", "Wind", "Instrument")
class(a5) <- c("Woodwind")
```

在 S3 中,通过对 class 属性赋值来对某个对象赋予类的属性,如果是一个单字符,则表示该对象只属于一个类,如果是一个长度大于 1 的向量,则表示继承关系,排在后面的类是父类。比如 a2 这个对象,是弦乐器(Stringed),同时继承了乐器(Instrument)这个类。这种继承方式对于习惯了真正的面向对象编程的用户来说会很不适应,但是对于初次接触面向对象概念的用户来说可以以一种非常简单的方式来理解。

下面我们使用之前定义的泛型函数来操作这几个对象:

```r
play(a1)

## [1] "I am a Instrument"

play(a2)

## [1] "I am a Stringed"

play(a3)

## [1] "I am a Instrument"

play(a4)

## [1] "I am a Instrument"

play(a5)

## [1] "I don't know who I am"
```

可以看到，如果某个类的泛型函数被定义过，就能输出预定义的结果。如果该类的泛型函数未被定义，那么系统会首先查找其父类，输出父类的结果。如果父类也未定义，那么输出默认（default）的结果。这个过程就是"多态"。

S3 的面向对象的实现方式并不是真正的面向对象，但是它实现了面向对象中最重要的多态的功能，为很多操作提供了很大的便利。尤其是在 R 语言发展之初，只有 S3 这种面向对象的机制，这就导致了大量内置的统计分析方法是使用 S3 编写的，即使是最新的 R 安装包，原生的面向对象的实现方式仍然是以 S3 为主[4]。

使用 S3 还有一个非常明显的好处，就是能够利用很多内置的泛型函数来扩充自己的程序。比如我们新定义了一个类，名为 X。那么我们可以定义诸如 print.X，plot.X，summary.X 之类的函数，充分尊重 R 用户的使用习惯，直接使用 plot 函数来进行操作。

另外需要强调的是一个非常特殊的泛型函数 print。由于 R 是一种解释性的编程语言，在运行环境下输入某个对象然后回车，都会自动显示该对象的内容，比如：

```
x1 <- 1 + 1
x1
```

```
## [1] 2
```

x1 是一个数值向量，在本例中值为 2，输入 x1 然后键入回车可以显示出其数值为 2。在 R 中，这个操作其实等价于调用函数 print。比如：

```
print(x1)
```

```
## [1] 2
```

结果是一样的。由于 print 也是一个泛型函数，那么我们可以通过对 x1 这个对象赋予某个特别的类，然后针对这个类改写 print 函数，从而实现打印不同的结果。比如我们定义一个名为 X 的新类：

```
class(x1) <- "X"
print.X <- function(x) cat(paste("I am", x, "\n"))
x1
```

```
## I am 2
```

可见其在屏幕上的输出结果发生了改变。

---

[4]很多第三方的包喜欢使用 S4 或者 Reference object。

5.3 S4

S4 是一种正式的面向对象的实现机制，对于类有着更严格的定义。与 S3 已经融入了早期 R 的血液不同，S4 是后来引入的一套专门的面向对象的机制，保持了相对的独立性，一般来说原生的 R 函数中很少使用 S4 来定义对象，但是在第三方的 R 包中已经非常广泛地使用 S4 的技术了。当前版本的 R 安装包中也默认安装了 methods 包，这个包专门用来处理面向对象的编程，尤其是 S4，基本上所有的功能都是通过这个包来实现的。由于是默认安装，所以很多时候我们不需要显式地加载 methods 包即可使用其中的函数来操纵对象，但是如果在其他的环境或搜寻路径中引用到该包，需要进行加载，比如我们开发 R 包的时候，如果用到了 S4 的技术，需要导入该包的命名空间。

5.3.1 类的定义

在 S4 中，定义类的方式更加严格，与 S3 相比，可以认为是"封装性"更好。类和对象的含义被严格地区分开来。我们使用专门的函数 setClass 来定义一个类。假如我们要实现上一节里关于乐器的例子，那么需要定义这几个类：

```
setClass("Instrument", slots = c(tune = "character"),
    contains = "VIRTUAL")
setClass("Stringed", contains = "Instrument")
setClass("Wind", contains = "Instrument")
setClass("Brass", contains = "Wind")
setClass("Woodwind", slots = c(tune = "character"))
```

使用 ?setClass 可以查到 setClass 函数的详细说明，不过通过上面的例子，我们可以了解到几个常用参数的用法。

第一个参数 Class 是需要定义的类名，用字符来表示，比如"Instrument"或者"Stringed"。

slots 是一个包含名称的向量或者列表，用来定于该类包含的所有属性及其类型，这里的属性在 S4 中有一个特别的名称：槽（Slot）。R 作为一个统计分析的语言，即使要定义非常复杂的对象，该对象也总是由很多基本的数据对象组合而来，slots 就提供了这种便利性。我们可以指定对象中每个槽的数据类型，如果是"ANY"的话，表示可以为任意的类型。在上面定义 Woodwind 的例子中，参数 slots 的值为 c(tune = "character")，说明 Woodwind 类包含一个名为 tune 的槽，其类型为 character。

R 中的 S4 对象使用槽来存储基础的数据对象，但并不是每次定义新的对象时都需要指定槽的具体形式。我们可以使用继承的方式从父类中继承已存在的槽。在定义类的时候要使用 contains 参数，比如以上定义 Brass 的例子，contains 需要输入一个字符向量，表示该类继承的父类的名称。这里新定义的 Brass 类就是继承自父类 Wind。

R 中还有一个特殊的类 "VIRTUAL"，表示虚类。虚类是不能被实例化的类，可以被其他类继承然后实例化。如果定义某个类继承一个虚类，比如 Instrument，说明 Instrument 是虚类，无法直接实例化。该虚类包含一个名为 tune 的字符型的槽。关于对象的实例化，我们将在 "第110页：5.3.2 对象的实例化"一节中进行介绍。

一般来说，在定义类的时候设定槽名和继承关系即可，其他的类的属性可以通过单独的函数来设定 [5]。

对于继承关系，也可以在定义好类之后再使用 setIs 函数来显式地定义，比如我们设定 Woodwind 类也继承自 matrix 类：

```
setIs("Woodwind", "matrix")
```

与 S3 中直接使用类属性来查看继承关系不同，在 R 中可以使用 extends 函数来查看 S4 类的继承关系：

```
extends("Brass")

## [1] "Brass"      "Wind"         "Instrument"

extends("Woodwind")

## [1] "Woodwind"  "matrix"    "array"      "structure"
## [5] "vector"

extends("integer")

## [1] "integer"              "numeric"
## [3] "vector"               "data.frameRowLabels"
```

上面的例子值得我们注意的是，我们经常使用的 integer 类，其实是继承自 numeric，这两种数值型的类都是继承自 vector 这个虚类。

R 3.0.0 之前的用法

从 R 3.0.0 开始，定义 S4 对象的方式发生了改变，最主要的变化是废弃了原先常用的 representation 参数。该参数在当前版本的 R 中还可以使用，但是

---

[5]也可以在定义类的时候设定，详情请查看 setClass 的其他参数，不过为了便于理解，通常会在类定义完成后再设定，比如 setValidity。

不建议使用。我们直接使用前面介绍的方法来定义 S4 对象即可，但是为了使读者遇到旧的资料和代码时不觉得困惑，我们在这里对这种旧方式进行简单的介绍。拿之前的例子来说，我们也可以采用如下的方式定义新的对象：

```
setClass("Instrument",
    representation("VIRTUAL", tune = "character"))
setClass("Stringed", representation("Instrument"))
setClass("Wind", representation("Instrument"))
setClass("Brass", contains = "Wind")
setClass("Woodwind", representation(tune = "character"))
```

representation 是一个列表，可以使用列表的定义方式来描述每个元素的类型。在上面定义 Woodwind 的例子中，参数 representation(tune = "character") 中是列表的形式，说明 Woodwind 类包含一个名为 tune 的槽，其类型为 character。

如果 representation 中的元素只有一个类型名而没有使用列表的形式来定义槽，说明新定义的类是继承自这个类型。比如在定义 Stringed 和 Wind 的例子中，并没有指定槽，说明类 Stringed 和 Wind 都是继承自 Instrument 类。在定义 Instrument 类的时候还用到了"VIRTUAL"，表示该 Instrument 类继承一个虚类，且包含 tune 这个槽。

5.3.2 对象的实例化

在正式的面向对象的程序设计中，对象是类的具体实现，称为**实例化**。我们之前定义了 Instrument、Stringed、Wind、Brass 以及 Woodwind 这 5 个类。要想利用这些类实现相应的对象，需要使用 new 函数。其中 Instrument 是虚类不能实例化，如果对一个虚类使用 new 则会报错：

```
b1 <- new("Instrument", tune = "I am a Instrument")

## Error:  trying to generate an object from a virtual class
("Instrument")
```

剩下的 4 个类可以正常地实例化成对象：

```
b2 <- new("Stringed", tune = "I am a Stringed")
b3 <- new("Wind", tune = "I am a Wind")
b4 <- new("Brass", tune = "I am a Brass")
b5 <- new("Woodwind", tune = "I am a Woodwind")
```

函数 new 用来实例化某个类，需要输入类名和槽的值。生成的对象和 R 中的其他对象没有什么不同，可以直接打印输出也可以使用 class 函数来查看其类型：

```
b2

## An object of class "Stringed"
## Slot "tune":
## [1] "I am a Stringed"
```

之前我们提到了用来验证对象有效性的函数 setValidity ，该函数可以在定义类之后设置槽中数据的有效性，并在实例化对象时起作用。比如我们设置 Stringed 这个类，使得其中 tune 槽的字符数不超过 15：

```
setValidity("Stringed", function(obj) {nchar(obj@tune) <= 15})

## Class "Stringed" [in ".GlobalEnv"]
##
## Slots:
##
## Name:       tune
## Class: character
##
## Extends: "Instrument"
```

如果我们实例化对象的时候设置的槽值长度超过了 15 就会报错：

```
b2 <- new("Stringed", tune = "I am a new Stringed")

## Error in validObject(.Object):  invalid class "Stringed" object:
FALSE
```

对于 S4 的对象，可以使用 slotNames 函数来提取对象中所有槽的名称，可以使用 "@" 符号来提取槽的值，比如：

```
slotNames(b2)

## [1] "tune"

b2@tune

## [1] "I am a Stringed"
```

这种操作方式类似于操作列表中的 names 和 "$" 符号，也可以对槽赋值来修改槽的内容：

```
b2@tune <- "I am a new Stringed"
```

需要注意的是，与通常的面向对象的方式不同，如果对 S4 对象进行复制，在 R 中的实现是重新开辟一块内存空间赋值给一个新的对象，与之前的对象再无任何关联：

```
b2_1 <- b2
b2_1@tune <- "I an b2_1"
b2_1@tune

## [1] "I an b2_1"

b2@tune

## [1] "I am a new Stringed"
```

对于 S4 的对象，我们还可以使用 is 函数来判断某个对象是否属于某个类，比如：

```
is(b2, "Stringed")

## [1] TRUE
```

需要注意的是，is 来自 methods 包，但是该函数除了能作用于 S4 对象，也可以作用于其他对象，比如之前我们通过 S3 建立的对象：

```
a2 <- 0
class(a2) <- c("Stringed", "Instrument")
is(a2, "Stringed")

## [1] TRUE
```

在 R 中还有一个函数 inherits 也可以用来判断类的继承关系：

```
inherits(b2, "Stringed")

## [1] TRUE

inherits(a2, "Stringed")

## [1] TRUE
```

但是与 is 不同的是，inherits 可以判断某个对象是否属于某些类中的一个，
而 is 只能比较该对象与单个类名，从下面的例子我们可以看到其中的差别：

```
inherits(b2, c("Stringed", "haha"))

## [1] TRUE

is(b2, c("Stringed", "haha"))

## [1] FALSE
```

5.3.3 泛型函数和多态

在上一节里，我们介绍了通过 UseMethod 来设置泛型函数，从而实现多态。
在 S4 中，我们同样是通过泛型函数来实现，只是实现的方式有所不同。S4 提供
了更为严格的定义方式，通过 setGeneric 函数来实现。

比如我们要设定一个名为 play 的泛型函数，那么需要这样定义：

```
setGeneric("play", function(object, ...)
    standardGeneric("play"))

## [1] "play"
```

然后使用 setMethod 函数来把这个泛型函数关联到不同的类：

```
setMethod("play", "Instrument",
    function (object) print(paste("Play:", object@tune)))

## [1] "play"
```

我们可以发现这个流程和 S3 是一致的，只是具体的实现方式有所不同。比
如关联泛型函数和类的时候不再需要显式地通过 "." 号来连接函数名和类名，只
需要指定一个类，定义一个操作该类对象的函数即可。比如我们的这个例子，我
们直接关联一个父类，然后把传入的对象当作参数，针对具体的对象来采取不同
的操作，这样可以节省大量代码。当然，在本例中，如果针对 Stringed、Wind、
Brass 这些类分别使用 setMethod 来关联泛型函数也是可以的。

设置好泛型函数后，我们可以发现多态的效果与 S3 是一样的：

```
play(b2)
```

```
## [1] "Play: I am a new Stringed"
```

```
play(b3)
```

```
## [1] "Play: I am a Wind"
```

```
play(b4)
```

```
## [1] "Play: I am a Brass"
```

```
play(b5)
```

```
## Error:  unable to find an inherited method for function
'play' for signature '"Woodwind"'
```

在上面的例子中，我们只是对父类 Instrument 定义了泛型函数，该函数会自动获取子类的类信息，并根据类信息来针对不同的子类采取不同的操作，从而节省了单独定义各个子类方法的代码。由于 b5 的类是 Woodwind，我们在定义类的时候并没有指定任何继承关系，也没有指定任何默认方法，因此使用 play 函数时会报错。我们可以通过对泛型函数关联类型为"ANY"的对象来实现默认的方法：

```
setMethod("play", "ANY", function (object) print("Who am I?"))
```

```
## [1] "play"
```

```
play(b5)
```

```
## [1] "Who am I?"
```

在 S4 中，可以使用 showMethods 函数来查看关联了某个泛型函数的所有函数，比如：

```
showMethods("play")
```

```
## Function: play (package .GlobalEnv)
## object="ANY"
## object="Instrument"
## object="Woodwind"
##     (inherited from: object="ANY")
```

我们可以使用 getMethod 来查看某个 S4 方法的具体形式，默认是输出"ANY"类的函数：

```
getMethod("play")

## Method Definition:
##
## function (object, ...)
## {
##     .local <- function (object)
##     print("Who am I?")
##     .local(object, ...)
## }
##
## Signatures:
##         object
## target  "ANY"
## defined "ANY"
```

如果要想输出该方法定义在某个类上的函数，需要指定 signature 参数：

```
getMethod("play", signature = "Instrument")

## Method Definition:
##
## function (object, ...)
## {
##     .local <- function (object)
##     print(paste("Play:", object@tune))
##     .local(object, ...)
## }
##
## Signatures:
##         object
## target  "Instrument"
## defined "Instrument"
```

如果子类没有单独定义过该方法，将不会输出：

```
getMethod("play", signature = "Stringed")

## Error:  no method found for function 'play' and signature
Stringed
```

5.4   引用对象

引用对象（Reference object）是 R 中的另一种实现面向对象的方式，从 2.12 开始悄然引入，完全摆脱了 S 语言的操作习惯，试图从形式上更加接近于传统的面向对象程序设计的习惯。Reference object 在 R 中有时会被简称为 R5[6]，但这并不是官方的名称，而是为了从形式上和 S3 以及 S4 相匹配。

通过引用对象来定义类的方式与传统的面向对象编程的形式很类似，在定义类的时候会同时定义好属性及方法：

```
setRefClass("Instrument",
    fields = list(tune = "character"),
    methods = list(
        initialize = function() {
            OUT <- .self
            OUT$tune <- as.character(class(.self))
            OUT
        },
        play = function() print(paste("Play:", .self$tune))
    )
)
```

我们定义了 Instrument 这个类，包括一个名为 tune 的属性和两个方法 initialize 与 play 。其中 initialize 方法是系统内置的，表示初始化对象时进行的操作。play 方法是我们自定义的。

我们可以新定义一个 Stringed 类，使其继承自 Instrument 类，并对 initialize 方法进行改写：

```
setRefClass("Stringed", contains = "Instrument",
    methods = list(
        initialize = function() {
            OUT <- .self
            OUT$tune <- "haha"
            OUT
        }
    )
)
```

---

[6]参见http://adv-r.had.co.nz/R5.html

与 S4 类似，我们也是使用 contains 这个参数来表示继承关系，在这个例子里，我们新建了一个类 Stringed 继承自 Instrument，同时改写了其中的 initialize 函数。

在引用对象中仍然需要通过 new 函数来实例化一个类：

```
c1  <- new("Instrument")
c2  <- new("Stringed")
```

注意引用对象中获取属性的方式使用的是"$"符号，而不是 S4 中取槽的符号：

```
c1$tune

## [1] "Instrument"

c2$tune

## [1] "haha"
```

引用对象中调用方法的方式也与 S4 中使用泛型函数有所不同：

```
c1$play()

## [1] "Play: Instrument"

c2$play()

## [1] "Play: haha"
```

Reference object 的字面意义是引用对象，其实直接体现出了和一般的 R 对象的不同。通常 R 对象都是表示一块内存的空间，如果对对象进行复制，将会开辟一块新的内存然后赋值，之前 S4 对象的例子就说明了这个过程。但是对于引用对象，其值为一块空间的引用，即使复制也是复制的引用，例如：

```
c2_1 <- c2
c2_1$tune <- "hehe"
c2_1$tune

## [1] "hehe"

c2$tune

## [1] "hehe"
```

可以发现，对于复制出来的对象 c2_1，仍然保持和 c2 一样的引用，如果对 c2_1 中的属性进行修改，c2 中的属性也会修改。

引用对象与通常意义上的面向对象的程序设计已经很接近了，如果需要使用 R 进行大项目的工程开发，可以利用这种方式对代码进行很好的封装与重用。但是这种实现方式与 R 的语法习惯和风格差异很大，而且由于 R 的错误处理和调试的功能不强，引用对象在 R 中不容易维护，因此对于大部分普通需求下的 R 程序开发，不建议使用引用对象。

本章总结

在 R 中流传着一个深入人心的说法"万物皆对象"，另一方面，R 是一种函数式的语言，与面向对象的程序设计存在着天然的差异。实际上，这两个"对象"描述的含义是不同的。

"万物皆对象"是指 R 的基本数据结构的地位都是相同的，任何东西包括函数在内都可以认为是对象，都能作为参数传入到函数中，而"面向对象"指的是一种编程范型，已经成为一个专有名词。R 中操纵对象的方式并不影响其作为一个函数式编程语言的本质。

在实际的 R 语言项目中，如果只是通过 R 代码来实现一些统计功能，无需使用面向对象的方法，除非需要针对特殊的对象重新定义 S3 的方法。如果要开发一个 R 包，需要做到程序代码最大化的重用以及封装，可以选用 S4。如果习惯其他语言面向对象的开发方式，可以选用引用对象（R5）。

第二部分

模型篇

第 6 章 统计模型与回归分析

统计模型是数据科学中最重要、最常用的模型。在"第1页:1.1 数据科学简介"中我们介绍了统计学方法是数据科学中最重要的一环,除了方法本身,最关键的是统计思想。如果仅仅分析结果为最终目的,我们无需进行任何理解都可以使用一些分析系统或者分析软件直接从数据中得到结论,但数据科学不仅是一门技术,更重要的是一门科学,数据科学之所以能成为科学,最重要的原因在于有统计学作为基础。

统计模型是对真实世界的一种抽象,使用统计模型来解决实际问题通常包含如下几个步骤[29]:首先需要正确地理解和构建问题,将这个实际问题适当地转化为一个统计问题,然后根据历史数据选择合适的统计模型,再对模型求解和检验,利用模型的输出结果来对模型进行诊断,如果能够确认模型与假设匹配、数据与模型匹配,那么就能将模型的结论应用到实际问题的解决方案中。

我们可以发现很重要的一点,就是统计模型通常是通过数学和统计的方法进行检验,而不是完全依赖测试数据来检验预测的结果。基于这样的特点,统计模型通常都具有很好的解释性,无论模型最终是否能采纳,我们从每个步骤的分析结果中可以不断加深对数据的理解,在否定中前进,最终找到更适合的模型,而这样的过程正是科学的解决问题的方式。

George Box 有一句名言"所有的模型都是错的,但是有些是有用的"。这是对统计模型的一个非常透彻的见解。所有模型都只是模拟真实世界的一种工具,正如科学是探索真实世界的一种方法一样,并没有绝对的真理,而是通过不断地提出假设并进行实证来否定之前错误的观点,从而在不断纠错中持续前进。无论是什么模型,都有可能会被证明是错误的,也很容易被更好的模型所代替。但是只要建模时能深入地理解数据的本质和模型的内涵,总是能使得模型可以解决现实的问题,这就已经足够。

对于统计模型来说,最简单也最经典的模型要数回归模型,它可以满足统计建模的所有标准流程,并且适用范围也非常广。因此,在这一章里,我们介绍回归模型的实现方法,同时借助于回归模型,也能展示统计模型的基本流程和思路。

6.1 线性回归

6.1.1 回归模型和经典假设

让我们先来回顾一下回归模型的数学方程：

$$Y = \beta_0 + \beta_1 * X_1 + \beta_2 * X_2 + \cdots + \beta_n * X_n + \varepsilon \qquad (6.1.1)$$

其中 Y 是**因变量**，也称为**响应变量**。$X_1, X_2, \ldots, X_n$ 是**自变量**，也称为**解释变量**。β_0 是截距项，$\beta_1, \beta_2, \ldots, \beta_n$ 是自变量的系数，ε 是误差项。

在这个方程里，自变量和因变量都对应着实际问题中的数据。β_0 到 β_n 都是未知参数，如果我们能够对其求解，就可以确定这个回归模型。最特殊的量是 ε，如果没有这一项，公式6.1.1就是一个 Y 关于诸多 X 的确定性函数，这和很多物理学中的公式没有什么不同。但是我们知道，自然界中如此确定性的关系非常少见，更多情况下只有一种大概的关系。

在公式6.1.1中，如果我们认为 Y 与 X 具有线性关系，那么 ε 应该为 0 或者是个常数。如果放宽条件，认为 ε 是一个均值为 0 且方差固定的随机变量，那么 Y 和 X 在期望上具有线性关系，这就是线性回归关系。

在古典的回归模型中，为了估计参数的需要[1]，还要求回归满足以下几个假设条件[10]：

自变量非随机：自变量 $X_1, X_2, \ldots, X_n$ 是非随机变量。
高斯马尔科夫条件：各个随机误差之间不相关，且期望都为 0，方差都相等。
正态假定：误差项服从正态分布，且各个随机误差之间彼此独立。
满秩：任何自变量之间都没有线性关系。

如果我们使用经典的回归方法（R 中的默认操作），就要注意数据需要满足以上经典假设。否则，就要针对不符合经典假设的特殊情况进行专门的处理，这些在后面章节会进行详细的介绍。

对于线性回归，我们可以转化成矩阵计算的问题。实际上矩阵可以理解成多维空间中的坐标点。对于多个自变量（自变量个数大于 1）的情况，通过矩阵进行操作与单变量的情况没有任何不同。而当模型中只包含 1 个自变量时，X 和 Y 构成了一个二维平面中的数据点，我们可以使用非常直观的方式来展现。因此，我们以单个自变量的情况为例进行介绍，称为**一元回归**。

为了理解回归分析的各个环节，我们先人工构造一组数据。

---

[1] 使用最小二乘法进行估计。

```
set.seed(1)
x <- seq(1,5,length.out=100)
noise <- rnorm(n = 100, mean = 0, sd = 1)
beta0 <- 1
beta1 <- 2
y <- beta0 + beta1 * x + noise
```

上面的代码生成了 100 个数据点构成了 x，同时也生成了 100 个随机数构成随机误差项 ε。y 和 x 之间的关系由一个线性函数决定。我们可以从图6.1中看到自变量和因变量之间大致呈线性关系。

```
plot(y~x)
```

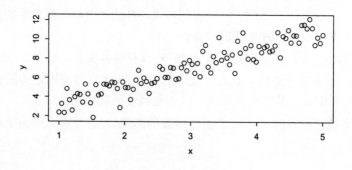

图 6.1　y 和 x 的散点图

6.1.2　参数估计

前面是从给定的函数关系得到数据，那么从"逆向工程"的角度看，我们能否从数据来推测背后的函数关系呢？这正是回归分析要做的事情，即用样本数据来推断构造 x 和 y 之间的关系结构。在构造数据关系时，需要对模型形式做一些假定，即假设因变量和自变量之间是一个线性关系，给定了函数形式和样本数据后，我们要做的就是估计截距和斜率这两个参数。这种估计就是回归模型的参数估计，参数确定了，模型也就确定了。

从散点图上看，估计参数就是从样本点中寻找一条最佳的拟合直线。从直觉上来看，距离所有点最近的线就是最佳的直线。我们可以用最小二乘法来寻找这条最佳直线。首先要明确的是，不同的样本点和拟合直线的 Y 值的差定义为距离。因为有的点在拟合直线上方，有的在下方，所以计算各距离的平方，然后进行加总，则称为**残差平方和**。我们的目的就是要找一条直线，使其残差平方和最小，换句话说这是一个最优化问题。我们先尝试用数值方法来解。

```
x2y <- function(x,b0,b1){
  y <- b0 + b1*x
  return(y)
}
sq_error <- function(x,y,b0,b1){
  predictions <- x2y(x,b0,b1)
  errors <- sum((y-predictions)^2)
  return(errors)
}
result <- optim(c(0,0),function(b) sq_error(x,y,b[1],b[2]))
result$par

## [1] 1.140493 1.989315
```

上面的代码中，我们先定义了一个从 x 映射到 y 的函数 x2y ，之后定义了一个计算残差平方和的函数 sq_error 。最后使用 R 语言的最优化函数 optim 来求得最优参数 b0 和 b1。optim 函数的使用可以参考"第206页：9 最优化方法"这一章。

除了使用数值方法，线性回归问题还存在解析解，即使用推导公式来准确计算参数。在 R 中可以使用相应的矩阵计算来得到参数。

```
xmat <- cbind(1,x)
b <- solve(t(xmat) %*% xmat ) %*% t(xmat) %*% y
```

当然，在 R 语言中进行线性回归最直接的方法就是使用 lm 函数，它就是根据最小二乘法来估计模型参数。

```
model <- lm(y~x)
summary(model)

##
## Call:
## lm(formula = y ~ x)
##
## Residuals:
##      Min       1Q   Median       3Q      Max
## -2.34005 -0.60584  0.01551  0.58514  2.29747
##
```

```
## Coefficients:
##             Estimate Std. Error t value Pr(>|t|)
## (Intercept)   1.1424     0.2491   4.586 1.34e-05
## x             1.9888     0.0774  25.697  < 2e-16
##
## (Intercept) ***
## x           ***
## ---
## Signif. codes:
## 0 '***' 0.001 '**' 0.01 '*' 0.05 '.' 0.1 ' ' 1
##
## Residual standard error: 0.9027 on 98 degrees of freedom
## Multiple R-squared:  0.8708,Adjusted R-squared:  0.8694
## F-statistic: 660.3 on 1 and 98 DF,  p-value: < 2.2e-16
```

  lm 函数中波浪号左侧为目标变量，右侧为解释变量，得到的模型结果存放
在 model 对象中。然后用 summary 调出模型结果概要。我们先看 Coefficients
这部分，其中 Estimate 是对两个参数的估计，截距 Intercept 估计为 1.14，斜
率 x 估计为 1.98。由于噪声的原因，这两个估计出来的参数和真实的参数略有
差别，但它们是所有可能的估计中最佳的估计值。

```
plot(y~x)
abline(model)
```

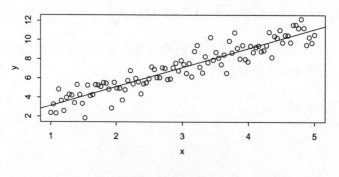

图 6.2   回归拟合线

  图6.2显示了该模型的拟合效果，一条回归线是否拟合得好，较为典型的方
法是计算**可决系数**（也称为**判定系数**），它的意义是在目标变量的方差中能够被
解释变量所解释的比例，也就是结果中的 R-squared 值 0.87。通常认为可决系
数越大则模型解释力越强（但也有可能是过拟合）。对于社会科学中的观测数据

来说，噪声往往较多，可决系数能够达到 0.6 已经算不错的了。对于控制较好的实验数据，可决系数往往可以达到较高的值。

我们的 model 变量是一个名为"lm"的对象，该对象中包含有丰富的模型信息，用户可以使用 names(model) 观察其内容，其中 fitted.values 是指利用回归模型对原数据进行回归所得到的拟合值。

除了对模型的整体拟合进行判断，我们还需要观察模型的参数。如果斜率参数近乎为 0，则意味着 x 和 y 之间不存在线性关系。这个变量在模型中也就是无用的。因此需要对参数进行假设检验。原假设是参数为 0，从模型概要中可观察到，各参数对应的 t 检验的 P 值非常显著，意味着可以推翻原假设，得到参数不为 0 的结论，也就是说系数对应的变量在模型中是有意义的。

值得注意的是，系数的检验必须在残差正态性假定下才有意义，如果正态性不满足，这些检验没有任何意义。

6.1.3 模型预测

回归模型建立好之后，可以用来对新的解释变量进行预测。R 中的预测函数是 predict ，由于抽样误差和噪声的存在，模型的预测值也要考虑误差。

```
yConf <- predict(model,interval='confidence')
yPred <- predict(model,interval='prediction')
plot(y~x, col='gray',pch=16)
lines(yConf[, "lwr"]~x,col='black',lty=3)
lines(yConf[, "upr"]~x,col='black',lty=3)
lines(yPred[, "lwr"]~x,col='black',lty=2)
lines(yPred[, "upr"]~x,col='black',lty=2)
lines(yPred[, "fit"]~x,col='black',lty=1)
```

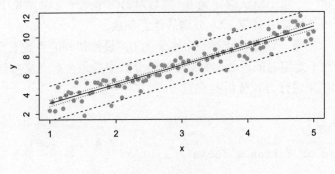

图 6.3　回归预测

在 predict 函数中若将参数 interval 设置为 confidence 则返回置信区间。

若设置为 prediction 则返回预测区间，前者是给定 x 条件下对 y 的期望的区间估计，而后者给定 x 条件下对 y 的区间估计。可以从图6.3上看到，考虑了噪声的预测区间要宽得多。

6.1.4 离散自变量的情况

当自变量不再是连续数值而是离散变量时，我们也可以使用回归分析。

```
set.seed(1)
x <- factor(rep(c(0,1,2),each=20))
y <- c(rnorm(20,0,1), rnorm(20,1,1), rnorm(20,2,1))
model <- lm(y~x)
summary(model)$coefficients

##               Estimate Std. Error   t value
## (Intercept) 0.1905239  0.1936045 0.9840881
## x1          0.8030046  0.2737981 2.9328350
## x2          1.9482729  0.2737981 7.1157287
##               Pr(>|t|)
## (Intercept) 3.292310e-01
## x1          4.829845e-03
## x2          2.040966e-09
```

在上例中我们构造了三组数据，分别对应着均值为 0、1 和 2 的正态分布，将其做为因变量。自变量很显然是分类变量，0、1、2 这三个数值代表了自变量的 3 个不同的水平。如果我们不做任何设置，数值型的变量会被自动当做连续变量处理。如果我们希望告诉 R 该数据是离散变量，则需要将其转化成因子。

从结果我们可以发现，当自变量是离散变量时，对于 x 并不止估计了一个系数，这里第一个水平默认假定为 0，然后对第二个水平 1（结果中对应 x1）和第三个水平 2（结果中对应 x2）分别估计了参数。

需要注意的是，这里假定第一个水平为 0，最终得到的系数表示各个水平之间的差别，而不是绝对的系数。如果要检验分类变量是否有意义应该使用 anova 函数对回归结果进行方差分析：

```
anova(model)

## Analysis of Variance Table
##
## Response: y
##           Df Sum Sq Mean Sq F value    Pr(>F)
```

```
## x            2 38.348 19.1741   25.577 1.181e-08 ***
## Residuals 57 42.730  0.7497
## ---
## Signif. codes:
## 0 '***' 0.001 '**' 0.01 '*' 0.05 '.' 0.1 ' ' 1
```

6.2 模型的诊断

一个回归模型是否有效，很关键的步骤是进行回归诊断。因为线性回归有若干前提假设，我们需要观察这些前提是否成立。常见的不符合经典假设的情况包括残差非正态性、非线性、异方差、自相关、异常值、多重共线性等。

6.2.1 非正态性

对于回归分析，我们首先要检验残差的正态性，因为很多其他的检验都是建立在残差正态的基础之上。stats 包中的 shapiro.test 函数实现了 Shapiro-Wilk 正态性检验，下面的例子演示了检验残差正态性的过程：

```
data(LMdata, package = "rinds")
model <- lm(y~x, data = LMdata$NonL)
res1 <- residuals(model)
shapiro.test(res1)

##
##  Shapiro-Wilk normality test
##
## data:  res1
## W = 0.93524, p-value = 1e-04
```

Shapiro-Wilk 检验的备择假设为"不具备正态性"[2]，如果 P 值很小，说明残差不具备正态性，在使用模型时一定要注意。

6.2.2 非线性

回归诊断首先要检查我们对模型结构的假设是否正确，即解释变量和目标变量之间是否线性关系。如果说 x 和 y 的关系不是线性关系，而我们仍当做一次线性关系去估计，那么即使某些检验值的结果比较好，模型也还是会存在很大的问题。

---

[2]关于假设检验，在"第148页：7.1 假设检验"中进行了详细的说明。

```
model <- lm(y~x, data = LMdata$NonL)
summary(model)$r.squared
```

```
## [1] 0.9673575
```

在上面的例子中，可决系数达到了 0.97，从图6.4中也可以看到数据确实比较接近直线。但是仔细看的话会发现其具有明显的规律性。

```
plot(y~x, data = LMdata$NonL)
abline(model)
```

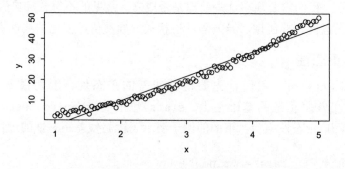

图 6.4　非线性情况的散点图

我们从残差散点图中可以看得更清楚，如图6.5所示。

```
plot(model$residuals~LMdata$NonL$x)
```

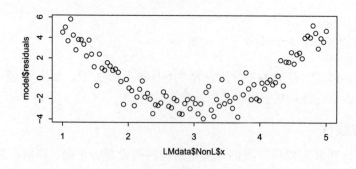

图 6.5　非线性情况的残差散点图

通常依靠残差的帮助来判断模型的结构是否合适。残差是模型拟合值和真实值之间的差值，它可以从模型对象中直接调用，通常将它用图形的方式展示。

从图6.5中可以看到，残差以一种二次曲线的方式呈现，这表示残差中包含着规律性的东西，所以应该在模型中加入二次项，下面尝试建立一个新的回归模型。

```
model2 <- lm(y~x+I(x^2), data = LMdata$NonL)
summary(model2)$r.squared
```

```
## [1] 0.9960521
```

```
summary(model2)$coefficients
```

```
##               Estimate Std. Error    t value       Pr(>|t|)
## (Intercept) 0.987016 0.62216419  1.5864236 1.158979e-01
## x           0.110853 0.45404950  0.2441429 8.076358e-01
## I(x^2)      1.979664 0.07455678 26.5524330 2.754004e-46
```

我们可以发现可决系数得到了进一步的提升，表明曲线拟合效果得到增强。但是一次项对应的 P 值不显著，意味着模型中不需要一次项，因此剔除一次项后再次回归。

```
model3 <- update(model2,y~.-x)
summary(model3)$coefficients
```

```
##               Estimate Std. Error     t value       Pr(>|t|)
## (Intercept) 1.133778 0.15962542   7.102743  1.969286e-10
## I(x^2)      1.997597 0.01270778 157.194873 1.383399e-119
```

这里我们已经有了三个备选模型，可以通过赤池信息准则（AIC）进行模型的选择，AIC 是评估统计模型的复杂度和衡量统计模型拟合优良性的一种标准，其值越小越好。AIC 同时考虑了残差和变量数目，既要残差小，又要参数个数少。R 中的 AIC 函数可同时计算多个模型的值，从下面的结果看还是最后一个模型最为适合。

```
AIC(model,model2,model3)
```

```
##        df      AIC
## model   3 478.4558
## model2  4 269.2121
## model3  3 267.2736
```

从图6.6中还可以看到，模型的残差不再具有明显的趋势了，可以认为消除了非线性的影响。

```
plot(model3$residuals~LMdata$NonL$x)
```

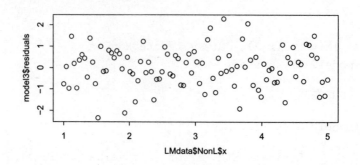

图 6.6　二次函数拟合的残差散点图

6.2.3 异方差

回归诊断另一个需要注意的地方是检查模型误差或噪声是否服从某些假定，噪声是影响目标变量的一种因素，可能我们未把无法测量等原因考虑到模型中去，因此假定噪声是一种期望值为 0、标准差为常数且服从正态分布的独立随机因素。如果这种假定不成立，模型效果也会比较差。

我们先来观察一个标准差不为常数的情况，或者称之为异方差情况。例如在下面的数据中，噪声取值和解释变量 x 实际上是成比例的。

```
model <- lm(y~x, data = LMdata$Hetero)
plot(model$residuals~LMdata$Hetero$x)
```

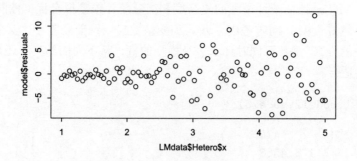

图 6.7　异方差情况的残差散点图

从残差图6.7中可以发现，残差随着 x 增加呈现一个扇形分开，表示残差和 x 之间存在比例关系。那么处理这种情况的方法是使用加权最小二乘。加权最小二乘是对不同的样本点给予不同的权重，在本例中，可以对距离较远的样本给予较小的权重，假设残差和 x 存在线性关系，那么残差的方差就和 x 的平方存在线性关系。可将 x 的平方作为权重进行加权最小二乘。lm 函数中的 weigths 参数可以设置回归中的样本权重。

```
model2 <- lm(y~x,weights=1/x^2, data = LMdata$Hetero)
summary(model)$r.squared
```

```
## [1] 0.2474974
```

```
summary(model2)$r.squared
```

```
## [1] 0.4063119
```

从模型结果可见，加权最小二乘估计出来的模型效果要好得多。但要注意的是，在实际的问题中我们可能无法明确误差和 x 之间的具体关系，因此可以通过迭代反复尝试，最后收敛到一个估计值，这种方法称为迭代重复加权最小二乘，nlm 包中的 gls 函数可以实现这种计算。这种方法得到的估计参数更为准确：

```
library(nlme)
glsmodel <- gls(y~x,weights=varFixed(~x), data = LMdata$Hetero)
```

6.2.4 自相关

另一种违背经典假设的问题是自相关，我们使用一个存在自相关情况的模拟数据。

```
model <- lm(y~x, data = LMdata$AC)
```

在这个模拟的噪声数据中，后一项噪声和前一项噪声存在依赖关系，这在经典的回归假设中是不允许的。对于普通的最小二乘也会造成一定影响。但是自相关的问题很难从图形中发现，我们可以通过对残差进行 DW 检验来确定其自相关性。

```
library(lmtest)
dwtest(model)
```

```
##
##  Durbin-Watson test
```

```
##
## data:  model
## DW = 0.65556, p-value = 2.683e-12
## alternative hypothesis: true autocorrelation is greater than 0
```

从结果可以发现模型中存在自相关的情况，那么默认的最小二乘法将不能使用。为了修正这种问题，使用 gls 函数实施广义最小二乘，并在 corr 参数中设置噪声的自相关参数。

```
glsmodel <- gls(y~x,corr = corAR1(), data = LMdata$AC)
```

6.2.5 异常值

严重的异常样本问题也可能会对回归模型造成不好的影响，异常样本可以分为三种情况，第一种异常是远离回归线的**离群点**，第二种是远离自变量均值的**杠杆点**，第三种是对回归线有重要影响的**高影响点**。我们仍然使用一个模拟出来的数据进行介绍。

```
model <- lm(y~x, data = LMdata$Outlier)
```

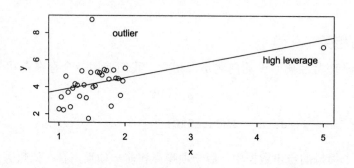

图 6.8　异常值和杠杆值

在图6.8中，位于上方远离回归线的为离群点，而位于右侧的为高杠杆点，它通常远离解释变量的均值区域。这两类点的存在不一定会对模型造成影响，但是如果一个样本点残差较大，并且杠杆值也较大，则该点为高影响点。如果我们改变该点坐标，回归线的参数会发生很大改变。

诊断离群点和杠杆点的方法是计算学生化残差和杠杆值。在 R 语言中可以使用 rstudent 和 hatvalues 来计算这两个指标。更重要的是使用 Cook 距离来诊断高影响点，Cook 距离是综合考虑了残差和杠杆值的指标，其值越大表示该点对模型的影响越大。`car` 包中 `influencePlot` 函数能将三个指标用气泡图形式将它们绘制出来。图6.9中的横坐标表示杠杆值，纵坐标表示学生化残差，而气泡大小表示 Cook 距离。

```
library(car)
inf1 <- influencePlot(model)
```

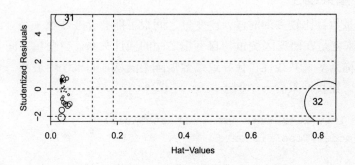

图 6.9 influencePlot 图

```
model2 <- update(model,y~x,subset=-32, data = LMdata$Outlier)
plot(y~x, data = LMdata$Outlier)
abline(model,lty=1)
abline(model2,lty=2)
```

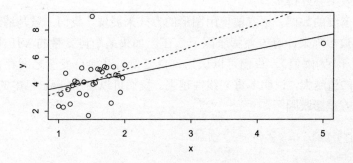

图 6.10 剔除异常点后的效果

下面我们将高影响点删除后再重新回归，结果如图6.10所示，得到的回归曲线用虚线表示，可见高影响点对回归模型有很大影响。

因此一般而言，相对于离群点和杠杆点，我们更关注高影响点。个别的离群点并不需要过份担心，它们不会对回归模型有太大影响，但是对于成群的离群点需要留意，不容易发觉他们而且其成因可能有一定实际意义。

值得注意的是，无论是哪一种异常值，都只是相对于模型的异常值，有可能是因为模型不合适造成的，所以在处理异常值的时候一定要小心谨慎，不能简单地删除异常点。有可能在模型中发现的异常点其实是正常的观测点，因为模型不全面或者有欠缺才显示出"异常"。

6.2.6 多重共线性

当变量数目比较多的时候，自变量之间很可能会存在线性关系。而在线性回归中，本来就是在研究因变量与自变量之间的线性关系。自变量之间存在线性关系的情况称为多重共线性，会导致系数矩阵不满秩，如果使用最小二乘法估计会出现问题。让我们来看一个例子：

```
model <- lm(y~x1+x2+x3, data = LMdata$Mult)
summary(model)$coefficients

##                 Estimate Std. Error    t value   Pr(>|t|)
## (Intercept)    0.3848371  0.5812625  0.6620712 0.50951183
## x1             7.2021767  4.8552037  1.4833933 0.14124567
## x2           -14.0916257 12.1384994 -1.1609034 0.24855977
## x3             8.2311561  4.8559077  1.6950808 0.09330149
```

这个例子中包含 3 个变量，最后的系数检验中每一个都不显著，这种情况下一般都是由多重共线性造成的。如果能够剔除引起自变量之间相关性的变量，那么模型的效果会好得多。

对于多维的数据，不方便使用图形的方式来展现，我们一般是通过变量之间的相关系数矩阵来计算方差膨胀因子 VIF。如果某个自变量的 VIF 比较大（通常以大于 10 为阈值），我们可以认为该自变量与其他自变量之间存在多重共线性，VIF 的值越大，说明多重共线性越强。我们可以使用 car 包中的 vif 函数直接计算方差膨胀因子。

```
vif(model)

##          x1         x2         x3
##    7560.819 214990.752 222630.742
```

从中我们可以发现每个 VIF 的值都非常大，显然这三个自变量之间都存在线性关系。对于这样的问题，我们通常的方式是尝试剔除某些自变量。在本例中自变量个数不是很多，可以手动一个一个地尝试。当自变量数目很多的时候，我们希望能自动筛选。`step` 函数就提供了这个功能，它可以以 AIC 为准则，自动筛选变量，然后返回合适的模型：

```
model1 <- step(model)

## Start:  AIC=-135.11
## y ~ x1 + x2 + x3
##
##          Df Sum of Sq     RSS      AIC
## - x2      1   0.33560  24.241  -135.71
## <none>                 23.905  -135.11
## - x1      1   0.54795  24.453  -134.84
## - x3      1   0.71550  24.621  -134.16
##
## Step:  AIC=-135.71
## y ~ x1 + x3
##
##          Df Sum of Sq      RSS      AIC
## <none>                   24.2  -135.71
## - x1      1     189.2   213.4    79.81
## - x3      1   15276.4 15300.7   507.05

summary(model1)$coefficients

##             Estimate Std. Error    t value      Pr(>|t|)
## (Intercept) 0.381577 0.58229655  0.6552967  5.138278e-01
## x1          1.566140 0.05692236 27.5136151  1.305576e-47
## x3          2.593929 0.01049150 247.2409476 1.259288e-137
```

我们可以发现最终的模型中剔除掉了变量 x2，剩下的两个系数都显著了。说明我们已经解决了多重共线性的问题。

6.3 线性回归的扩展

线性回归有严格的前提假设，如果真实数据之间的关系是线性的，那么建模结果会相当准确，但如果数据之间的关系是非线性的，线性回归的效果就会大打折扣。下面我们将介绍放松这种线性假设后的回归问题处理。

6.3.1 非线性回归

在许多实际问题中，回归模型中响应变量和预测变量之间的关系可能是复杂的非线性函数。有时候能通过变量变换的方法将其变为线性模型，有时则不能。在后一种情况下，就需要采取专门的**非线性回归**方法来建立模型。

非线性回归是在对变量的非线性关系有一定认识前提下，对非线性函数的参数进行最优化的过程，最优化后的参数会使得模型的 RSS（残差平方和）达到最小。在 R 语言中最为常用的非线性回归建模函数是 `nls` 。下面以 car 包中的 USPop 数据集为例来说明其用法。数据中 population 表示人口数，year 表示年份。将二者绘制散点图可以发现它们之间的非线性关系，如图6.11所示。在建立非线性回归模型时需要先确定两件事，一个是非线性函数形式，另一个是参数初始值。

```
library(car)
scatterplot(pop~year, data = USPop, boxplots = FALSE)
```

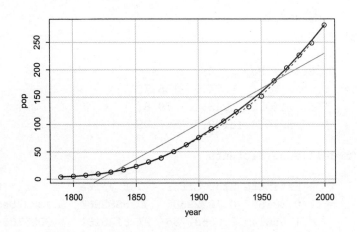

图 6.11   USPop 数据的散点图

参考专业领域的知识，对于人口模型可以采用 Logistic 增长函数形式，它考虑了初期的指数增长以及总资源的限制。其函数形式如示6.3.1所示：

$$y = \frac{\theta_1}{1 + exp(-(\theta_2 + \theta_3 X))} \tag{6.3.1}$$

首先载入 car 包以便读取数据，然后使用 nls 函数进行建模，其中 theta1、theta2、theta3 表示三个待估计参数，start 设置了参数初始值，设定 trace 为 FALSE，设置不要显示迭代过程。nls 函数默认采用 Gauss-Newton 方法寻找极值，迭代过程中第一列为 RSS 值，后面三列是各参数估计值。然后用 `summary` 返回回归结果。

```
popModel <- nls(pop ~ theta1/(1+exp(-(theta2+theta3*year))),
    start = list(theta1 = 400, theta2 = -49, theta3 = 0.025),
    data = USPop, trace = FALSE)
summary(popModel)$coefficients

##            Estimate    Std. Error    t value     Pr(>|t|)
## theta1 440.83334419 35.000137646   12.59519 1.138990e-10
## theta2 -42.70697695  1.839137514  -23.22120 2.075502e-15
## theta3   0.02160591  0.001007128   21.45299 8.866907e-15
```

在上面的回归过程中我们需要直接指定参数初始值。还有一种更为简便的方法就是采用内置自启动模型 (self-starting Models)，此时我们只需要指定函数形式，而不需要指定参数初始值。本例的 logistic 函数所对应的 selfstarting 函数名为 SSlogis 。

```
popModel2 <- nls(pop ~ SSlogis(year, phi1, phi2, phi3),
    data=USPop)
```

非线性回归模型建立后需要判断拟合效果，因为有时候参数最优化过程会捕捉到局部极值点而非全局极值点。最直观的方法是在原始数据点上绘制拟合曲线。如图 6.12所示。

```
with(USPop,plot(year, pop, pch = 16))
with(USPop,lines(year,fitted(popModel)))
```

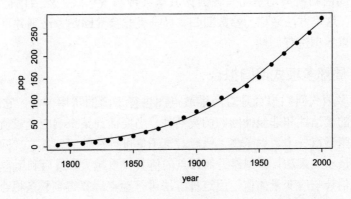

图 6.12　模型的拟合线

和线性回归类似，非线性回归假设误差是正态、独立和同方差性。为了检测这些假设是否成立我们用拟合模型的残差来代替误差进行判断，如图 6.13所示。

```
plot(fitted(popModel) , resid(popModel),type='b')
```

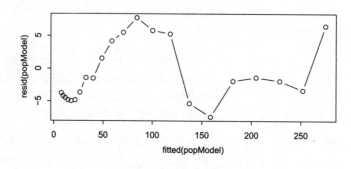

图 6.13 拟合值与残差图

　　同方差假设采用残差绝对值和拟合值的散点图判断，或使用 `bartlett.test` 函数进行检测。正态性检测除了画 QQ 图外还可用 `shapiro.test` 函数。独立性检验则可以绘制滞后残差图或是使用 `acf` 函数。

　　其他可以使用的泛型函数还包括 `anova`、`coef`、`confint`、`deviance`、`fitted`、`plot`、`predict`、`vcov`。如果预测变量中包括了分类数据，这种情况下可利用 `nlme` 包中的 `nlsList` 函数进行非线性回归。`nlstools` 包中也有许多对非线性回归有用的函数。

6.3.2 非参数回归

　　之前的回归模型均是先假设数据服从某种函数形式，然后用样本来估计函数的参数，这类方法通称为**参数回归**。另一类**非参数回归**方法则并不去假设函数形式，仅以数据进行归纳。

6.3.2.1 局部多项式回归拟合

　　局部多项式回归拟合是对两维散点图进行平滑的常用方法，它结合了传统线性回归的简洁性和非线性回归的灵活性。当要估计某个响应变量值时，先从其预测变量附近取一个数据子集，然后对该子集进行线性回归或二次回归，回归时采用加权最小二乘法，即越靠近估计点的值其权重越大，最后利用得到的局部回归模型来估计响应变量的值。用这种方法进行逐点运算得到整条拟合曲线。

　　我们构造一组正弦曲线的数据：

```
x <- seq(0,8*pi,length.out=100)
y <- sin(x) + rnorm(100,sd=0.3)
```

在 R 语言中进行局部多项式回归拟合是利用 loess 函数，我们人工生成一个数据并使用 loess 进行拟合。用 loess 来建立模型时重要的两个参数是 span 和 degree，span 表示数据子集的获取范围，取值越大则数据子集越多，曲线越为平滑。degree 表示局部回归中的阶数，1 表示线性回归，2 表示二次回归，也可以取 0，此时曲线退化为简单移动平均线。这里我们设 span 取 0.4 和 0.8，从图 6.14可见取值 0.8 的线条较为平滑，而取值 0.4 的曲线抓住了数据的规律。

```
plot(x,y)
model1 <- loess(y~x,span=0.4)
lines(x,model1$fit,col='red',lty=2,lwd=2)
model2 <- loess(y~x,,span=0.8)
lines(x,model2$fit,col='blue',lty=2,lwd=2)
```

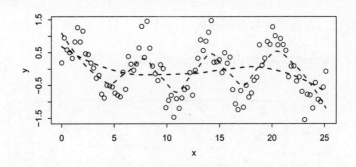

图 **6.14** LOESS 拟合

当模型建立后，也可以类似线性回归那样进行预测和残差分析：

```
predict(model2,data.frame(x))
```

LOESS 方法的优势是并不需要确定具体的函数形式，而是让数据自己来说话，其缺点在于需要大量的数据和运算能力。LOESS 作为一种平滑技术，其目的是为了探寻响应变量和预测变量之间的关系，所以 LOESS 更被看作一种数据探索方法，而不是作为最终的结论。

6.3.2.2 样条回归

在前面的线性回归中，模型中引入二次项等多项式函数可以改善散点的平滑拟合效果，以描述非线性的关系。如果非线性关系非常复杂则需要用到高阶多项式，但高阶多项式拟合会产生不好的性质。所以倾向于将数据分组，在每组数据上使用不同的低阶多项式拟合，最后再将函数拼接起来，这种拼接起来的多项式函数称为**样条函数**，在每组数据上负责拟合的低阶多项式称为**基函数**。使用样条函数对数据进行回归则称之为**样条回归**。

　　样条回归和分段回归有些相似，分段回归以自变量的某个节点分临界点进行分区，然后对每个区域上的数据分析进行线性回归。样条回归也是以节点对数据分组，不过是使用多项式来拟合。最常见的样条函数是 splines 包中的 B 样条或是自然样条，其中的 df 参数为自由度，即将数据分为多少个区域，degree 为多项式次数，一般为 3 次。若是使用 2 个自由度和一阶参数，这实际上是分段线性回归。

```
library(splines)
model1 <- lm(y~bs(x,df=10,degree=1))
prey <- predict(model1,newdata=list(x))
```

　　图6.15可以看到线段拟合的效果。

```
plot(x,y); lines(x,prey,lwd=1,col="red")
```

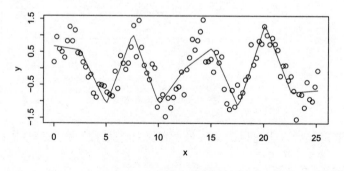

图 6.15　分段线性回归

　　下面我们使用更高阶的多项式来尝试更为平滑的拟合结果，如图 6.16所示。

6.3.2.3　加性模型

　　加性模型是一种非参数模型，如果说二维散点图的样条回归是简单线性回归模型的一般化，那么加性模型就是多元线性回归模型的一般化。加性模型非常灵活，因为它不像参数模型那样需要假设某种函数形式，只要预测变量对响应变量的影响是独立的即可，也称为**可加和假设**。

　　加性模型的拟合是通过一个迭代过程对每个预测变量进行样条平滑。其算法要在拟合误差和自由度之间进行权衡最终达到最优。在 R 中可以利用 mgcv

```
model2 <- lm(y~bs(x,df=10,degree=2))
prey <- predict(model2,newdata=list(x))
plot(x,y); lines(x,prey,lwd=1,col="blue")
```

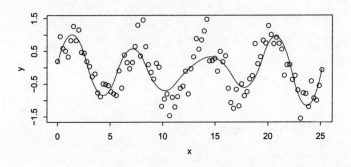

图 6.16 高阶多项式的拟合

包中的 gam 函数实现加性模型，我们以 trees 数据集作为例子，其中 Volume 为响应变量，Girth 和 Height 为预测变量。

```
library(mgcv)
model <- gam(Volume~s(Girth)+s(Height),data=trees)
par(mfrow=c(1,2))
plot(model,se=T,resid=T,pch=16)
```

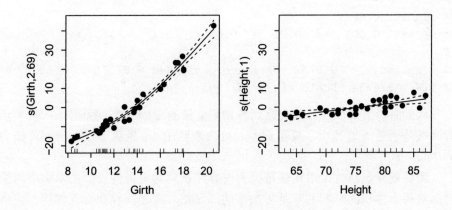

图 6.17 加性模型变量的偏残差图

图6.17显示的是各预测变量的偏残差图，表示了各预测变量对响应变量的独立影响，纵轴括号中的数字表示 EDF（estimated degrees of freedom），EDF 越

大表示非线性关系越强，Height 的估计自由度为 1，即是线性关系。建模结果存在 model 变量中，它同样可以用 `summary` 、`predict` 、`anova` 等泛型函数作进一步处理。

```
summary(model)

##
## Family: gaussian
## Link function: identity
##
## Formula:
## Volume ~ s(Girth) + s(Height)
##
## Parametric coefficients:
##             Estimate Std. Error t value Pr(>|t|)
## (Intercept)  30.1710     0.4816   62.65   <2e-16 ***
## ---
## Signif. codes:
## 0 '***' 0.001 '**' 0.01 '*' 0.05 '.' 0.1 ' ' 1
##
## Approximate significance of smooth terms:
##             edf Ref.df     F  p-value
## s(Girth)  2.693  3.368 203.8  < 2e-16 ***
## s(Height) 1.000  1.000  16.0 0.000424 ***
## ---
## Signif. codes:
## 0 '***' 0.001 '**' 0.01 '*' 0.05 '.' 0.1 ' ' 1
##
## R-sq.(adj) =  0.973   Deviance explained = 97.7%
## GCV = 8.4734  Scale est. = 7.1905    n = 31
```

从上面的结果报告可以观察到各预测变量的 EDF 值，后面的 P 值表示平滑函数是否显著地减少了模型误差。可决系数 R-sq 显示了模型的解释能力为 97.7%。

加性模型容易被误用往往是因为没有注意到其前提假设。在本例中树围和树高对树木体积的影响并非是可加性的，显然二者之间存在交互作用，应该用 s(Girth,Height) 作为预测变量。

gam 函数中也能加入线性预测变量，构成半参数加性模型，还可以设置 family 参数实现广义加性模型。需要注意的地方是，加性模型的缺点在于其结果不像参数模型那样容易解释，但它用于探索性数据分析和预测工作时是非常有用的分析工具。如果把加性模型当作模型拟合工具而非探索性工具时，其平滑参数的设定就变得非常重要。

6.3.3 Logistic 回归

之前谈到的线性回归模型都是处理因变量是连续变量的问题，如果因变量是分类变量，线性回归就不再适用了。例如观察消费者是否购买某种商品，用户是否访问某个页面，这些都是只取 0 或 1 的二分类变量。对于二分类变量的问题，我们可以使用 Logistic 回归模型来分析处理。Logistic 回归属于**广义线性模型**一类，响应变量为二元分类数据，其分布服从二项分布。响应变量期望值的函数（连接函数）与预测变量之间的关系为线性关系。

和线性回归一样，Logistic 回归模型的自变量为各影响因素的线性组合，而因变量设为某事件发生的概率。但是概率的值域范围是从 0 到 1，所以需要对自变量线性组合施加一个函数变换，使该值域限制在 0 到 1 之间。这个函数称为**连接函数**：

$$p = \frac{1}{1 + \exp(-(b0 + b1 * X))} \tag{6.3.2}$$

在 logistic 模型中使用的就是 S 形状的 logistic 函数，如图 6.18所示。

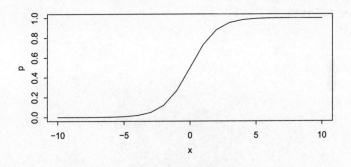

图 6.18 *logistic 函数*

由图6.18可见，logistic 函数保证了因变量的取值范围在 0 到 1 之间。因为它本身是一个非线性函数，所以模型的系数解释起来并不方便。如果将两边进行对数变换后进行变形可以得到如下方程：

$$\log(p/(1-p)) = b_0 + b_1 * X \tag{6.3.3}$$

方程6.3.3中 p 为事件发生的概率，$1-p$ 为事件不发生的概率，其比值称为

事件发生比，又称为**机率** (odds)。这样转换之后可以将其看作是一个线性回归方程，回归系数可以解释为对数机率的贡献。

下面为了示范 Logistic 回归的原理，我们先人工生成一组数据。生成的自变量有两个维度 x_1 和 x_2，对应的系数参数为 b_0，b_1，b_2。自变量的线性组合构成了 z。之后用连接函数将 z 映射为 $0 \sim 1$ 范围内的概率 pr。最后是通过 `rbinom` 生成服从二项分布的随机变量 y 作为因变量。

```
set.seed(1)
b0 <- 1; b1 <- 2; b2 <- 3
x1 <- rnorm(1000); x2 <- rnorm(1000)
z  <- b0 + b1*x1 + b2*x2
pr <- 1/(1 + exp(-z))
y <- rbinom(1000, 1, pr)
```

然后我们通过图形来展示生成的数据，图6.19是以自变量的两个维度为坐标轴，将因变量 y 映射到不同颜色上，显示 Logistic 回归本质上是要找一条决策边界，要使两种不同颜色的点区分开来。

```
plotdata2 <- data.frame(x1,x2,y=factor(y))
library(ggplot2)
p2 <- ggplot(data=plotdata2,aes(x=x1,y=x2,color=y)) +
    geom_point()
print(p2)
```

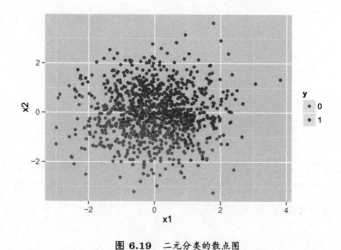

图 6.19　二元分类的散点图

下面我们使用 Logistic 回归来找到那条决策边界。R 语言中的 `glm` 函数用来建立包括 logistic 回归在内的广义线性模型，使用 glm 函数时需指定分布类型和连接函数形式。分布类型由参数 family 确定，设置为 binomial，它自动会将连接函数 link 设置为 logit。

```
data <- data.frame(x1,x2,y)
model <- glm(y~.,data=data,family='binomial')
summary(model)

##
## Call:
## glm(formula = y ~ ., family = "binomial", data = data)
##
## Deviance Residuals:
##     Min       1Q    Median       3Q       Max
## -2.78286  -0.38847   0.08272   0.44502   2.36265
##
## Coefficients:
##             Estimate Std. Error z value Pr(>|z|)
## (Intercept)   0.9613     0.1128   8.524   <2e-16 ***
## x1            1.7954     0.1446  12.421   <2e-16 ***
## x2            2.9446     0.1973  14.926   <2e-16 ***
## ---
## Signif. codes:
## 0 '***' 0.001 '**' 0.01 '*' 0.05 '.' 0.1 ' ' 1
##
## (Dispersion parameter for binomial family taken to be 1)
##
##     Null deviance: 1352.99  on 999  degrees of freedom
## Residual deviance:  623.34  on 997  degrees of freedom
## AIC: 629.34
##
## Number of Fisher Scoring iterations: 6
```

之后我们将回归模型的系数提取出来，根据初等几何的知识可以计算出决策边界的截距和斜率：

```
w <- model$coef
inter <- -w[1]/w[3]
slope <- -w[2]/w[3]
plotdata3 <- data.frame(cbind(x1,x2),y=factor(y))
```

回归结果可以画在散点图上，如图6.20所示。

```
p3 <- ggplot(data=plotdata3,aes(x=x1,y=x2,color=y)) +
    geom_point() +
    geom_abline(intercept = inter,slope=slope)
print(p3)
```

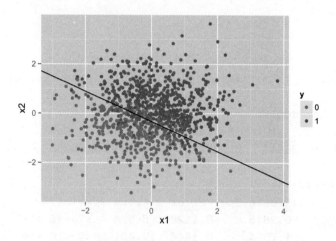

图 6.20 使用 Logistic 回归分类

对于生成的模型，我们可以使用 predict 来进行预测，如果参数 type 设为"response"表示归入类别 1 的概率：

```
predict(model, newdata = list(x1 = 1, x2 = 3),type='response')

##           1
## 0.9999907
```

logistic 回归的假设不像线性回归那么严格，但变量的多重共线性仍会对模型造成影响。使用方差膨胀因子来检验各变量共线性情况。模型中出现的异常点也会影响建模的效果，使用模型残差的 cooks 距离指标来鉴别异常点。对于过大的异常点可以删除，再尝试建模。

从应用角度来讲，Logistic 回归的优点在于它是应用最广泛的二分类方法，模型结果容易解释，计算量较小。缺点在于需要假设自变量具有可加性和线性，对非线性关系的建模需要采用离散化和函数映射的方式处理。

评价模型的常用准则是伪判定系数和预测准确率等方法，但需要注意使用交叉检验以避免出现过拟合情况，评价模型的具体方法可参考"第175页：8 数据挖掘和机器学习"这一章。

R 语言中除了应用 glm 函数实施常规的 logistic 回归以外，还可使用 robust 包中的 glmRob 函数进行稳健 Logistic 回归。mlogit 包中的 mlogit 函数能对多分类变量进行 logistic 回归；rms 包中的 lrm 函数对顺序变量进行 Logistic 回归；glmnet 包中的 glmnet 函数能够基于正则化的 Logistic 回归[28]。

本章总结

回归分析可以认为是统计分析中最基础、最典型的部分。假设最为严格的线性回归，适用于变量间线性关系的解释以及在此基础上的预测问题。但现实世界中的变量间关系往往不是线性的，这一点在使用时需要注意。

本章还介绍了 Logistic 回归，它适用于分类问题，正则化方法适用于进行变量筛选。

回归分析可以用来作为统计学分析方法的最好入门工具，由此可以扩展出很多新的方法。而 R 中与之相关的函数和扩展包也最为丰富，读者可参考 R 官网上的 task view 中关于 stat 的部分进行学习和掌握。

第 7 章　其他统计分析方法

在"第120页: 6 统计模型与回归分析"一章中我们通过回归分析介绍了一个完整的统计分析的流程，从模型的假设到模型的诊断，然后针对各种异常情况采用专门的处理办法，一步一步地完成分析并得出结论。

其他的统计分析方法可能没有一个这么详尽的标准流程，但是针对真实世界中的数据，都可以从各自的角度得到科学的结论，也体现了严谨、完备的统计分析的实现。在这一章里，我们对回归分析之外的常用统计方法进行一个简单的介绍，通过例子展示其实现过程，最重要的是体现数据科学中的科学性。

7.1　假设检验

假设检验是统计分析中最常用的方法之一。专业的数据科学家在下结论之前对于自己有多大的把握其实早已经知道了，这和普通的数据分析人员有本质上的不同。对自己结论的自信有很大一部分原因都是来自于假设检验。可以认为假设检验的结论是统计中最有说服力的结论。到底该如何使用假设检验的方法，让我们从一个具体的例子入手。

`rinds` 包中包含了一个名为 Income 的数据集，该数据集是一个模拟出来的假数据，表示 100 位学习了 R 语言之后的毕业生月收入的情况。我们只是简单记录了每位学生的编号和月收入，收入的单位是人民币元。我们将其赋值给向量 Income1，计算可得其均值为 16 892.62：

```
data(Income, package = "rinds")
Income1 <- Income$Income
summary(Income1)
```

```
##    Min. 1st Qu.  Median    Mean 3rd Qu.    Max.
##      29    1110    3373   16890   11890  236700
```

那么问题来了，假设你的月收入为人民币 1.8 万元，比平均值略高一些，但是否能说明你真的没有拖大家的后腿呢？

我们知道收入的中位数只有 3373 元，均值也低于自己的收入，第一印象是没有拖后腿。但是由于自己的收入刚超过均值一点点，判断的底气也不是很足。

如果我们要得到一个很强的结论，那么应该通过统计检验来判断 1.8 万元的收入是否显著高于或者低于人群中的普遍水平。

让我们简单回顾一下统计学的知识，对于这个问题，根据均值可以怀疑"拖后腿"的结论有误，那么我们期望的结论是 1.8 万元要显著高于所有学生收入的普遍水平。设计假设检验时备择假设应该是 $H_1 : \mu < 18\,000$，那么原假设就是 $H_0 : \mu >= 18\,000$，其中 μ 表示总体均值。

我们可以利用不同的分布设计具体的检验方式，从而做出最终的判断。在这里，我们不会通过推导公式来得到最终结果，感兴趣的读者可以参考与数理统计相关的书籍[8]。

很多以工具为导向而不是数据为导向的"分析师"看到这类问题很自然地就想起了"t 检验"，因为这是在总体方差 σ^2 未知的情况下检验均值的最常用的方法，也是所有统计软件的必备功能。在 R 中当然也能很容易地实现 t 检验：

```
t.test(Income1, mu = 18000, alternative = "less")

##
##  One Sample t-test
##
## data:  Income1
## t = -0.27705, df = 99, p-value = 0.3912
## alternative hypothesis: true mean is less than 18000
## 95 percent confidence interval:
##      -Inf 23529.16
## sample estimates:
## mean of x
##  16892.62
```

我们设置检验的均值为 18 000，备择假设的方向为"小于"，最终得到 P 值是 0.3912，这是一个非常大的数值。在这里我们需要强调的是 P 值代表的含义为"拒绝正确的原假设犯错误的概率"，在这个例子中可以理解成"如果我们拒绝原假设，也就是说我们认为自己没有拖后腿，有 39% 的可能性会犯错误"。任何人都知道 39% 的可能性绝对不是个小数目，那么有人就会觉得我们只好接受原假设，也就是说承认自己确实拖了后腿。这里再次强调，这种结论是错误的，任何时候都不能说"接受原假设"，只能说"无法拒绝原假设"。这并不是文字游戏，而是和假设检验的设计息息相关的，在这里我们不会从数学上进行论证，总之，在假设检验中原假设和备择假设的地位是不对等的。

P 值代表的只是第一类错误，通常称为**弃真错误**，还存在第二类错误也就是**存伪错误**，表示备择假设正确时未能拒绝原假设犯错误的概率。此外，统计检验中还有一个**势**（Power）的概念，表示 H_1 正确时拒绝 H_0 的概率。势越大，该检验就越有效；势越小，就越难拒绝原假设。通常利用信息越多的检验统计量，势会越大[4]。

如果不去纠结其中复杂的数学原理，我们可以简单地进行理解：在假设检验中如果 P 值很小，那么可以很确定地拒绝原假设接受备择假设，如果 P 值很大（哪怕接近 1），不能拒绝原假设，但也不能接受原假设，因为很可能是我们选用的检验方法有问题。可能换了一个势比较大的检验之后，就能够拒绝了。

在这里，关于 P 值的大小我们需要进行一个讨论。传统的统计学教材中会介绍**显著性水平**这一概念，这是一个事先规定好的概率的阈值，比如 0.05，通过这个设定的阈值从而判断是否应该拒绝原假设。我们同样可以发现，在传统的统计教材最后，总有一些标准分布表，其实这都是计算能力弱的时代的产物，先设定一个阈值，然后查询是否能够拒绝。今天计算机的能力大大增强了，尤其是我们拥有 R，所以对于任何检验可以直接得到 P 值，用"拒绝原假设犯错误的概率"来对结果进行解释。不过即使今天业界仍然很执着 0.05 的阈值，尤其是当 P=0.051 的时候，出现了很多令人忍俊不禁的解释。我们认为，作为一个数据科学家没必要这么纠结于一个具体的数字，完全可以从概率的角度结合自己的情况进行判断。比如如果一次赌博有 95% 的概率赢 100 元，我相信只要是不排斥赌博的人都会选择入局，但如果一次赌博有 95% 的概率不死，我相信大多数人都不会参加，无论赌注多么诱人。

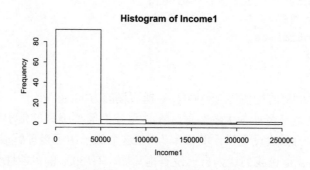

图 7.1　收入数据的分布图

让我们回到这个检验的问题。P 值 0.3912 可能是因为我们确实无法拒绝原假设，也可能是我们选用的检验方法不对。让我们再仔细地回忆 t 检验，会发现 t 检验要求样本来自于正态分布。对于这 100 个数据，我们可以很简单地通过直方图观察其大致的分布情况，如图7.1所示。

很显然，这是一个长尾分布，不仅不是正态分布，连对称分布都算不上。如果我们使用基于正态分布的 t 检验，肯定会有问题。从势的角度来解释，我们需要尽可能地使用到数据中的信息。该数据根本就不是正态分布的，唯一正确的信息是该数据存在大小之分，我们可以从它们的**秩**（Rank）上做文章。Wilcoxon符号秩检验是最好的选择：

```
wilcox.test(Income1, mu = 18000, alternative = "less")

##
##   Wilcoxon signed rank test with continuity
##   correction
##
## data:  Income1
## V = 1210, p-value = 3.097e-06
## alternative hypothesis: true location is less than 18000
```

我们发现 P 值几乎为 0，此时可以拒绝原假设。之前 t 检验无法拒绝的原假设现在使用 Wilcoxon 符号秩检验后可以拒绝了。充分说明了不同的检验方法对于不同的数据具有不同的效果。其实让我们进一步分析 Wilcoxon 符号秩检验的假设，发现其虽然不像 t 检验那样严格地要求正态分布，但是也要求数据的总体分布是对称的。而我们的数据分布很显然不对称，那么 Wilcoxon 符号秩检验也不是非常可靠。

对于这类问题，符号检验不要求数据分布的对称性，当然该检验也损失了数据作为定距尺度的特性，只从数据的顺序入手。让我们使用 rinds 包的 sign.test 函数[5] 进行检验：

```
library(rinds)
sign.test(Income1, m0 = 18000, h1 = "less")

##
##  sign test (exact)
##
## data:  Income1 and m0= 18000
## S+ = 19, p-value = 1.351e-10
## alternative hypothesis: less
```

我们发现，此时的 P 值更小，也接近于 0。由于该检验不对数据进行任何假设，对于我们这样长尾分布的极端情况也是适用的，我们可以认为符号检验在这种情况下是最有效的，最后的结论很显然是"我并没有拖大家的后腿"。

从以上的例子中我们可以发现，哪怕是最简单的假设检验，也要注意统计方法中隐含的假设，如果数据与假设不符就容易出问题。如果对数据的理解足够充分同时对统计方法也非常熟悉，我们可以直接选择符号检验来处理这个例子中的问题。倘若我们并没有那么多的分析经验，就需要注意理解方法的本质。

　　我们通过检验收入的均值介绍了假设检验的流程。在实际的应用中，均值和中位数之类的检验属于对数据"位置"的检验，这只是数据各种特征中最简单的一面。即使是数据的位置检验，我们的例子也只是展示了一个样本和某个值之间的比较，实际上 **t.test** 和 **wilcox.test** 函数还能检验两个样本的位置差异，使用方式和理解方式与例子中介绍的基本类似。我们随机模拟一个正态分布的向量 Income2，然后进行 Wilcoxon 检验：

```
set.seed(1)
Income2 <- rnorm(100, mean = 10000, sd = 2000)
wilcox.test(x = Income1, y = Income2, alternative = "less")

##
##  Wilcoxon rank sum test with continuity
##  correction
##
## data:  Income1 and Income2
## W = 2758, p-value = 2.165e-08
## alternative hypothesis: true location shift is less than 0
```

　　对于数据的基本属性来说，除了位置特征，还有**尺度**特征，尺度描述了数据的分散程度，我们通常使用方差、标准差、极差等统计量来描述。其中方差因为其运算上的优势，常被用来构造统计检验。当数据都来自正态总体时，如果两样本的均值都未知，方差比可以构成一个 F 统计量，通过 F 检验可以判断两样本的方差是否相等，在 R 中我们可以使用 **var.test** 函数。

　　大多数情况下，数据并不总是来自于正态总体，因此业界用得更多的是非参数统计的方法，比如 Ansari-Bradley 检验。我们计算可得 Income1 的标准差为 39 969.75，Income2 的标准差为 1 796.399，可以使用单边检验：

```
ansari.test(x = Income2, y = Income1, alternative = "less")

##
##  Ansari-Bradley test
##
## data:  Income2 and Income1
## AB = 6834, p-value < 2.2e-16
## alternative hypothesis: true ratio of scales is less than 1
```

结果 P 值接近于 0,可以接受备择假设"Income2 的方差显著小于 Income1"。

对于两样本的关系,除了水平和尺度的差异之外,我们还会关心两者的相关性,通过统计图形或者计算相关系数可以得到直观的判断,但是如果要得到显著的相关关系,可以使用统计检验。最常用的方法是 Spearman 秩相关和 Kendall τ 相关检验,在 R 中通过一个统一的函数 `cor.test` 来实现。该检验仍然存在 alternative 参数,不过这里的意义有所不同,two.sided 表示具有相关性,greater 表示正相关,less 表示负相关。

```
cor.test(x = Income1, y = Income2, method = "kendall",
    alternative = "two.sided")

##
##  Kendall's rank correlation tau
##
## data:  Income1 and Income2
## z = -0.029781, p-value = 0.9762
## alternative hypothesis: true tau is not equal to 0
## sample estimates:
##          tau
## -0.00202061
```

从结果可以看到,P 值很大,不能认为 Income1 和 Income2 具有相关性,这比纯粹使用相关系数要严谨得多。

还有一类检验在数据分析中非常常用,就是对分布的检验。关于数据分布的判断,我们通常是使用统计图形的方式,比如直方图或者 QQ 图。但是这些方法并不是很精确,如果我们需要严谨的结论,统计检验是最好的办法。最常用的关于分布的检验是 Kolmogorov-Smirnov 检验,在 R 中通过 `ks.test` 函数来实现。参数 y 可以是一个向量或者是字符。如果是向量,表示检验两个样本的分布是否一致;如果是字符,则表示数据是否符合某个特定分布。第二种方式更常用。该字符通过分布函数的名称来表示(p 开头的函数),具体有哪些分布可以通过 `?Distributions` 来查看。该检验需要手工指定分布的参数,比如正态分布,我们需要手工设置 mean 和 sd 参数,将其设置为样本均值和标准差即可。我们使用 Income1 为例,很显然该分布是一个长尾的分布,不可能是正态分布,以下进行 Kolmogorov-Smirnov 检验:

```
ks.test(x = Income1, y = "pnorm", mean = mean(Income1),
    sd = sd(Income1))

##
```

```
##  One-sample Kolmogorov-Smirnov test
##
## data:  Income1
## D = 0.33655, p-value = 2.905e-10
## alternative hypothesis: two-sided
```

P 值接近 0，说明我们可以确信 Income1 不服从正态分布。这里需要注意的是，Kolmogorov-Smirnov 检验和其他一些关于分布的检验，备择假设都是"不符合某种分布"，这与我们之前提到的例子是不同的，因为我们在设计假设检验时，需要将自己期望的结果放在备择假设中，这样才好拒绝。对于分布判断的问题，我们显然是希望得到"符合某种分布"的结果，但并不是美好的需求总能实现，分布检验无法满足我们需要的方向，就只能退而求其次了。

我们已知 Income2 是来自于正态分布的随机数，那么我们也进行 Kolmogorov-Smirnov 检验并查看其 P 值：

```
ks.test(x = Income2, "pnorm", mean = mean(Income2),
    sd = sd(Income2))$p.value

## [1] 0.9799181
```

此时 P 值达到 0.98，显然不能拒绝，这也是我们所期望的。但即使如此，我们也不能说"接受正态分布的原假设"，仍然只能得出无法拒绝正态分布的结论。即便如此，这不意味着结论毫无意义，至少我们使用基于正态假设方法的时候不会有明显的错误。这也是假设检验的应用之一。

7.2　多元分析

多元分析是经典统计学中的重要组成部分，但也是在新的技术时代下首当其冲的内容。本书并不是一本传统的统计学教材，因此会从数据科学的角度来看所有的统计内容。

经典的多元统计以多个变量或者多个指标之间的复杂关系作为研究目地，这和回归之类的经典统计方法是不同的，并没有区分自变量和因变量，或者某些特定的研究对象，而是直接研究复杂的关系。因此，多元统计在经典统计中以方法的多样性和可操作性而著称。

但是随着时代的变迁，计算机技术得到了飞速的发展，针对经典的多元统计中的某些问题，有了更好的解决办法。比如传统的聚类分析，本质上并不属于统计方法，如今已经归入了机器学习的范畴，而类似于判别分析，在机器学习中也出现了很多更强大的算法，因此在这部分关于统计方法的章节中我们不进行介绍，详情可以参阅"第175页：8 数据挖掘和机器学习"这一章。

在这里，我们将介绍仍然在业界有着广泛应用的主成分分析和对应分析。此外，很多传统的多元分析方法可以通过新的可视化技术得到更好的展现，本书也将使用专门的章节进行介绍。

7.2.1 主成分分析

主成分分析（principal components analysis，PCA）是一种分析、简化数据集的技术。它把原始数据变换到一个新的坐标系统中，使得任何数据投影的第一大方差在第一个坐标（称为第一主成分）上，第二大方差在第二个坐标（第二主成分）上，依次类推。主成分分析经常用于减少数据集的维数，同时保持数据集中对方差贡献最大的特征。这是通过保留低阶主成分，忽略高阶主成分做到的。这样低阶成分往往能够保留住数据的最重要方面。

通常通过对数据的相关矩阵进行特征分解来找到主成分，我们模拟一个数据集来说明特征分解的含义：

```
library(mvtnorm); set.seed(1)
sigma <- matrix(c(1, 0.9, 0.9, 1), ncol = 2)
mnorm <- rmvnorm(n = 100, mean = c(0, 0), sigma = sigma)
plot(mnorm, , asp = 1); abline(a = 0, b = 1)
```

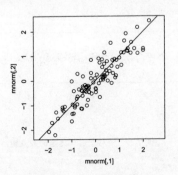

图 7.2 原始数据的散点图

从图7.2中我们可以看到，我们使用了两个维度来表示数据，但是图上的数据差不都都集中在 45 度线上，其差异性几乎都体现在这条线上。如果我们能够将坐标轴旋转到 45 度，那么只有一个维度就能够表示数据中绝大多数的差异性。

我们知道，对数据的相关矩阵进行特征分解后，特征向量代表了特征的方向，特征值代表了特征的重要程度，在 R 中可以很方便地实现特征分解：

```
eig <- eigen(cor(mnorm))
eig

## $values
## [1] 1.90138738 0.09861262
##
## $vectors
##            [,1]        [,2]
## [1,] 0.7071068 -0.7071068
## [2,] 0.7071068  0.7071068
```

从特征向量的第一列看到 (0.7, 0.7) 正好是对应着 45 度的特征方向，对应的特征值为 1.9，该值表示在该方向上数据的方差，方差较大显示特征向量非常重要。而特征向量的第二列对应着的特征就不是那么重要，对应的特征值只有 0.08。这样来看，我们可以只选择重要的特征，而忽略不重要的特征，这样就实现了降维的作用。下面使用特征向量计算在新坐标系下的数据值：

```
vector1 <- eig$vectors[, 1, drop = FALSE]
vector2 <- eig$vectors[, 2, drop = FALSE]
newX <- scale(mnorm) %*% vector1
newY <- scale(mnorm) %*% vector2
plot(newX, newY, ylim = c(-2, 2))
```

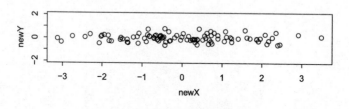

图 7.3　旋转坐标轴之后的散点图

　　图7.3是旋转坐标轴之后的结果，我们可以发现现在数据的变化几乎都体现在一个维度之上。

　　这个例子成功地将二维降到了一维，只是为了解释主成分分析的原理和实现方式，实际的意义并不大。因为无论如何两个维度都不算多，不需要降维。只有数据中存在多个变量时，我们希望能用尽可能少的变量来代表所有的信息，才需要使用主成分分析的方法来降维。

　　我们使用 FactoMineR 包中的 decathlon 数据集，这是 41 位运动员的 10

项全能的成绩，其中包含 10 个项目的具体成绩以及最后的总分和排名，此外 Competition 变量表示赛事的名称，分别是 2004 年奥运会和 2004 年 Decastar 赛事。

```
library(FactoMineR)
data(decathlon); head(decathlon, n = 2)

##           100m Long.jump Shot.put High.jump  400m 110m.hurdle
## SEBRLE  11.04      7.58    14.83      2.07 49.81       14.69
## CLAY    10.76      7.40    14.26      1.86 49.37       14.05
##         Discus Pole.vault Javeline 1500m Rank Points
## SEBRLE  43.75       5.02    63.19 291.7    1   8217
## CLAY    50.72       4.92    60.15 301.5    2   8122
##         Competition
## SEBRLE     Decastar
## CLAY       Decastar
```

我们希望了解 10 项运动之间的差异和共性，试图用比较少的维度来代表这 10 项运动，因此可以使用主成分分析。R 的基础包中自带了 `prcomp` 函数可以实现主成分分析：

```
pca1 <- princomp(decathlon[, 1:10])
plot(pca1, type = "line")
```

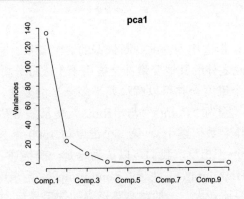

图 7.4 主成分分析的崖底碎石图

使用 `summary` 函数可以输出每个主成分能解释的方差的比例。这个比例可以理解成对于所有维度上变化的贡献。对于这个结果，可以使用直观的图形进行展示，图7.4称为"崖底碎石图"。可以看到，差不多从第 4 个主成分开始就滚到了崖底，说明前 4 个主成分差不多就解释了所有的变化。像这样通过越少的主成分能滚到崖底就说明了主成分分析的效果越好。

关于主成分分析结果的更进一步解释，推荐使用 FactoMineR 包中的 PCA 函数：

```
res.pca <- PCA(decathlon, quanti.sup = 11:12, quali.sup = 13)
```

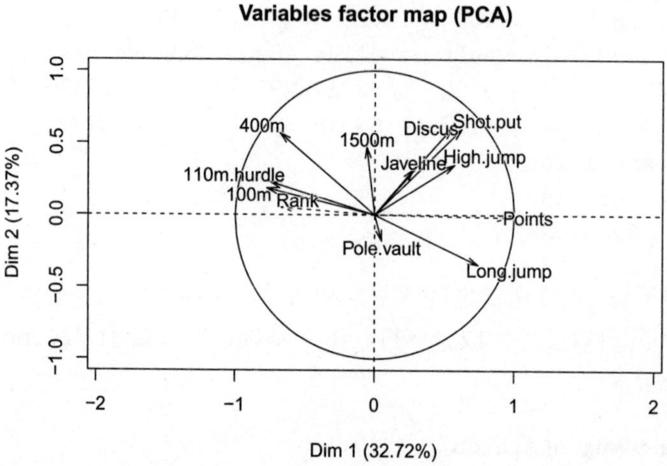

图 7.5　主成分分析结果

参数 quanti.sup 指定作为辅助判断依据的连续变量，quali.sup 指定辅助判断的分类变量，除此之外的其他变量都会被用于主成分分析。图7.5是分析结果，我们可以发现前两个维度一共可以解释差不多一半的变化，第一个维度很明显地与成绩紧密相关（因为"Points"与"Rank"变量非常贴近于 X 轴，其值越大说明得分越高、排名数值越小），第二个维度与 1500 米长跑的方向非常一致，与撑杆跳（Pole.vault）相反，我们可以认为这是一个描述了耐力的维度。从中可以发现，跳高（High.jump）、跳远（Long.jump）、百米跑和 110 米栏等项目与最终的总成绩关系比较大，一般跳高跳远强的选手最后 10 项全能的成绩比较好，而百米跑和 110 米栏强的选手成绩可能反而不大好。

以上分析是主成分分析的典型应用，也就是说，主成分分析的结果本身就能解释很多问题。但是不少人对主成分分析的使用存在误区，总是期望能通过主成分分析降维后再拿结果进行进一步的分析。如果通过降维，然后进行聚类分析，这是非常合理的；如果接着进行主成分回归也是一种常见的分析方法，但是要注意具体的方法；如果通过主成分进行加权和构建指数，这就属于错误的用法了，使用的时候一定要注意[2]。

在多元统计分析中，还有一个与主成分分析比较类似的方法就是**因子分析**，其数学原理差异比较大，但是其应用场景和 R 中的操作方式与主成分分析比较类似，这里就不进行介绍了。基础包中的 `factanal` 函数就能进行因子分析，可以通过帮助文档获取详细的说明。

7.2.2 对应分析

对应分析比较类似于主成分分析，不过针对的不是连续变量而是分类变量。其基本思想也是将多个变量转化成两个维度，试图通过两个维度来解释绝大多数的信息。而这两个维度刚好可以构成一个二维图形，通过原始变量在新的坐标系下的位置距离来发现隐含的关系。

对应分析最简单的数据形式是一张二维表，比如 MASS 包中的 caith 数据集，来自于对苏格兰北部的凯斯内斯郡的居民的头发和眼睛颜色的调查数据：

```
library(MASS); data(caith)
caith

##         fair red medium dark black
## blue     326  38    241  110     3
## light    688 116    584  188     4
## medium   343  84    909  412    26
## dark      98  48    403  681    85
```

该数据是一个数据框，但是代表了一个二维表，每一行表示一种眼睛颜色，分别是蓝色（blue）、浅色（light）、中色（medium）和深色（dark）。每一列代表一种头发颜色，分别是金色（fair）、红色（red）、中色（medium）、深色（dark）和黑色（black）。数值代表人数。

我们想研究眼睛的颜色和头发的颜色是否存在对应的关系，就可以使用对应分析。这在 R 中是一件非常容易的事情，使用 corresp 函数即可，最终得到对应图形，如图7.6 所示。

图中深色的字母表示眼睛的颜色，浅色的字母表示头发的颜色，从中我们可以发现深色眼睛和黑色头发距离很近，浅色眼睛和金色头发距离很近，蓝色眼睛和金色头发距离也很近。这就是对应分析的结果，在普通的列联表数据中是无法直接观察出来的。

```
biplot(corresp(caith, nf = 2), xlim = c(-0.6, 0.8))
```

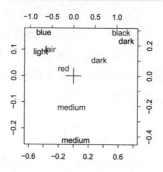

图 7.6　对应分析图

7.2.3 多元分析的可视化

很多情况下我们需要发现变量间的关系，例如线性相关关系，利用图形可视化的方法来探索和展示这种关系是很有用的。下面我们还是用汽车燃油数据集 mpg 来了解一下如何用散点图来展示多变量之间的关系。

对于大型数据集，往往会有多个变量，但是散点图只有两个维度，如何能够展现两个以上的变量特征呢？我们可以使用栅格的方式展现变量两两之间的关系。例如我们想知道 "displ"、"cty"、"hwy" 这三个变量之间的关系：

```
library(car); data(mpg, package = "ggplot2")
scatterplotMatrix(mpg[, c("displ", "cty", "hwy")],
    diagonal='histogram', ellipse=TRUE)
```

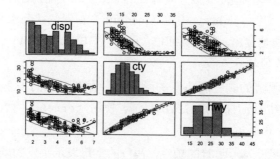

图 7.7　散点图矩阵

图7.7是使用 car 包中的 scatterplotMatrix 函数做出的散点图矩阵。我

们可以看到任意两个变量之间的散点图，从中可以发现其关系，对角线上是每个变量的分布图，能帮助我们进一步地考察变量。

而对于非常多的数值变量，则可以进一步用 corrplot 包浓缩展示变量之间的相关性：

```
library(corrplot); data(mtcars)
M <- cor(mtcars)
corrplot(M, order = "hclust")
```

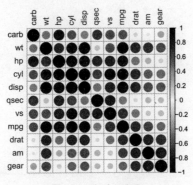

图 7.8 相关矩阵图

图7.8中每个点表示一个相关系数，颜色越深表示相关系数越大，颜色越浅表示相关系数越小。在彩色图形下还可以看到，蓝色表示正相关，红色表示负相关。

对于任何多元分析的需求，我们都建议首先使用散点图矩阵和相关矩阵图对所有变量进行一个初步的查看，从中我们可以发现每个变量的特征以及变量之间的初步关系，这样便于我们确定下一步的分析策略，从而避免走弯路，实现更高效的分析。

7.3 时间序列

时间序列是一类特殊的数据[1]。我们在回归分析中处理的数据都是截面数据，也就是说在某个时间点上进行的采样。如果数据本身就是一系列的时间点上的采样，在回归分析中会面临自相关的问题。因为这已经不是一个随机变量采样的问题，而是沿着时间上的多个随机变量，统计学中对此有专门的研究，称为**随机过程**[9]，时间序列是一类特殊的随机过程。在这里我们不对该问题进行深入的探讨，只是针对数据科学中常见的时间序列数据，介绍处理的方法和注意事项。

---

[1]在 "第69页：3.4.2 时间序列类数据" 中我们介绍了处理时间序列数据的 xts 格式，这是 R 中常用的方式之一，但是为了避免混淆，在这一节里我们不求面面俱到，只是使用基础包中的对象进行说明。

首先让我们来看一下什么是时间序列数据，以内置的数据集 co2 为例，这是夏威夷的莫纳罗亚山气象观测站提供的从 1959 年 1 月到 1997 年 12 月的大气二氧化碳浓度记录，每月记录一次，共 468 个数据。该数据实际上就是一个长为 468 的数值型向量，但是 R 对于时间序列提供了专门的"ts"对象来描述：

```
data(co2); head(co2)

## [1] 315.42 316.31 316.50 317.56 318.13 318.00

attributes(co2)

## $tsp
## [1] 1959.000 1997.917    12.000
##
## $class
## [1] "ts"
```

ts 对象相比普通的向量，多了一个名为"tsp"的属性，我们可以发现该属性是一个长度为 3 的向量，包含了起止时间和时间频率，频率是一个表示切分一年时间的整数，例如月度数据就用 12 来表示，季度数据则是 4。起止时间会根据频率的数值换算成实际的数值。这就是一个典型的时间序列对象。start 、end 和 frequency 函数可以从 ts 对象中提取出起止时间和频率的信息。

我们利用这个时间序列数据建立模型，然后对未来进行预测。为了检验预测的结果，我们使用前 400 个数据进行建模，然后预测之后的 68 个数据，并与真实的数据进行对比。图7.9是标准的时间序列图。

```
co2.400 <- ts(co2[1:400], start = start(co2),
    frequency = frequency (co2))
plot(co2.400)
```

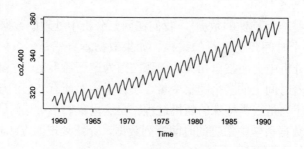

图 7.9 二氧化碳浓度的时序图

在建模之前，我们希望能对这个时间序列有更清楚的了解，在这里推荐 decompose 函数，对时序对象进行分解。对于一个时间序列来说，可以分解成三部分：趋势项、季节项和随机项。结果如图7.10所示。

```
deco1 <- decompose(co2.400)
plot(deco1)
```

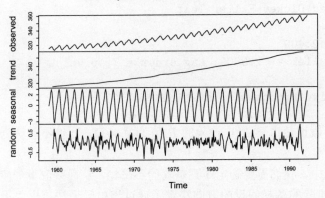

图 7.10 时序分解图

对于原始的时间序列，我们可以看到一个向上的增长趋势，这就是时间序列中的**趋势项**，可以类比为某个确定性的函数。此外，我们还能发现原始序列有一个上下摆动的特征，对于这种变化，我们可以将其分解成两个原因：其一是完全随机的扰动，称为**随机项**；另一种是周期性的变化趋势。拿二氧化碳的例子来说，很显然不同的季节会有差异，对于这种特定的时间周期造成的数值的波动，我们称之为季节扰动，也就是**季节项**。

在传统的研究时间序列的方法中，确实存在从时序的分解入手的方法，包括其他一些利用函数来逼近整个序列的方法。在这里我们并不是研究历史，而是直接使用业界最流行的 SARIMA 模型进行分析。该模型称为季节性差分自回归滑动平均模型，其本质是把一个时间序列的模型通过 $ARIMA(p, d, q)$ 这三个参数来决定，其中 p 代表自相关（AR）的阶数，d 代表差分的阶数，q 代表滑动平均（MA）的阶数，然后加上季节性的调整，在季节模型中同样包含 p、d、q 这三个参数。我们通常把模型记作 $SARIMA(p, d, q) \times (p_s, d_s, q_s)_{period}$。我们直接利用该方法进行建模，在建模的过程中介绍这几个参数的含义和使用方法。

对于时间序列的数据，通常我们首先分析其确定性趋势。因为我们基于的数学理论是平稳的随机过程，所以需要处理平稳的时间序列。对于**平稳**这个概念，有着非常复杂的数学定义，在这里我们可以简单地理解：如果没有增长或者降低的趋势，则认为是均值平稳的。如果没有明显的方差变化，则认为是方差平稳的。

对于均值平稳，传统的方法是使用 ADF 单位根检验：

```
library(tseries)
adf.test(co2.400)

##
##    Augmented Dickey-Fuller Test
##
## data:  co2.400
## Dickey-Fuller = -2.5309, Lag order = 7, p-value =
## 0.3531
## alternative hypothesis: stationary
```

该检验的备择假设是"平稳"，检验的 P 值为 0.3531，我们不能认为该序列是平稳的。

实际应用中，我们需要确定序列是真的不平稳，从而采取下一步的措施。而 ADF 单位根检验的备择假设的方向决定了通过该检验无法得出"不平稳"的结论，无论 P 值大到何种程度，只能说"不能拒绝"而已。因此我们需要一个备择假设是"不平稳"的检验。**tseries** 包提供的 KPSS 检验是最常用的：

```
library(tseries)
kpss.test(co2.400)

##
##    KPSS Test for Level Stationarity
##
## data:  co2.400
## KPSS Level = 7.9126, Truncation lag parameter = 4,
## p-value = 0.01
```

该检验的备择假设是"不平稳"，因此我们得到 P 值 0.01 之后可以拒绝原假设而接受备择假设，于是可以很自信地判断该序列是不平稳的，从而放心地使用处理不平稳时间序列的方法进行后续的分析。

对于这种具有确定性趋势的序列，我们通常使用的方法是**差分**，用后面的数减去前面的数的过程就是差分，对于差分的结果再次差分就称为**二阶差分**，以此类推可以得到更高阶的差分。我们对 400 个二氧化碳浓度数据进行差分后的结果如图7.11所示。

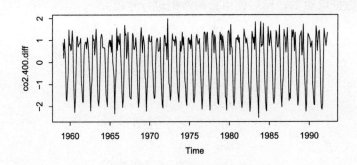

图 7.11 差分后的时序图

差分完成后可以再次进行 ADF 单位根检验：

```
co2.400.diff <- diff(co2.400)
adf.test(co2.400.diff)

##
##  Augmented Dickey-Fuller Test
##
## data:  co2.400.diff
## Dickey-Fuller = -27.491, Lag order = 7, p-value =
## 0.01
## alternative hypothesis: stationary
```

此时 P 值为 0.01，从图中也可以看出差分后的序列不再有确定性的趋势了，此时可以认为差分后的时间序列是均值平稳的。在我们的 SARIMA 模型中，可以认为 $d = 1$。

有时候，序列的均值虽然平稳，但是方差并不平稳。如果差分后能变得平稳那么问题还不大，有时候差分后也不平稳，就需要我们进行特别的处理。处理方差不平稳的情况一般使用 Box-Cox 变换，应用 forecast 包的 BoxCox.lambda 函数可以直接求得变换的参数 λ：

```
library(forecast)
BoxCox.lambda(co2.400.diff, lower = 0)

## [1] 0.9771135
```

表7.1提供了针对不同的 λ 值采取变化的参考，本例中 $\lambda = 0.977$，接近于 1，所以不需要变换。假如有些方差不平稳的数据求得 $\lambda = 0$，从表中我们可以知道

需要对该数据取对数，然后使用新的数据进行建模。

表 **7.1**　λ 变换参考

λ 值	变换
-1	$1/Z_t$
-0.5	$1/\sqrt{Z_t}$
0	$\ln Z_t$
0.5	$\sqrt{Z_t}$
1	Z_t （不变换）

　　得到平稳的时间序列之后，下一步就需要确定 p 和 q 的参数了。通常我们会通过自相关系数 ACF 和偏自相关系数 PACF 来确定。R 中提供了 `acf` 和 `pacf` 来计算这两个系数，但是我们利用 `forecast` 包中提供的做图函数可以进行更好地判断。

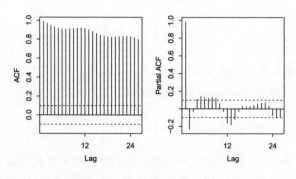

图 **7.12**　ACF 与 PACF 图

　　图7.12就是二氧化碳数据的 ACF 和 PACF 图。结合表 7.2可以确定 p 和 q 的参数[15]。

表 **7.2**　判断 p 和 q 参数的参考

过程	ACF	PACF
AR(p)	指数或阻尼正弦拖尾	p 步延迟后截尾
MA(q)	q 步延迟后截尾	指数或阻尼正弦拖尾
ARMA(p,q)	前 q 个无规律其后拖尾	前 p 个无规律其后拖尾

　　"拖尾"指的是序列以指数或者周期的方式不断衰减，"截尾"指的是序列从某个时点开始就变得很小且没有什么规律。当然从图中观察并不需要那么机

械，以图7.12来说，ACF 图和 PACF 图都可以认为是拖尾的，前者类似指数拖尾，后者类似阻尼正弦拖尾，PACF 的第 1 步明显大于后面所有的，我们可以认为 $p = 1$，ACF 拖尾非常缓慢，无法确定是从第几步开始，一般来说，为了简便起见，参数值越小越好，我们可以认为 $q = 1$。

那么至此最重要的三个参数 (p, d, q) 已经确定了，为 $(1, 1, 1)$，剩下的就是季节参数了。我们知道数据是月度数据，所以周期可以认为是 12，对于积极模型的 (p, d, q) 参数的影响没有主题模型那么大，我们也可以使用 $(1, 1, 1)$ 来代替，那么最终的模型为 $SARIMA(1, 1, 1) \times (1, 1, 1)_{12}$。我们可以使用 forecast 包中的 Arima 函数来实现这个 SARIMA 模型：

```
co2fit <- Arima(co2.400, order = c(1, 1, 1),
    seasonal = list(order = c(1, 1, 1), period = 12))
```

得到模型之后最重要的事情是使用该模型对后面的 68 个数据进行预测：

```
co2.fore <- forecast(co2fit, 68)
```

我们使用 rinds 包中的 plotTS 函数来做出预测效果图，如图7.13 所示。图中的阴影区域将真实区间和预测区间做了划分，黑色实线代表真实指，白色实线代表预测值，预测区域白线附近的阴影区域代表 95% 的置信区间。

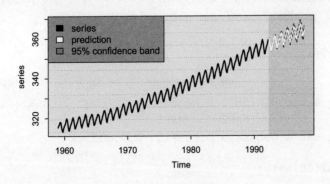

图 7.13 时序预测图

从图中我们可以发现这个模型的预测效果非常好，我们预测的结果（白线）和后面 68 个真实值的数据（黑线）基本上是重合的，其 95% 的置信区间也比较小。

以上就是完整的建立 SARIMA 模型的过程，每一步都需要结合人工的判断，这和其他的统计模型有些不同。如果感觉自己不是很有经验、希望能自动地完成整个建模过程，可以使用 `auto.arima` 函数来自动建模，该函数会自动遍历参数的可能值，并通过 AIC 或 BIC 等信息统计量来选择最优的模型：

```
co2fit.auto <- auto.arima(co2.400)
co2fit.auto

## Series: co2.400
## ARIMA(1,1,1)(1,1,2)[12]
##
## Coefficients:
##          ar1      ma1      sar1     sma1     sma2
##       0.3058  -0.6285  -0.3472  -0.4633  -0.3235
## s.e.  0.1342   0.1113   0.1202   0.1288   0.1116
##
## sigma^2 estimated as 0.083:  log likelihood=-67.52
## AIC=172.54   AICc=172.76   BIC=196.29
```

从结果中我们可以发现，自动选择的模型是 $SARIMA(1,1,1) \times (1,1,2)_{12}$，和我们手工选择的模型几乎没有差别。不过这只是一个例子，自动选择的模型很难保证在所有的情况下都和人工选择的模型效果一样好，所以如果有可能，最好还是结合自己的经验建立 SARIMA 模型。

对于时序模型的评价，除了通过预测图形这种很直观的方法之外，还可以使用一些判断精度的参数，`accuracy` 函数可以实现这个目地：

```
accuracy(co2fit)

##                         ME       RMSE        MAE         MPE
## Training set 0.01979371 0.2858383 0.2276892 0.005814817
##                       MAPE       MASE         ACF1
## Training set 0.06845829 0.183712 -0.00653249

accuracy(co2fit.auto)

##                         ME       RMSE        MAE         MPE
## Training set 0.02213932 0.2785757 0.2167886 0.00663496
##                       MAPE       MASE         ACF1
## Training set 0.06501927 0.1749168 -0.01913531
```

该函数会返回多个精度评价指标，常用的包括：

ME: 平均误，误差的平均数。

RMSE: 均方误差，误差的平方和。

MAE: 平均绝对误差。

MAPE: 平均绝对百分比误差。

MASE: 平均绝对标度误差，预测误差相对于自然预测误差的比率。

从结果可以看出，我们手工建立的模型和 `auto.arima` 自动建立的模型在精度上相差无几，对于不同的评价指标互有胜负。

7.4 随机模拟

7.4.1 随机变量与分布

R 作为专业的统计计算环境，其随机分布的功能非常强大。首先让我们来回忆一下什么是随机变量和分布函数。

随机变量可以简单地理解为可以"随机"取值的变量。所谓随机，并不是不确定，通常来说，随机的可能结果事先是知道的，但在试验之前不确定会出现哪个结果。对于任何随机变量 X 都存在分布函数 $F(X)$。我们以正态分布为例，图 7.14就是其分布函数与密度函数。当 X 取值 $+\infty$ 时，$F(X)$ 取最大值 1，X 取值 $-\infty$ 时，$F(X)$ 取最小值 0，$F(x)$ 表示 $X \le x$ 的概率 $P(X \le x)$。从右图表示的密度函数中我们可以看到，分布函数的值实际上就是密度函数在该值范围内的积分，在图中对应某一点左边的曲线面积。

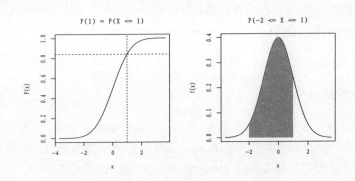

图 7.14 分布函数和密度函数

在 R 中，正态分布的分布函数为 `pnorm`，以图7.14的左图为例，当 $x = 1$ 时，分布函数的值可以很简单地计算得到：

```
pnorm(1)
## [1] 0.8413447
```

正态分布的密度函数为 dnorm ，以图7.14的右图为例，当 $x = 0$ 时达到最高点 0.4 左右，图中阴影的面积两侧的 x 的值分别是 -2 和 1，我们可以使用 dnorm 计算这几个值：

```
dnorm(0)
## [1] 0.3989423
dnorm(-2)
## [1] 0.05399097
dnorm(1)
## [1] 0.2419707
```

我们将 R 的结果与图中 Y 轴的刻度进行比较，发现是可以匹配的。如果要计算阴影的面积，可以很简单地通过分布函数来实现：

```
pnorm(1) - pnorm(-2)
## [1] 0.8185946
```

与分布函数 pnorm 相对的一个函数是 qnorm ，称为分位数函数，它是分布函数的反函数。相当于在分布函数图中，输入一个 Y 轴上的分位函数值，查找 X 轴上的分位数，例如：

```
qnorm(0.8413447)
## [1] 0.9999998
```

对于 pnorm 、qnorm 和 dnorm 来说，都具有 mean 和 sd 这两个参数，这就是正态分布的两个参数均值和标准差。其默认值分别是 0 和 1，表示标准正态分布。我们可以改变其值来代表非标准的正态分布。如图7.15 所示。

可以发现密度函数 $f(x)$ 的最大值出现在 $x = \mu$ 处，最大值为 $\frac{1}{\sqrt{2\pi}\sigma}$。$f(x)$ 在 $x = \mu \pm \sigma$ 处有拐点。σ 的值越小，图形就越扁。

对于正态分布，除了分布函数、分位数函数与密度函数以外，还有一个非常重要的函数 rnorm ，表示生成正态分布的随机数。rnorm 同样具有参数 mean 和 sd，默认是标准正态分布。只需指定参数 n 即可生成随机数。n 代表了需要生成的随机数的个数，通过一个向量返回。我们以标准正态分布为例生成 5 个正态分布的随机数：

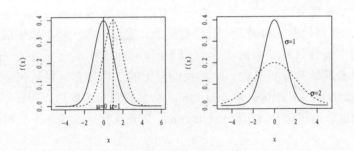

图 7.15 正态分布参数示例

```
rnorm(5)

## [1] -0.8962113  1.2693872  0.5938409  0.7756343  1.5573704
```

如果重复输入该命令，我们会发现每次生成的 5 个数值都会有所不同，这就是随机数的实现。

通过计算机产生的随机数实际上是一种伪随机数，因为如果我们设定了随机数种子，其后的所有随机数都会完全相同，在 R 中可以通过 set.seed 函数来设定随机数种子：

```
set.seed(1)
rnorm(5)

## [1] -0.6264538  0.1836433 -0.8356286  1.5952808  0.3295078

set.seed(1)
rnorm(5)

## [1] -0.6264538  0.1836433 -0.8356286  1.5952808  0.3295078

set.seed(2)
rnorm(5)

## [1] -0.89691455  0.18484918  1.58784533 -1.13037567
## [5] -0.08025176
```

我们可以发现，随机数种子可以完全决定其后所有生成的随机数。如果我们不设置任何随机数种子，每次生成的随机数也会不一样，那是因为每次在生成随机数之前，R 会自动设置不同的随机数。如果我们希望随机的结果可重现，只需简单地手动指定随机数种子即可。

对于正态分布来说，与之相关的一共有四个函数 pnorm 、qnorm 、dnorm 和 rnorm ，分别代表分布函数、分位数函数、密度函数和随机数生成函数，我们发现这四个函数只有开头的 1 个字母不同。类似地，除了正态分布以外，R 还提供了很多其他的分布函数。比如我们常用的二项分布，也是包含四个函数 pbinom 、qbinom 、dbinom 和 rbinom ，命名规则与函数功能和正态函数完全一致。我们可以通过命令 ?Distributions 来查找默认安装包下支持的所有分布函数。

7.4.2 蒙特卡洛方法

蒙特卡洛（Monte Carlo）方法是**随机模拟**的别称，20 世纪 40 年代由美国在"曼哈顿计划"中提出。Von Neumann 使用摩纳哥的著名赌城蒙特卡洛来对该方法命名。一般认为 1777 年法国数学家蒲丰通过多次投针来计算圆周率的试验是蒙特卡洛方法的起源。

蒙特卡洛方法通常会利用概率模型或者随机过程来模拟一个复杂的问题，通过随机变量来模拟真实的世界。一般来说，每一次模拟表示一个事件或者过程的发生，模拟多次可以涵盖事情发生的各种可能性，在多次模拟的结果中进行汇总和统计，可以认为是参数的估计值。这比使用数学推导的方式计算要简单轻松许多。

我们可以通过一个曾经的热点新闻来解释蒙特卡洛方法：2009 年 6 月 12 日，武汉市 5141 名困难家庭市民参与一个经适房小区公开摇号，结果中签的 124 名市民当中有 6 人的购房资格证明的编号是连号。经查，6 人申请材料系造假，购房资格被取消。

对于这个问题，我们可以很容易地通过统计学的思想进行解决，因为在这种情况下出现 6 连号的概率是可以计算的，如果该概率非常小，我们认为其不大可能发生，如果发生了，说明其中必有蹊跷。那么关键的问题就是如何计算 6 连号的概率。这个新闻出来的时候引发了全民算概率的热潮，其实就问题本身来说并不难，根据中学排列组合的思路就可以求解，但是要计算完全精确的结果比较耗时。作者曾经写了一个递归的公式，可惜按照当时计算机的能力算起来可能需要好几个月的时间。

其实对于这样的问题，如果只是需要知道一个答案，完全不需要费脑细胞写公式然后费电算结果，因为我们使用蒙特卡洛方法可以非常容易地实现。首先写一个函数来识别 6 连号：

```
consecutiveNum <- function(Sample, N = 6) {
        orle <- rle(diff(sort(Sample)))
        vcon <- orle$lengths[orle$values == 1]
        as.numeric(suppressWarnings(max(vcon)) >= N - 1)
}
```

Sample 表示中签的人的编号，是一个向量，如果要识别其中是否发生了 N 连号（此处 $N = 6$）的情况，只需要将编号从小到大排列然后进行差分，只要有连续至少 5 个 1 存在的情况，就说明存在 6 连号，这种 1 个数字连续出现的序列称为"游程"，rle 函数可以用来识别游程。对于差分后的序列，只要任意一个由 1 构成的游程的长度大于等于 5，我们就认为中签的人中出现了 6 连号的情况。

我们多次模拟抽签的情况，使用 sample 函数在 5141 个人当中采用简单随机抽样的方式抽取 124 人，对其编号使用我们刚才自定义的 consecutiveNum 函数判断是否是 6 连号。如此重复一千万次，统计 6 连号的次数：

```
res <- 0
for (i in 1:1e+08) {
    tmp <- sample(5141, 124)
        res <- res + consecutiveNum(tmp, N = 6)
}
res
## [1] 80
```

在普通家用电脑上大约花费两小时左右可以进行一亿次的模拟计算，我们发现了 80 次 6 连号的情况。可以认为出现 6 连号的概率是千万分之 8，这是一个非常小的概率。本来理应不发生的事情居然发生了，我们有很充足的道理怀疑其中存在问题，果然，最终调查的结果是社会中介人员与有关部门工作人员相互勾结，利用经济适用房摇号进行舞弊，5 名涉案人员被抓获。

此案之后，湖北人民爱上了计算经济适用房摇号的概率，同年 7 月 29 日，老河口市第二期经济适用住房把摇号结果发在了网上，很快被网民发现在 1138 户具有购房资格的申请者中，抽中了 514 户购房者，其中有 14 户资格证编号相连。大家不约而同地继续算起概率来。

我们使用同样的方法来计算这种新的情况：

```
res <- 0
for (i in 1:1e+08) {
    tmp <- sample(1138, 514)
        res <- res + consecutiveNum(tmp, N = 14)
}
res
```

```
## [1] 829546
```

经过一亿次模拟，出现至少 14 连号的情况发生了 829 546 次，概率差不多是百分之一，这个概率不算小，不能认为其中存在猫腻，实际上通过调查也确实没发现问题。

这些都是统计学在生活中应用的鲜活例子，同时也是蒙特卡洛方法的经典案例，我们使用 R 中的随机数机制除了可以计算概率之外，还能实现各种复杂的模拟，结合图形甚至还能模拟出真实的场景。在实际的应用中，对于精确的数学运算非常复杂的情况，使用蒙特卡洛方法，常常会有意想不到的妙用。

本章总结

统计学是数据科学中最重要的基础，因此我们在"模型篇"中用了两章的篇幅专门来介绍统计方法。回归分析是最具经典统计学特征的方法论，而本章介绍的另外几种常用方法的统计特色也非常鲜明。但方法是没有办法穷尽的，最重要的是掌握统计分析的思路。

数据分析都是以结果为导向的，但是统计方法除了分析的结果以外，很多分析的中间过程也非常重要。统计模型一个很大的优势就是解释性非常好。很多时候并没有得到自己期望的结论，但是通过一些中间结果和假设检验也能分析出很多有用的信息，而且能通过这些信息帮助我们进一步地发现问题的本质，并找到对模型进行优化的方向。这是在运用统计方法时尤其需要重视的地方。

第8章 数据挖掘和机器学习

在"第5页：机器学习"和"第7页：商业智能"中我们介绍了机器学习和商业智能与数据科学的异同。其中提到了数据挖掘，在企业界，其分析流程属于商业智能的范畴，在学术界，其分析算法大多来自机器学习。数据挖掘和机器学习来自于不同的学科，简单来说，机器学习最早是人工智能的研究领域，后来纳入了很多统计学的思想和方法，并在计算机算法方面取得了很大的进展。数据挖掘一开始是为解决行业中大量数据的问题而生，其风格也比较偏业界，尤其是结合了很多数据库管理的技术[36]。

机器学习本身并不是为了专门处理大量数据，但是随着大数据时代的来临，该学科在算法层面上的优势使得其中很多方法在各领域中得到了广泛的应用。数据挖掘中的绝大部分技术可以认为是机器学习研究的范畴。从方法的实现方面来看，我们可以认为数据挖掘和机器学习都在做同样的事情，在行业里可以简单地认为"使用机器学习方法、遵循数据挖掘流程"来进行数据分析。因此在这一章里我们不再区分数据挖掘与机器学习，将会针对不同方法的应用，介绍 R 的实现方式。

基于已经发生的事实进行归纳是一种常见的思维方法，而归纳出的经验可用于解释历史现象，更多地被用于预测新的情况。数据正是一种关于事实的信息描述，我们可以从数据中归纳提炼得到模型，再将模型应用到新的数据上，这也是我们对归纳思想的一种应用。由于我们能产生和存贮的数据越来越多，所以基于数据的归纳和决策也就变得越来越重要。

数据挖掘是一种从数据中获取规律的科学和艺术。它使用自动、半自动的方法来研究大量的数据，来发掘数据中有意义的结构，以帮助我们理解现实并更好地决策。从商业角度来看，从银行的信用卡发放到电商网站的客户精准化营销，从网络安全的攻击侦测到无人驾驶汽车的路线决策，这都需要数据挖掘的参与。从学术角度来看，从疾病基因数据的筛查到天文照片的图像识别，更需要数据挖掘的帮助。

数据挖掘或者机器学习通常研究两大类问题，一类是有目标变量的，称之为**有监督学习**，通常用来预测未来。另一类没有目标变量，称之为**无监督学习**，用来描述现在。根据具体问题和算法不同，常常分为以下六小类[23]：

分类 Classification (有监督学习)

回归 Regression (有监督学习)

异常检测 Deviation Detection (有监督学习)

聚类 Clustering (无监督学习)

关联规则 Association Rule Discovery (无监督学习)

序列挖掘 Sequential Pattern Discovery (无监督学习)

数据挖掘的成果多半是以模型的形式呈现，所以看起来学习数据挖掘就似乎只是学习建模，其实不然。涉及到建模算法的有两种人，一种是算法开发者，另一种是算法使用者。从使用者角度来讲，只要理解清楚一般原理过程，就可以直接拿现成的算法库来用，所以说建模算法反而是相对客观、稳定、明确的部分。而现实世界中的其他因素才是隐藏在水下更为复杂、晦暗、庞大的部分。例如待处理问题的背景，业务需求理解，能获得的数据好坏情况，以及对数据的理解程度。这些因素都影响了挖掘人员对各种分析技术和方案的判断和选择。如果挖掘人员只是盲目地将算法套用到现实数据中，往往会直接掉到坑里去。所以说数据挖掘更是一种艺术，它需要挖掘建模和专业领域知识的完美结合。

一个成功的数据挖掘项目通常需要三组人通力合作，即数据仓库专家、数据挖掘专家和业务专家。数据仓库专家了解原始数据的来龙去脉，知道数据如何收集和存放的。数据挖掘专家具备统计、算法和编程的知识，而业务专家具备实际业务的经验和知识，理解数据的现实意义和需要解决的商业问题。理想的情况是数据科学家将三种角色融为一体，不过现实中往往仍需要团队内成员的大量交流与合作。从笔者经验来看，缺乏沟通可能是数据挖掘项目失败的主要原因。缺乏跨部门沟通会使建模人员太过关注技术层面，而忽视了商业问题，最后使模型和应用割裂开，无法落地应用。

本章分为三个部分，首先介绍数据挖掘的实施流程，然后介绍如何在 R 语言中实施数据挖掘或者机器学习的一些常用算法，主要是聚类和分类。由于篇幅所限，对各种模型算法不可能面面俱到的详细讲解，因此重点介绍 R 语言中的应用情况，对于理论方面的问题，读者可参考其他经典的数据挖掘或者机器学习的相关书籍。

8.1　一般挖掘流程

根据跨行业数据挖掘流程标准（CRISP-DM），数据挖掘有如下六个步骤[24]：**问题理解、数据理解、数据准备、数据建模、模型评估、模型部署。**

这六个步骤并不一定是顺序线性进行的，因为数据挖掘项目的成败取决于对问题的定义和认识，但挖掘本身就是一种对未知的探索，所以一开始对问题也不可能做到完美的理解，这种对问题的理解是一个循序渐进的过程，数据挖掘也是一种不断循环迭代的流程。借用软件工程的术语，数据挖掘是典型的"敏捷开发"。下面详细解释一下在各步骤中要注意的事项。

（1）问题理解

在数据挖掘项目中最为重要的是清晰地定义问题。将商业目标与合适的数据分析技术相匹配并不是一件容易的事情。所以数据挖掘项目首要任务就是明确问题和理解问题，并将其映射成具体的数据挖掘任务。具体而言又可分解为几个子任务：

首先是明确问题和目标。本步骤需要各方人员确定首要问题和挖掘目标。从业务角度来看，我们面临的问题和哪些因素相关？这些因素和哪些数据变量有关？专业领域的业务知识已经知道哪些信息？期望的挖掘成果又是什么样的？

其次是评估现有条件。根据资源和约束，判断挖掘项目的可行性。这里的资源主要指能得到的数据，以及对业务领域的熟悉程度，约束是指对成果的要求、时间上的要求。数据挖掘的重要条件是需要有代表性的数据，即数据能反映和业务问题有关的事实，如果条件不满足，那么无论多么前沿的算法也无法生效。此外，数据需要有一定质量和数量，即样本的多寡、完整程度、新旧程度和粒度，这些因素都会影响最后的结果。

最终是分解到分析子任务，制定初步规划和分析思路，将问题分解映射到后续的多个数据挖掘步骤中去。根据问题和数据条件，确定使用的模型种类和建模方法。

（2）数据理解

数据理解是在问题理解的基础上理解数据业务意义，探索数据，并为下一步数据准备做铺垫。这会涉及对数据变量或者特征的理解。即这些数据是如何采集得到的？特征的类型（数值、分类、定序）是什么？对于数值变量，这些特征的值域和取值的精度如何？对于分类变量，它们的粒度如何？取值是否会变化？这个步骤包括了以下两大环节：

其一，进行数据质量评估。数据的准确度如何？记录的数值是否和应该的数值相等，误差多大？判断准确度需要专业知识的帮助。还要考查数据的完整程度如何？数据的不完整体现在特征和样本两个方面，某个特征缺失即出现了缺失值，需要确认缺失的模式。而样本的缺失多半体现为有偏样本，这往往是因为收集数据的方法不正确。另一种问题是出现异常值。异常值会对建模结果造成影响，因此有必要检测出来加以删除而做其他处理。在完成主体模型后，单独对这些异常进行分析。如果难以剔除异常值，则可采用稳健型的建模算法，例如稳健回归或决策树。

其二，实施数据探索。探索的最佳方式是采用可视化的方法来观察数据。包括一维的分布，二维的关系，对于高维数据可采用降维处理后绘图观察。重点是观察数据特征间的相关性和各特征的重要性如何。是否存在无关变量和冗余变量。过多冗余变量的存在会对很多建模算法造成影响，降低其效果，因此后续的数据准备步骤中，特征筛选是必不可少的步骤。

（3）**数据准备**

数据准备步骤是在数据理解基础上对数据进行整理转换，以方便输入到建模算法中去。包括了以下几个子任务：

数据的基本清洁。从数据格式上进行规范化，例如字符类型转为数值类型，将不同单位的数值进行整理，将单位和数值分离，将若干不一致的缩写规范化。

特征子集选择。在数据维度较高时，很可能有大量的特征和我们的目标是无关或者说是冗余的，这样的高维数据会对模型结果造成影响。一般先运用业务知识排除无关变量。对于冗余变量，可以通过各特征与目标变量之间的相关性来剔除这些冗余变量。另一类降维的思路就是以主成分分析 PCA 为代表的特征抽取，它保留了原数据的变异，降低数据维度，并使新的维度没有相关性。还有一类变量筛选方法是正则化方法，即赋值给较无关的变量一个非常小的权重系数，而对有用的变量分配大的权重。

数据转换。最常见的数据转换是标准化，将不同单位的变量转换为同一尺度，以避免基于距离的算法对大尺度的变量产生偏向。对于要服从正态分布的变量，需要做一些对数转换或是幂转换才能达到要求。通用的转换方法是 box-cox 转换。另一类转换方式是离散化，即将连续数值进行分组归约，例如年龄变量分组为老、中、青几个年龄段。有时候还要对分类变量进行转换，将它转为二元虚拟变量。

数据构造。这是从现有特征中衍生出的新特征，它多半借助业务知识对变量进行线性组合或非线性组合，这样新变量可以更直接地暴露信息。例如，在研究健康数据中通常会结合人体的体重和身高，生成一个 BMI 指数。对于复杂的数据格式，例如文本或是图像，数据构造是必然的步骤。同时，数据构造任务也包括了对缺失数据的删除和插补。

（4）**数据建模**

建模训练通常包括四个步骤：选择模型；选择损失函数；算法实现；检验结果。

第一步是根据问题要求和数据条件选择某一种模型，确定模型的结构形式。

可以选择的模型有两大类：非监督的学习，即搜寻数据中的模式；有监督的学习，即对数据建立预测模型。如果要预测的目标变量是连续数值变量，那么这是一个回归问题。如果目标变量是离散的分类变量，那么这是一个分类问题。模型的选择还依赖于我们的目标。如果目标是解释，那么需要结构清晰简单的白盒模型，例如决策树模型；如果目标只是为了预测，可以使用一些黑箱模型，例如支持向量机。很多模型既可以回归也可以分类，所以在后续章节中我们并不加以区分，而通称之为预测模型。

第二步是要确定一个标准来确定模型参数，这个标准就是损失函数。在模型的基本结构确定后，需要根据最优化损失函数来得到模型参数。在回归模型中通常的损失函数是残差平方和。对于分类问题，损失函数可以是预测准确率或是其他标准。此外还可以结合业务目标确定损失函数。

第三步是根据以上要求计算出模型的最优参数。就如同是在线性模型中给定了数据、线性方程和损失函数后，算出线性回归模型中的各种系数。此步骤是典型的最优化计算，有时是根据解析式直接得到结果，有时只能通过梯度下降等数值方法得到参数最优解。

第四步是检验我们得到的模型。通常是用新的数据来判断模型效果。如果我们只有一万条数据可用，那么一种方法就是在训练建模时保留一部分数据，将数据划分成训练集和检验集两部分，前七千条用来建模，后三千条用来检验模型，检验标准仍是第二步确定的损失函数。

模型效果不佳可能有模型的原因和数据的原因。模型的原因包括了过度拟合或是拟合不足。过度拟合是模型过于复杂，提取了训练集的所有数据信息，包括噪声数据，这样在面对检验集时误差很大。拟合不足是模型过于简单，没有提取足够的信息。数据的原因在于数据质量不高，信息量不足。另外有时单独一个模型无法把握全局，每个模型都会提供一个不同的视角，所以我们需要将多个模型加以组合，使我们对数据的把握更为全面。

在 R 中有相当多的建模算法可以利用，例如（括号内表示可以实现的 R 包）：神经网络（nnet）、递归划分（rpart、C50）、随机森林（randomForest）、正则化方法（glmnet）、提升算法（gbm）、支持向量机（e1071、kernlab）、贝叶斯方法（BayesTree）、遗传算法优化（rgp、rgenoud）、关联规则（arules）、模型选择和通用框架（ROCR、caret）。

（5）模型评价

之前在数据建模环节对模型的评价是从技术角度进行的，还要将挖掘得到的模型映射回业务问题中，并从业务角度进行评价。评价要考虑下面几个方面。

模型的普适性，即模型是否依赖于某些特定的条件和假设。业务数据中是否满足这种条件。模型的有用性，即模型和业务活动的关联性，是否有足够的预测能力。模型的可理解，即模型是否简洁，透明，是否可以有助于解释业务中的问题。模型的新颖性，即模型是否发现了业务人员以前不了解的新东西。

由上述几个方面，可以判断数据挖掘项目是失败终止还是需要修正，进入修正阶段即新一轮的迭代，从数据理解、数据准备再到建模，那么何时停止挖掘并没有一定之规。一般来讲，如果建立的模型表现一致，就可以说已经从数据中获得了足够的东西。有时候还得考虑项目所剩的时间和其他资源，以决定何时终止挖掘项目。毕竟数据挖掘的边际报酬是递减的。

（6）模型部署

本步骤是要确定模型如何部署并实施部署工作。部署模型就是将模型应用到商业实践中，根据需要有两种可能的应用场景。一种是生成正式的数据挖掘报告以及其他文档，给出分析结论和决策意见供决策人员参考。另一种是将模型定制成专门软件或应用，可以直接在线使用发挥作用。后者的部署又分三种情况，第一种是离线部署，R 从数据库输入数据，再将模型结果写回数据库。业务系统不直接和 R 交互。第二种是直接将 R 模型和其他语言整合构成在线分析系统，R 负责后台的计算引擎，其他语言如 Java 负责数据交互和前端展示。这种情况一般使用 Rserve 作为 R 的接口。Revolution 公司也开源了其部署工具 deploy R[1]，使整个部署过程更为方便。另外，RStudio 公司的 shiny 也是一个不错的原型部署方案[2]。第三种，如果追求极端的计算效率和大规模的数据计算，可以将模型用其他语言改写，R 语言模型起到一个构造原型的作用。模型部署后整个流程并没有就此终止，还要考虑如何持续跟踪监测模型，在外部环境改变条件下如何修正模型使之仍然有效。

8.2　聚类

聚类分析是一种无监督学习方法，目的是捕获数据的自然结构，从而将数据自动划分为有意义的几个群组、类别或者称之为**簇**。这些簇的特点在于组内的变异较小，而组间的变异较大。聚类分析可以用来探索数据的结构，还可以用来对数据进行预处理，为进一步的数据挖掘工作起到压缩和降维的作用。

我们将使用 iris 数据集示范聚类的结果，该数据集包括了 150 个样本，5 个变量，其中前 4 个为数值变量，最后一个为分类变量，表示不同鸢尾花的种属。后面的章节会针对不同的聚类方法进行介绍。

---

[1]http://projects.revolutionanalytics.com/deployr/
[2]http://www.rstudio.com/products/shiny

8.2.1 层次聚类

层次聚类是聚类方法的一种，又称为**系统聚类**。聚类首先要清晰地定义样本之间的距离关系，距离较近的归为一类，较远的则属于不同的类。层次聚类的计算步骤是首先将每个样本单独作为一类，然后将不同类之间距离最近的进行合并，合并后重新计算类间距离。这个过程一直持续到将所有样本归为一类为止。在计算类间距离时有 6 种不同的常用方法，分别是最短距离法、最长距离法、类平均法、重心法、中间距离法、离差平方和法。

在 R 语言中的实现函数是 `stats` 包中的 `hclust` 。该函数中重要的参数包括：样本间的距离矩阵，以及计算类间距离的方法。下面我们用 iris 数据集来进行层次聚类分析，首先提取 iris 数据中的 4 个数值变量，标准化之后计算其欧氏距离矩阵。

```
data <- iris[,-5]
means <- sapply(data,mean); SD <- sapply(data,sd)
dataScale <- scale(data, center = means, scale = SD)
Dist <- dist(dataScale, method = "euclidean")
```

然后根据矩阵绘制热图，如图8.1所示。从图中可以看到颜色越深表示样本间距离越近，大致上可以区分出三到四个区块，其样本之间距离比较接近。

```
heatmap(as.matrix(Dist), labRow = FALSE, labCol = FALSE)
```

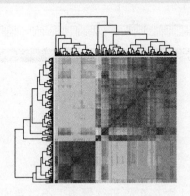

图 8.1 距离矩阵的热图

最后使用 `hclust` 函数建立聚类模型，结果存在 clusteModel 变量中，其中 ward 参数是将类间距离计算方法设置为离差平方和法。如果我们希望将类别设为 3 类，可以使用 cutree 函数提取每个样本所属的类别。观察真实的类别和聚类之间的差别，发现 virginica 类错分了 23 个样本。

```
clusteModel <- hclust(Dist, method = "ward")
result <- cutree(clusteModel, k = 3)
table(iris[, 5], result)

##             result
##              1   2   3
##   setosa    49   1   0
##   versicolor  0  50   0
##   virginica   0  23  27
```

使用 plot 对聚类对象绘图，可以得到聚类树图，如图8.2所示。

```
plot(clusteModel)
```

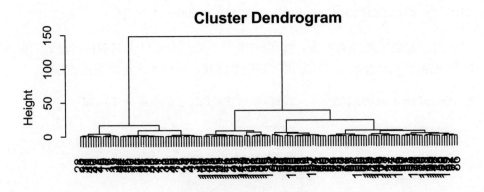

图 8.2　层次聚类图

层次聚类的特点是：基于距离矩阵进行聚类，不需要原始数据。可用于不同形状的聚类，但它对于异常点比较敏感，对于数据规模较小的数据比较合适，否则计算量会相当大，聚类前无需确定聚类个数，之后切分组数可根据业务知识，也可根据聚类树图的特征。

如果样本量很大，可以尝试用 fastcluster 包进行快速层次聚类。包加载之后，其 hclust 函数会覆盖同名函数。参数和方法是一样的。

```
library(fastcluster)
clusteModel <- hclust(Dist, method = "ward")
```

聚类需要将距离矩阵作为输入，所以聚类的关键是距离计算方法的选择，这种选择会极大地影响聚类的结果，而这种选择往往依赖于具体的应用场景。可用于定义"距离"的度量方法包括了常见的欧氏距离（euclidean）、曼哈顿距离（manhattan）、两项距离（binary）、闵可夫斯基距离（minkowski），以及更为抽象的相关系数和夹角余弦等。另外如果特征的量纲不一，还需要考虑适当的标准化和转换方法，或者使用马氏距离。用户也可以输入自定义距离矩阵。

在 R 语言中，一些常规的距离可以通过 dist 函数得到，其他一些比较特别的距离可以加载 proxy 包。加载包中的 dist 函数就可以计算几乎所有的距离方法。例如下面的余弦距离。

```
library(proxy)
res <- dist(data,method = "cosine")
```

前面计算距离时处理的均为数值变量，如果是二分类变量，可采用杰卡德（Jaccard）方法计算它们之间的距离。例如，x 样本和 y 样本各有 6 个特征加以描述，二者取 1 的交集合个数为 3，取 1 的并集合个数为 5，因此相似程度为 3/5，那么二者之间的距离可以认为是 2/5。

```
x <- c(0, 0, 1, 1, 1, 1)
y <- c(1, 0, 1, 1, 0, 1)
dist(rbind(x, y), method = "Jaccard")

##      x
## y 0.4
```

如果是处理多个取值的分类变量，可以将其转为多个二分类变量，其方法和线性回归中将因子变量转为哑变量是一样的作法。

还有一种特殊情况的距离计算，就是分类变量和数值变量混合在一起的情况。下例的两个样本中第 3 和第 5 个特征为数值变量，其他为二分类变量，另外还有一个缺失值。我们可以先用离差计算单个特征的距离，再进行合并计算。

```
x <- c(0, 0, 1.2, 1, 0.5, 1, NA)
y <- c(1, 0, 2.3, 1, 0.9, 1, 1)
d <- abs(x-y)
dist <- sum(d[!is.na(d)])/6
```

8.2.2 K 均值聚类

K 均值聚类又称为**动态聚类**,它的计算方法快速简便。首先要指定聚类的分类个数 N,先随机取 K 个点作为初始的类中心或者说是质心,计算各样本点与类中心的距离并就近归类。所有样本归类完成后,重新计算类中心,重复迭代这个过程直到类中心不再变化。

在 R 中使用 kmeans 函数进行 K 均值聚类,重要参数如下:

x: 设置要聚类的数据对象,并非距离矩阵。

centers: 用来设置分类个数。

nstart: 用来设置取随机初始中心的次数,其默认值为 1,取较多的次数可以改善聚类效果。

下面仍是使用前面章节中标准化后的 iris 数据集来聚类,之后提取每个样本所属的类别。

```
clusteModel <- kmeans(dataScale, centers = 3, nstart = 10)
class(clusteModel)
```

```
## [1] "kmeans"
```

K 均值聚类计算仍然要考虑距离,这里 kmeans 函数缺省使用欧氏距离来计算,如果需要使用其他距离定义,可以采用 cluster 包中的 pam 函数,配合 proxy 包来计算。例如下面我们使用了马氏距离。

```
library(proxy)
library(cluster)
clustModel <- pam(dataScale, k = 3, metric = "Mahalanobis")
clustModel$medoids
```

```
##      Sepal.Length Sepal.Width Petal.Length Petal.Width
## [1,]   -1.0184372   0.7861738   -1.2791040  -1.3110521
## [2,]    1.1553023  -0.1315388    0.9868021   1.1816087
## [3,]   -0.1730941  -0.5903951    0.4203256   0.1320673
```

```
table(iris$Species, clustModel$clustering)
```

```
##
##               1  2  3
##   setosa     50  0  0
##   versicolor  0  9 41
##   virginica   0 36 14
```

图8.3显示了前两项轮廓系数图和主成分散点图以观察聚类效果。轮廓图中各样本点的条状长度为 silhouette 值，值越大表示聚类效果越好，值越小表示此样本位于两个类的边缘交界地带。

```
par(mfcol = c(1, 2))
plot(clustModel, which.plots = 2, main = "")
plot(clustModel, which.plots = 1, main = "")
```

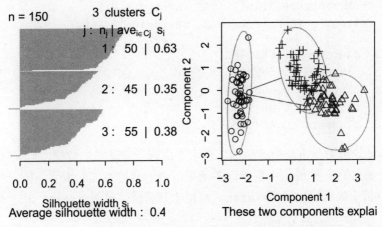

图 8.3　轮廓系数图和成分散点图

kmeans 函数和 pam 函数略有区别，kmeans 的类中心不属于原数据中的某个样本，而 pam 的类中心是数据中的某一个样本，其区别类似于均值和中位数之间的差别。

使用 K 均值聚类时需要注意，最初的类中心是通过随机生成的，这样有时可能会形成较差的聚类结果。改进的方法包括：多次尝试聚类；抽样后先使用层次聚类确定初始类中心；选择比较大的 K 值聚类，之后手工合并相近的类；或者是采用两分法 K 均值聚类。

K 均值聚类要求事先给出分类个数 K。K 值可以根据业务知识加以确定，或者先用层次聚类以决定个数。改善聚类的方法还包括对原始数据进行变换，例如对数据进行降维后再实施聚类。另一种决定分类个数的方法就是尝试多个取值，根据聚类的效果来选择。聚类效果可以参考轮廓系数加以判断，轮廓系数（silhouette coefficient）方法考虑了组内的凝聚度和组间的分离度，以此来判断聚类的优良性，其值在 -1 到 +1 之间取值，值越大表示聚类效果越好。

rinds 提供了一个自定义的简单的函数 bestCluster ，输入数据和一个整数向量，可以自动输出轮廓系数最优的聚类数：

```
rinds::bestCluster(dataScale, 2:6)

## [1] 2
```

上面的函数判断类别数为 2 是最优聚类。fpc 包中的 kmeansruns 函数也可以自动探测最佳的聚类数。下例中轮廓系数最大的 0.68 对应的正是两个聚类。

```
library(fpc)
pka <- kmeansruns(iris[, 1:4], krange = 2:6,
    critout = TRUE, runs = 2, criterion = "asw")

## 2  clusters  0.6810462
## 3  clusters  0.552819
## 4  clusters  0.4965169
## 5  clusters  0.49124
## 6  clusters  0.4840634
```

k 均值聚类方法快速简单,但它不适合于非球形的数据,对异常值也比较敏感。cluster 扩展包中也有许多函数可用于其他方式的聚类分析,如 agnes 函数可用于凝聚层次聚类,diana 可用于划分层次聚类,fanny 用于模糊聚类。

8.2.3 基于密度的聚类

在前面我们已经谈到 K 均值聚类的优点,它的算法非常简单,而且速度很快。但是其缺点在于它不能识别非球形的簇。我们可以用一个简单的例子来观察 K 均值聚类的弱点。

先构造一些人工数据,它是基于 sin 函数和 cos 函数构成的两组点。首先使用传统的 K 均值聚类:

```
x1 <- seq(0, pi, length.out = 100)
y1 <- sin(x1) + 0.1*rnorm(100)
x2 <- 1.5+ seq(0, pi, length.out = 100)
y2 <- cos(x2) + 0.1*rnorm(100)
data <- data.frame(c(x1, x2), c(y1, y2))
names(data) <- c("x", "y")
model1 <- kmeans(data, centers = 2, nstart = 10)
```

结果如图8.4所示。不同的类用不同的颜色表示,观察到其聚类结果是不理想的,因为它不能识别非球形的簇。

为了解决这个问题,我们可以使用 DBSCAN 方法,它是一种基于密度的聚类方法。它寻找那些被低密度区域所分离的高密度区域。DBSCAN 方法的重要

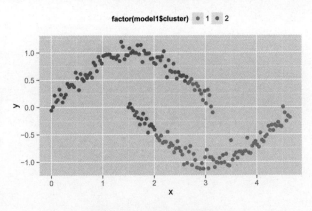

图 8.4 k 均值方法聚类效果

概念如下：

核心点： 如果某个点的邻域内的点的个数超过某个阈值，则它是一个核心点，即表示它位于簇的内部。邻域的大小由半径参数 eps 决定。阈值由 MiniPts 参数决定。

边界点： 如果某个点不是核心点，但它落在核心点的邻域内，则它是边界点。

噪声点： 非核心点也非边界点。

简单来讲，DBSCAN 的算法是将所有点标记为核心点、边界点或噪声点，将任意两个距离小于 eps 的核心点归为同一个簇。任何与核心点足够近的边界点也放到与之相同的簇中。

应用 R 语言中的 `fpc` 包中的 `dbscan` 函数可以实施密度聚类。重要参数如下：

eps： 定义邻域的半径大小。

MinPts： 定义阈值以判断核心点。

噪声点： 非核心点也非边界点。

下面用上面同样的数据来实施密度聚类，其中 eps 参数设为 0.3，即两个点之间距离小于 0.3 则归为一个簇，而阈值 MinPts 设为 4，若某点的邻域中有 4 个点以上，则该点定义为核心点。

```
library("fpc")
model2 <- dbscan(data, eps = 0.3, MinPts = 4)
```

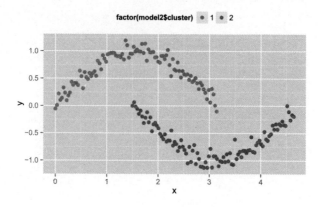

图 8.5　DBSCAN 方法聚类效果

图8.5是对 DBSCAN 方法聚类的结果 model2 所作的图，从中可以看到，DBSCAN 方法很好地划分了两个簇。其中要注意参数 eps 的设置，如果 eps 设置过大，则所有的点都会归为一个簇，如果设置过小，那么簇的数目会过多。如果 MinPts 设置过大的话，很多点将被视为噪声点。

从这个例子中，我们可以看到基于密度聚类的优良特性，它可以对抗噪声，能处理任意形状和大小的簇，这样可以发现 K 均值不能发现的簇。但是对于高维数据，点之间极为稀疏，密度就很难定义了。而且这种算法对于计算资源的消耗也是很大的。

8.2.4　自组织映射

自组织映射 SOM 不仅是一种聚类的技术，也是一种降维可视化的技术。在前面章节我们了解到一些降维的技术，PCA 是为了保留原有数据的变异，MDS 是为了保留原有数据的距离，而至于 SOM，它是为了保留原有数据的拓扑结构，或者说是保留了邻居间的关系。SOM 是将高维空间中的邻居，投影到二维网格中。这个二维网络通常是矩形或六边形。

SOM 计算方法类似于在空间约束下的 K 均值聚类，二维网格的节点个数先决定了聚类数目。一开始先给节点赋初始值，随后将样本数据逐个和节点比较距离，距离最近的某些节点值将会得到调整更新。这种比较的顺序是随机的，而距离的计算可以是欧氏距离或是点积。节点更新将会受到两个参数的影响，一个是学习速率 alpha，另一个是邻域影响范围 radius。这种比较和更新的过程持续迭代，一直到节点值收敛到一个稳定值。

R 语言中的 kohonen 包可以实施多种 SOM 算法，其中重要的参数包括

grid，即对二维网格的布局选择，通常是选择六边形。下例仍是使用 iris 数据集来演示。我们将 150 个样本映射到一个 15 乘 10 的节点的网格中。用 U-Matrix的形式来显示节点关系，其中节点的颜色深浅表示和邻居节点的平均距离，从图8.6中可见，大体上可分为两个大类。

```
library(kohonen)
data <- as.matrix(iris[,-5])
somModel <- som(data, grid = somgrid(15, 10, "hexagonal"))
plot(somModel, ncolors =10, type = "dist.neighbours")
```

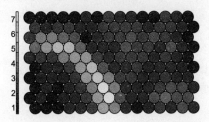

图 8.6 邻间距离图

我们也可以将原本的类别信息添加到图中进行数据探索，如图8.7 所示。

```
irisclass <- as.numeric(iris[, 5])
plot(somModel, type="mapping", labels = irisclass,
    col = irisclass + 3, main = "mapping plot")
```

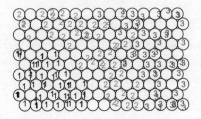

图 8.7 类别信息图

8.3   分类

分类模型的目标和 logistic 回归模型的目标是一致的，其输入数据包括了解释变量和目标变量。根据输入数据进行学习训练建立一个模型，模型可以认为是一个将解释变量映射到目标变量的函数。它能够对新数据进行映射，预测它属于哪个类别。下面要介绍的模型即可进行分类，又可以进行回归，不过本章只讨论分类问题。

我们示范使用的数据集是 mlbench 包中的 PimaIndiansDiabetes2 数据集。该数据包括了 9 个变量，共有 768 个样本。目标变量为是否患有糖尿病，它是一个二元变量。其他各解释变量是个体的若干特征，如年龄和其他医学指标，均为数值变量。由于原始数据存在缺失，所以我们先使用 caret 包中的预处理函数进行缺失插补等预处理过程，处理后再输入到其他分类算法中。

```
set.seed(1)
data(PimaIndiansDiabetes2,package='mlbench')
data <- PimaIndiansDiabetes2
library(caret)
# 标准化
preProcValues <- preProcess(data[,-9],
    method = c("center", "scale"))
scaleddata <- predict(preProcValues,data[,-9])
# YeoJohnson转换
preProcbox <- preProcess(scaleddata,
    method = c("YeoJohnson"))
boxdata <- predict(preProcbox , scaleddata)
# 缺失值插补
preProcimp <- preProcess(boxdata, method = "bagImpute")
procdata <- predict(preProcimp,boxdata)
procdata$class <- data[,9]
```

在上面的预处理步骤中，使用 caret 包中的 preProcess 函数进行了标准化处理，然后使用 YeoJohnson 转换，使数据接近正态分布，并减弱异常值的影响。最后使用装袋算法进行了缺失值插补，处理后的数据集名为 procdata。

8.3.1   决策树模型

决策树模型是一种简单易用的非参数分类器。它不需要对数据有任何的先验假设，计算速度较快，结果容易解释，而且稳健性强，对噪声数据和缺失数据不敏感[25]。**分类回归树方法（CART）**是众多树模型算法中的一种，它先从 n

个自变量中寻找最佳分割变量和最佳分割点，将数据划分为两组。针对分组后数据将上述步骤重复下去，直到满足某种停止条件。这样反复分割数据后使分组后的数据变得一致，纯度较高。同时可自动探测出复杂数据的潜在结构、重要模式和关系，探测出的知识又可用来构造精确和可靠的预测模型。建立树模型可分为**分类树** (classification tree) 和**回归树** (regression tree) 两种。分类树用于因变量为分类数据的情况，树的末端为因变量的分类值；回归树则可以用于因变量为连续变量的情况，树的末端可以给出相应类别中的因变量描述或预测。

建立树模式大致分为三个步骤：

第一步是对所有自变量和所有分割点进行评估，最佳的选择是使分割后组内的数据纯度更高，即组内数据的目标变量变异更小。这种纯度可通过 Gini 值或是熵 Entropy 来度量。

第二步是对树进行修剪或称为剪枝。之所以要修剪是因为若不加任何限制，模型会产生"过度拟合"的问题，这样的模型在实际应用中毫无意义，而从另一个极端情况来看，若树的枝节太少，那么必然也会带来很大的预测误差。综合看来，要兼顾树的规模和误差的大小，因此通常会使用 CP 参数（complexity parameter）来对树的复杂度进行控制，使预测误差和树的规模都尽可能小。CP 参数类似于岭回归中的惩罚系数，数字越小模型越偏向于过度拟合。通常做法是先建立一个划分较细较为复杂的树模型，再根据**交叉检验**（cross-validation）方法来估计不同"剪枝"条件下各模型的误差，选择误差最小的树模型。

第三步是输出最终结果，进行预测和解释。

在 R 中通常可以用 `rpart` 包来实现 CART 算法，其中重要的参数是 cp，它由 control 进行控制。下面我们来将前面处理过的数据输入决策树模型。下面的 cp 参数设置为 0，是为了让模型变得复杂，以方便后面演示剪枝处理。

```
library(caret)
library(rpart)
rpartModel <- rpart(class~., data = procdata,
    control=rpart.control(cp=0))
```

不同的模型复杂度下会有不同的预测误差，模型复杂度可以由 CP 参数代表，预测误差是由 xerror 表示，即交叉检验的模型预测误差。我们可以寻找最小 xerro 值点所对应的 CP 值，并由此 CP 值决定树的大小。根据上面的输出自动求出对应最小的 CP 值，再用 `prune` 函数对树模型进行修剪。

```
cptable <- as.data.frame(rpartModel$cptable)
cptable$errsd <- cptable$xerror + cptable$xstd
```

```
cpvalue <- cptable[which.min(cptable$errsd), "CP"]
pruneModel <- prune(rpartModel,cpvalue)
```

剪枝后的模型存到 pruneModel 对象中，使用 rpart.plot 包来画出树结构图，如图 8.8所示。

```
library(rpart.plot)
rpart.plot(pruneModel)
```

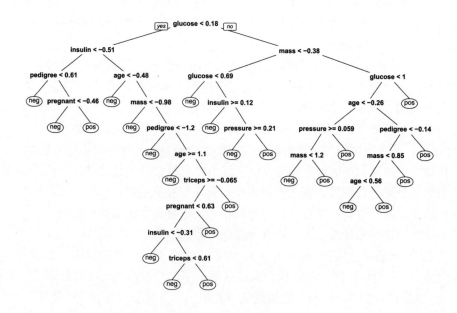

图 8.8　决策树结构图

观察决策树的结果，首先在根节点处，以 glucose 变量是否小于 0.18 为临界值进行判断，将整个数据划分为两组。如果 yes 则向左侧分枝判断 insulin 是否小于 -0.51，如果 no 则向右侧分枝判断 MASS 是否小于 -0.38。其他的内部节点也标示了该节点的划分变量和阈值。

rpart 模型运行快速，不怕缺失和冗余变量，解释性强，但缺点在于：因为它是矩形的判别边界，使得精确度不高，对回归问题不太合适。在处理回归问题时建议使用模型树（model tree）方法，即先将数据切分，再对各组数据进行线性回归。party 包中的 mob 函数和 RWeka 包中的 M5P 函数可以建立模型树[26]。

另外一个缺点在于，单个决策树不太稳定，数据微小的变化会造成模型结构变化。树模型还会有变量选择偏向，即会选择那些有取值较多的变量。一种改善的作法是使用条件推断树，即 `party` 包中的 `ctree` 函数，还可以采用集成学习方法，例如后文讲到的随机森林算法。

效果的衡量：以决策树为例

对于分类算法来说，最主要的目的是正确地分类，因此如何衡量分类的效果是一个很重要的问题。数据挖掘和机器学习都是以算法为基础的模型，并不是像统计模型那样基于假设和拟合，那么在衡量模型的效果的方式上也会存在很大的差异。

简单来说，统计模型可以直接从各项检验的结果判断模型的好坏。但是数据挖掘和机器学习这一类的算法模型通常解释性没有这么强，而算法模型通常都是为了预测，那么一个很现实的解决办法就是通过比较真实值和预测值之间的差异来衡量模型的效果。

此外，一般来说算法模型都是用于大数据量的情况，这样就有一个很好的便利条件，就是通过一部分的数据来检验模型预测的效果。这比起使用模型数据来检验模型效果来说要合理得多。

决策树是我们介绍的第一种分类算法，也是使用最广泛的分类方法。在介绍其他的分类算法之前，我们通过决策树的例子，先来介绍一下衡量模型效果的方法。

在之前的例子里，我们可以用该模型来计算预测值，并和本身的真实值进行比对，也就是构建一个表格来评价二元分类器的预测效果。所有的训练数据都会落入这个两行两列的表格中，对角线上的数字代表了预测正确的数目，同时可以相应算出 **TPR**（真正率或称为灵敏度）和 **TNR**（真负率或称为特异度），这个表格又称之为**混淆矩阵**（confusion matrix）。

```
pre <- predict(pruneModel,procdata,type='class')
(preTable <- table(pre,procdata$class))

##
## pre    neg pos
##   neg 444  53
##   pos  56 215

(accuracy <- sum(diag(preTable))/sum(preTable))

## [1] 0.8580729
```

上表的纵轴是预测值，横轴是真实值，落在对角线上的数字为预测正确的样本。由此可计算模型的准确率约为 0.86。进一步可计算灵敏度和特异度，灵敏度即在真实为阴性条件下预测正确的比率，特异度为真实为阳性条件下预测正确的比率。

```
preTable[1,1]/sum(preTable[,1]) #灵敏度

## [1] 0.888

preTable[2,2]/sum(preTable[,2]) #特异度

## [1] 0.8022388
```

观察到一共有 134 例是错误预测的样本，但是这两类错判的意义不同，65 例是本来有病但未发现，而 69 例是本来无病但误诊为患病，这两类失误发现的成本可能是不一样的。如果说本着宁可错杀不可放过的思路，我们可以在建模函数中增加成本矩阵的参数设置，将未诊断出有病的成本增加到 5 倍，这样使模型特异度增加到 0.97，但牺牲了灵敏度，而且总体准确率也下降了。代码如下所示：

```
rpartModel <- rpart(class~., data = procdata,
    control=rpart.control(cp = 0.01),
    parms=list(loss = matrix(c(0,5,1,0), 2)))
pre <- predict(rpartModel, procdata, type = 'class')
preTable <- table(pre,procdata$class)
(accuracy <- sum(diag(preTable))/sum(preTable))

## [1] 0.6888021

preTable[1,1]/sum(preTable[,1]) #灵敏度

## [1] 0.538

preTable[2,2]/sum(preTable[,2]) #特异度

## [1] 0.9701493
```

需要注意的是，上面的预测仍然是针对训练集进行的。如果同样一个数据集，我们既用它进行训练又用它进行预测，这显然是不合适的。这就好像是用课堂上讲过的例题来考察一个学生的掌握程度，这样往往会高估模型的准确性，或者说形成了**过度拟合**（overfit）的情况。处理过度拟合的问题通常有以下几个思路：其一是保留数据，例如多重交叉检验；其二是用正则化方法对模型的复杂度进行约束，例如岭回归（ridge regression）和**套索方法**（LASSO）。

在机器学习的实践中，衡量模型效果最常用的方法是**多重交叉检验**（cross-validation）。以十重交叉检验为例，将所有数据随机分为十组，第一次训练对象是 1 ～ 9 组，检验对象是第 10 组，第二次训练是 2 ～ 10 组，检验对象第 1 组，然后依次轮换。如果还需要调校参数，一种典型的做法就是先将数据划分为训练集和检验集。训练集中用多重交叉检验来选择调校模型，参数确定后使用整体训练集得到最终模型，再用检验集来观察判断最终模型的效果。

在这里我们使用准确率为度量指标，将数据切为十份，使用循环分别建模 10 次，观察结果。

```
num <- sample(1:10, nrow(procdata), replace= TRUE)
res <- array(0, dim = c(2,2,10))
n <- ncol(procdata)
for ( i in 1:10) {
    train <- procdata[num!=i, ]
    test <- procdata[num==i, ]
    model <- rpart(class~., data = train,
        control = rpart.control(cp = 0.1))
        pre <- predict(model, test[, -n], type = 'class')
        res[,,i] <- as.matrix(table(pre,test[ ,n]))
}
table <- apply(res,MARGIN=c(1,2),sum)
sum(diag(table))/sum(table)
```

```
## [1] 0.7486979
```

这就是 10 重交叉检验，我们可以发现，经过多次的验证后，可以认为消除了单次建模的偶然性，那么模型的准确率实际上应该是 0.75，可见和之前的 0.86 有较大的差距。

手工来写交叉检验会有点麻烦，我们也可使用 caret 包的 train 函数来建模并自动实施 10 重交叉检验。给定一个 CP 参数，进行一次 10 重交叉检验会得到一个模型的结果，我们输入 10 个不同的 CP 参数，分别进行交叉检验可以得到 10 个对应的结果。这样可以观察不同参数对模型的结果影响，进而确定最优的参数。

```
fitControl <- trainControl(method = "repeatedcv",
    number = 10, repeats = 3)
tunedf <-  data.frame(.cp=seq(0.001, 0.1, length=10))
treemodel <- train(x=procdata[,-9], y=procdata[,9],
    method='rpart', trControl = fitControl, tuneGrid = tunedf)
```

先使用 trainControl 设置检验的控制参数，确定为 10 重交叉检验，反复进行 3 次。目的是为了减少模型评价的不稳定性，这样得到 30 次检验结果。在参数调校中，确定 CP 参数从 0.001 开始，到 0.1 结束。训练时使用模型为 `rpart` 建模函数。用 10 个不同的参数来进行交叉检验。

```
plot(treemodel)
```

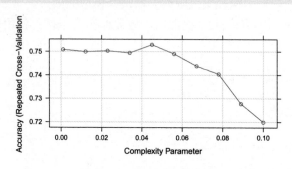

图 8.9   使用交叉检验来选择参数

结果如图8.9所示，可以清楚地看到，CP 参数在 0.045 附近可以得到最优的预测准确率，我们就可以用这个参数对整个训练集或者是对未来的新数据进行预测。`caret` 包中的 `predict.train` 函数会自动选择最优参数，并对整个训练集进行一次预测。

8.3.2 贝叶斯分类

朴素贝叶斯分类（naive bayes classifier）是一种简单而容易理解的分类方法，看起来很朴素，但用起来却很有效。其背后的原理就是贝叶斯定理，即先赋予目标变量一个先验概率，再根据数据中得到新的信息，对先验概率进行更新，从而得到后验概率。例如说我们判断一个人患病的可能，对于陌生人我们对他的判断是五五开，如果知道了他的体重数值很高，表明有过度肥胖情况，那么这个新的信息就使我们判断他患病的概率增加了。

本例我们使用 `klaR` 包中的 `NaiveBayes` 函数，该函数可以输入先验概率，另外在正态分布基础上增加了核平滑密度函数。为了避免过度拟合，在训练时还要将数据分割进行多重检验，所以我们还使用了 `caret` 包的一些函数进行配合。`NaiveBayes` 函数有两个重要参数：

usekernel: 确定是否使用核密度平滑，如果选择否，则使用正态分布。
fL: 设置平滑系数，这是为了防止某个后验概率计算为 0 的结果。

我们使用该函数建模并通过图形查看变量 glucose 的影响：

```
library(klaR)
nbModel <- NaiveBayes(class~., data = procdata,
    usekernel = FALSE, fL = 1)
plot(nbModel, vars = "glucose", legendplot = TRUE)
```

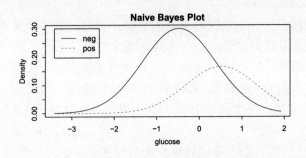

图 8.10　变量 glucose 的影响

从图8.10可以观察到不同变量对于因变量的影响，例如葡萄糖浓度越高，患病概率越大。

我们可以直接使用 caret 包来实施朴素贝叶斯分类，并进行多重交叉检验：

```
fitControl <- trainControl(method = "repeatedcv",
            number = 10, repeats = 3)
nbmodel <- train(x = procdata[,-9], y = procdata[, 9],
            method = "nb", trControl = fitControl,
            tuneGrid = data.frame(.fL = 1, .usekernel = TRUE))
densityplot(nbmodel)
```

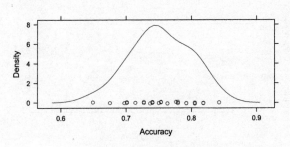

图 8.11　准确率的密度图

上面我们进行的是三次 10 重交叉检验，从图8.11上看到，其准确率在 0.75 左右，用户也可以使用 nbmodel$resample 调出具体结果数据。

8.3.3 最近邻分类

最近邻分类是一种很符合直觉的思维方式，它是将未知的对象与已知的相比较，如果各个属性相近，我们就把它们归为一个类别。**最近邻分类**简称为 KNN，即 kth Nearest Neighbor。

如果我们已经拥有一些已知类别的数据，要对一些未知类别的数据进行分类，基本思路就是将数据看作是在多元空间中的点。先计算未知点和周围 k 个已知点之间的距离，然后根据周围 k 个已知点的类别进行投票来决定未知点的类别。例如设 k 为 3，对某个未知点找出其周围最近的三个已知点，如果这三个点有两个属于 A 类，一个属于 B 类，那么根据多数原则，将未知点的类别预测为 A 类。

KNN 算法的优势在于算法简单，稳健性强，可以构成非线性的判别边界，模型参数简单，只有距离测度和 k 参数。其弱点在于计算量较大，对异常点和不平衡数据都较为敏感。

class 包的 knn 函数可以实行基本的 KNN 算法，其参数即是近邻个数 k。下面使用 caret 包来调校参数，找出最优的 k 值：

```
library(caret)
fitControl <- trainControl(method = "repeatedcv",
            number = 10, repeats = 3)
tunedf <- data.frame(.k=seq(3,20,by=2))
knnmodel <- train(x = procdata[, -9], y = procdata[, 9],
            method = "knn", trControl = fitControl,
            tuneGrid = tunedf)
plot(knnmodel)
```

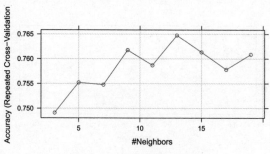

图 8.12　紧邻数与准确率的关系

由图8.12 可见，K 取 13 时模型预测准确率最高。

对于 KNN 算法，R 语言中另外还有一个 kknn 包值得关注，它对于基本的

knn 函数有很大程度的扩展。它可以结合核函数，利用距离进行加权计算。

8.3.4 神经网络分类

BP 神经网络是一种按误差逆传播算法训练的多层前馈网络，是目前应用最广泛的神经网络模型之一。BP 网络能学习和存贮大量的输入—输出模式映射关系，而无需事前揭示描述这种映射关系的数学方程。它的学习规则是使用最速下降法，通过反向传播来不断调整网络的权值和阈值，使网络的误差平方和最小。BP 神经网络模型拓扑结构包括**输入层** (input)、**隐层** (hide layer) 和 **输出层** (output layer)。对于分类问题，BP 神经网络类似于集合了多个 logistic 回归函数，每个神经元都由一个函数负责计算，前面一层函数的输出将成为后面一层函数的输入。

nnet 包可以实现 BP 神经网络分类算法，其中的重要参数有：

size: 隐层神经元个数，数字越大模型越复杂。

decay: 学习速率，是为了避免过度拟合问题，这个值一般在 0 到 0.1 之间。

linout: 隐层到输出层的函数形式，若是回归问题则设置为 TRUE，表示线性输出，若是分类问题则设置为 FALSE，表示非线性输出。

caret 包中的 avNNet 函数对 nnet 包有所改进，它使用同一个 BP 神经网络模型，而使用不同的初始随机种子，最后预测时进行综合预测。这样可以一定程度上避免模型训练时陷入局部最优解。

```
library(caret)

fitControl <- trainControl(method = "repeatedcv",
    number = 10, repeats = 3)

tunedf <- expand.grid(.decay= 0.1, .size = 5:10, .bag = TRUE)
nnetmodel <- train(class~., data = procdata,
    method = "avNNet", trControl = fitControl,
    trace = FALSE, linout = FALSE, tuneGrid = tunedf)
```

上面我们控制 decay 参数为常值，这是为了避免调校参数过多，计算时间过长。上面的结果显示 BP 神经网络模型的参数在隐层神经元为 10 个时，准确率最高。

BP 神经网络的特点是可以拟合任何一种函数，容易陷入局部极值，导致过度拟合，而且计算量大。一种解决方法是在数据预处理时使用 PCA，在 train 函数的 method 中使用 pcaNNet 即可直接实施基于 PCA 的神经网络。但它可以处理冗余变量，因为冗余变量的权重在学习训练中会变得很小。

8.3.5　支持向量机分类

支持向量机（Support Vector Machine，SVM）是以统计学习理论为基础，它不仅结构简单，而且技术性能明显提高。理解 SVM 有四个关键概念：**分离超平面、最大边缘超平面、软边缘、核函数**。

分离超平面（separating hyperplane）：处理分类问题的时候需要一个决策边界，好像楚河汉界一样，在界这边我们判别 A，在界那边我们判别 B。这种决策边界将两类事物相分离，而线性的决策边界就是分离超平面。

最大边缘超平面（maximal margin hyperplane）：分离超平面可以有很多个，SVM 的作法是找一个"最中间"的。换句话说，就是这个平面要尽量和两边保持距离，以留足余量，减小泛化误差，保证稳健性。以江河为国界的时候，就是以航道中心线为界，这个就是最大边缘超平面的体现。在数学上找到这个最大边缘超平面的方法是一个二次规划问题。

软边缘（soft margin）：但很多情况下样本点不会乖乖地分开两边站好，都是"你中有我，我中有你"的混杂状态。不大可能用一个平面完美分离两个类别。在线性不可分情况下就要考虑软边缘了。软边缘可以破例允许个别样本跑到其他类别的地盘上去。但要使用参数来权衡两端，一个是要保持最大边缘的分离，另一个要使这种破例不能太离谱。这种参数就是对错误分类的惩罚程度 C。

核函数（kernel function）：为了解决完美分离的问题，SVM 还提出一种思路，就是将原始数据映射到高维空间中去，直觉上可以感觉高维空间中的数据变得稀疏，有利于"分清敌我"。那么映射的方法就是使用"核函数"。如果这种"核技术"选择得当，高维空间中的数据就变得容易线性分离了。而且可以证明，总是存在一种核函数能将数据集映射成可分离的高维数据。但是映射到高维空间中并非是有百利而无一害的，维数过高的害处就是会出现过度拟合。

所以选择合适的核函数以及软边缘参数 C 就是训练 SVM 的重要因素。一般来讲，核函数越复杂，模型越偏向于拟合过度。在参数 C 方面，它可以看作是 LASSO 算法中的 lambda 的倒数，C 越大模型越偏向于拟合过度，反之则拟合不足。实践中仍然是使用我们常用的交叉检验来确定参数。

常用的核函数有如下种类：

Linear: 线性核函数，使用它的话就称为线性向量机，效果基本等价于 Logistic
回归。但它可以处理变量极多的情况，例如文本挖掘。

polynomial: 多项式核函数，适用于图像处理问题。

Radial basis: 高斯核函数，最流行易用的选择。参数包括了 sigma，其值若设置过小，会有过度拟合出现，但这个参数也可以自动计算出最优值。

sigmoid: 反曲核函数，多用于神经网络的激活函数。

R 语言中可以用 e1071 包中的 svm 函数建模，而另一个 kernlab 包中则包括了更多的核方法函数，我们主要使用其中的 ksvm 函数，来说明参数 C 的作用和核函数的选择。

我们使用人为构造的一个线性不可分的数据集 LMdata 作为例子，该数据包含在 rinds 包中，专门用来测试 SVM 的算法。首先使用线性核函数来建模，其参数 C 取值为 0.1：

```
data(LMdata, package = "rinds")
library(kernlab)
model1 <- ksvm(y~., data = LMdata$SVM,
    kernel = "vanilladot", C = 0.1)
```

然后我们用图形来观察建模结果，图8.13是根据线性 SVM 得到各样本的判别值等高线图（判别值 decision value 相当于 Logistic 回归中的 X，X 取 0 时为决策边界）。可以清楚地看到决策边界为线性，中间的决策边缘显示为白色区域，有相当多的样本落入此区域。

```
plot(model1, data = LMdata$SVM)
```

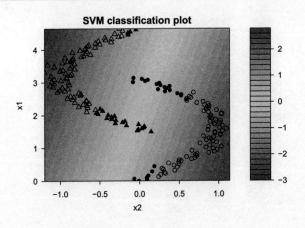

图 8.13 SVM 分类图，C=0.1

下面为了更好的拟合，我们加大了 C 的取值，这样如图8.14所示。可以预料到，当加大 C 参数后决策边缘缩窄，也使误差减少，但仍有个别样本未被正确地分类。

```
model2 <- ksvm(y~., data = LMdata$SVM,kernel="vanilladot",C=10)
plot(model2, data = LMdata$SVM)
```

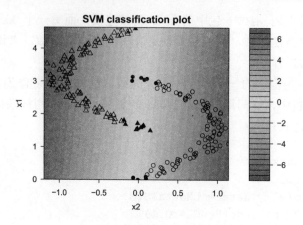

图 8.14   SVM 分类图, C=10

然后我们换用高斯核函数，这样得到了非线性决策边界。所有的样本都得到了正确的分类。结果如图8.15所示。

```
model3 <- ksvm(y~.,data=LMdata$SVM,kernel='rbfdot',C=1)
plot(model3,data=LMdata$SVM)
```

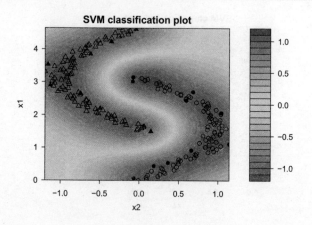

图 8.15   SVM 分类图, 高斯核函数

在实际的应用中，为了寻找最优参数我们用 caret 包来配合建模，如同前文介绍的那样，我们仍然使用多重交叉检验来评价模型，最终通过图形来展示参数与准确率之间的关系：

```
library(caret)
fitControl <- trainControl(method = "repeatedcv",
                number = 10, repeats = 3)
tunedf <- data.frame(.C=seq(0,1,length=11))
svmmodel <- train(class~., data = procdata,
                method="svmRadialCost", trControl = fitControl,
                tuneGrid = tunedf)
plot(svmmodel)
```

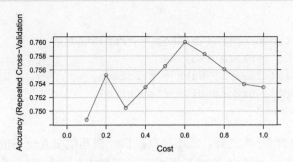

图 8.16 SVM 参数与准确率

由图8.16可见，在 C 参数取值为 0.4 时，模型得到最佳准确率。

SVM 的特点在于它可以发现全局最优解，这不同于决策树或神经网络模型。它可以用参数来控制过度拟合问题，并通过选择核函数来处理不同的问题。当数据变量较多时，可以先尝试用线性核，例如在生物信息和文本挖掘方面。当变量较少时，可以考虑优先使用高斯核。

8.3.6 集成学习与随机森林

之前我们谈到的都是使用单个模型的训练和预测，能否将单个模型组合起来构成更为强大的预测系统呢？这正是近年来出现的**集成学习**（ensemble learning）的思路。集成学习是试图通过连续调用单个学习算法，获得不同的模型，然后根据规则组合这些模型来解决同一个问题，可以显著地提高学习系统的泛化能力。组合多个模型预测结果主要采用加权平均或投票的方法。在这里我们介绍最常用的集成学习算法——**随机森林**。

随机森林（Random Forest）是传统决策树方法的扩展，将多个决策树进行组合来提高预测精度。随机森林利用分类回归树作为其基本组成单元，也可称之为**基学习器**或是子模型。

随机森林计算步骤是，从原始训练样本中随机有放回地抽出 N 个样本；从解释变量中随机抽出 M 个变量；依据上述得到的子集实施 CART 方法（无需剪枝），从而形成一个单独的决策树；重复上面步骤 X 次，就构建了有 X 棵树的随机森林模型。在对新数据进行预测分类时，由 X 棵树分别预测，以投票方式综合最终结果。

　　R 语言中的 **randomForest** 包可以实施随机森林算法，其重要参数有两个，一个是 mtry，表示在抽取变量时的抽取数目 M。另一个是迭代次数，即森林中决策树的数目 ntree，一般缺省的 mtry 是全部变量数的开方数，ntree 是 500。从下面的结果看到参数 mtry 的最佳值是 6。

```
library(caret)
fitControl <- trainControl(method = "repeatedcv",
    number = 10, repeats = 3)
rfmodel <- train(class~., data = procdata,
    method = "rf", trControl = fitControl,
    tuneLength = 5)
```

　　除了能用于回归分类之外，它还可以提供一些其他很有价值的功能。例如判断变量的重要程度。由于决策树是根据不同变量来分割数据，所以一棵树中能进行正确划分的变量就是最重要的变量。随机森林可以根据置换划分变量对分类误差的影响，来判断哪些变量是比较重要的。这个功能非常实用，特别在处理变量极多的数据集时，可以用它来作为变量选择的过滤器，然后再使用其他分类方法。**randomForest** 包中的 **importance** 函数能返回各变量的重要程度，**varImpplot** 函数可以用图形方式加以展现。**partialPlot** 函数则能呈现变量的偏效应。**rfcv** 函数用来得到最优的的变量数目。

```
varImpPlot(rfmodel$finalModel)
```

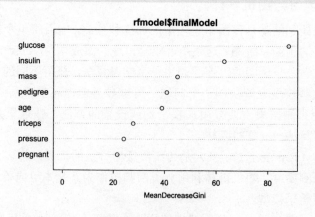

图 8.17　变量的重要程度

```
partialPlot(rfmodel$finalModel, procdata[, -9],
            "mass", which.class = "pos")
```

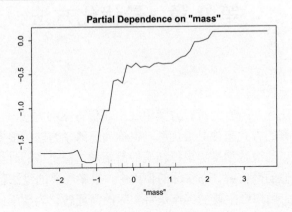

图 8.18 变量的偏效应

从图8.17和8.18可以观察到，glucose 是影响糖尿病发生最重要的变量，而随着体重 mass 增加，患病风险也在增加。

随机森林的特点是准确率很高、不会形成过拟合；速度快，能够处理大量数据，方便并行化处理；能处理很高维度的数据，不用做特征选择。

本章总结

机器学习的各类算法固然非常重要。但在数据科学的应用中，不只需要构建精妙的模型算法，更重要的是对问题的理解和数据的准备工作。我们要尽可能地借助于专业背景知识来帮助构造数据特征。在高维数据情况下，要采用多种方法来筛选变量，这样可以提高模型效果，减少计算资源的消耗。建模中避免过度拟合的重要手段是保留数据，例如多重交叉检验。建模时不能只依赖一种技术，因为没有一种算法能够通吃所有的数据。对同一个问题，至少要尝试一种黑盒模型和一种白盒模型。

第 9 章　最优化方法

最优化方法是在所有的可行方案中找出最优方案的方法，作为一个学科，专指通过数学计算的方式来搜寻最优解，也称为**运筹学方法**。很多时候，根据模型的数学公式可以通过数学推导求得精确的解析解，但更多的时候，只能通过一些算法来求得近似的数值解。在实际的使用中，很多经典的算法都被一些软件或者运算库实现了，用户最主要的工作是将实际的问题转化为数学问题，然后建立最优化模型，并调用基本的算法进行求解。

最优化方法严格来说并不是数据分析的方法，因为它不是从历史数据中发现规律和建立模型。但最优化方法是数据科学中不可或缺的重要方法。很多统计模型的求解和机器学习算法的实现都需要使用它。

很多和数据打交道的人在自己的工作环境中并不会去刻意区分统计方法与最优化方法，因为两者的工作流程并没有很大的区别，都是根据实际问题抽象出数学模型，然后根据数据和问题来建模，并使用软件求解。可能在软件的算法实现层面差别很大，但是用户一般不会直接接触到算法的具体实现。

R 是一个统计分析的环境，最优化方法并不是其擅长的领域。但是很多统计方法在估计和求解的过程中都需要用到大量的优化算法，因此 R 环境中自带了一些优化求解的函数，比如 optim 和 constrOptim 。这些优化函数只能解决一定程度的优化问题，并不像很多专业的最优化工具那样包含很多强大的最优化方法。此外需要注意的是，由于 R 是开源工具，对于很多优化的算法并没有一些商业软件实现得那么好，也没有基于商业的运算库，因此在优化求解的精度和效率方面常常比不上一些商业的软件。

但是，R 有一个最好的特点是其开放性，因此我们可以借助很多第三方 R 包甚至其他的开源项目来实现各类的优化问题，从而在最优化这个 R 并不擅长的领域实现与商业软件相匹敌的效果。此外，对于一些更复杂的问题，常常需要使用一些随机算法，R 的优势就能更好地体现出来了，因为 R 天然就具备非常强大的处理随机数的能力。

在本章后面的内容中，我们会介绍几种常见的优化问题并重点介绍在 R 中的实现方式。

9.1 无约束非线性规划

很多最优化教材的第一章都是线性规划，实际上最常见最广泛存在的优化问题是无约束的**非线性规划**问题。无论是数学模型还是 R 语言，最基础的描述问题的方式都是函数，函数可以是任意形式，统称为非线性函数[1]，对于这些函数求最小值[2]是普遍存在的问题。

比如我们使用最小二乘法估计回归系数的时候，要求残差的平方和最小，假设是二元回归，用数学形式来表示就是：

$$\min \quad z = \sum_{i=1}^{n}(y_i - (\alpha + \beta_1 * x_{1i} + \beta_2 * x_{2i}))^2 \quad . \tag{9.1.1}$$

这就是一个标准的无约束的非线性规划问题，$\min$ 表示优化的方向是求最小值，z 称为优化的**目标函数**，该函数包含 α、β_1 和 β_2 这三个变量。该问题并不包含约束条件，说明 α、β_1 和 β_2 可以取任意实数值。实际上，当我们对这个问题求得最优解时的 α、β_1 和 β_2 的值就是我们需要的回归系数的估计值。

我们知道，无约束问题 $\min_{x \in \mathbf{R}^n} f(x)$ 的最优解必定是 $f(x)$ 的局部极小点，而若 $f(x)(x \in \mathbf{R}^n)$ 在点 $x^{(0)}$ 处可微，且 $x^{(0)}$ 为局部极小点，则必有梯度 $\nabla f(x^{(0)}) = 0$[1]。

所以求极值的问题往往会转化成求解梯度函数等于 0 的方程组的问题，对于线性回归最小二乘的例子，可以很容易地求出方程的解，但是对于很多较复杂的函数，很难精确地求出解析解，那么我们就需要使用数值计算的方法来求极值，最常见的是迭代法。我们从一个初始点出发，沿着某个方向搜索，得到新的函数值，然后在新的点上确定新的搜索方向，继续搜索新的点。如果目标函数的值在不断减小，这样的算法就称为下降算法；如果目标函数的值会收敛，就说明我们可以找到极值。我们介绍的优化算法其实都是基于这样的思路，通过数值计算的方式来找到极值的。

基于某个点的搜索，如果搜索的方向确定，那么寻找下一个点的问题就变成了一维搜索的问题。这个问题非常简单，平时最常见的就是查字典的方式，假如我们要查某个字，先随意翻到某个中间的页码，然后确定该字是在字典的前半部分还是后半部分，然后在确定的范围内继续翻到某页，直到查出这个字。在算法的设计中，常用的有平分法和黄金分割法。在 R 的函数中，`optimize` 可以进行一维搜索，例如：

---

[1]无约束的线性函数没有优化的必要。

[2]也可以是最大值，但是我们可以将其添加一个负号转为求最小值。

```
f <- function (x, y, z) (x - y + z)^2
optimize(f, c(-1, 1), tol = 0.0001, y = 1, z = 3)

## $minimum
## [1] -0.9999516
##
## $objective
## [1] 1.000097
```

对于一个三变量的函数，当我们确定了 y 和 z 的值后，其实也是确定了 x 的搜索方向，调用 optimize 函数可以搜索到该函数在某个区间上的解。其中 minimum 表示 x 的最优解，objective 表示目标函数的最小值。我们注意到，虽然该函数很容易求得一个精确解，但是 R 计算的结果仍然是一个带有很多小数点的数值解，说明其使用的是数值计算的算法。tol 参数表示容忍度，代表一个充分小的数量，作为优化搜索的终止条件。

对于凸函数来说，局部极小值就是全局极小值，这样的情况并不是很常见，很多时候目标函数都是非凸函数，这样一旦初始点附近的极值不是全局极小值，就会为搜索带来困来，也很考验各种算法。我们拿著名的 Rosenbrock 香蕉函数举例，函数形式如式(9.1.2)所示：

$$f(x_1, x_2) = (1 - x_1)^2 + 100(x_2 - x_1^2)^2 \quad . \tag{9.1.2}$$

我们在 R 中可以使用 persp [3] 函数做出该函数的三维图，如图9.1所示。

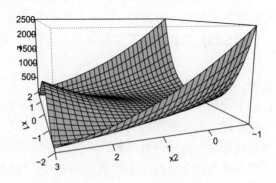

图 9.1　Rosenbrock 香蕉函数

---

[3]该函数的详细用法请通过 ?persp 命令查看其帮助文档。

该函数绘制出的曲面并不规则，很明显不是凸函数，沿着不同的起始点可以找到不同的极值，我们通过函数的数学形式可以很容易地找到全局最小值位于点 $(x_1 = 1, \quad x_2 = 1)$，此时这个非负函数取值为 0。在图中可以看出，最小值的点附近的区域像是一个香蕉型的山谷，因此得名为香蕉函数。在山谷中函数值的变化并不大，因此不容易搜索到全局最小值，这个函数也成了用来测试优化算法的一个非常常用的函数。

我们使用 R 中自带的 optim 函数来进行规划求解。在 R 中 s 定义目标函数的方式与一般的函数略有不同：

```
obj.rosenbrock <- function(x) {
    x1 <- x[1]
    x2 <- x[2]
    100 * (x2 - x1 * x1)^2 + (1 - x1)^2
}
```

对于这种有多个自变量的函数，传入一个参数 x，每个自变量用向量 x 的分量来表示，从而定义出目标函数。需要注意的是，这种定义目标函数的方式是 R 的 optim 函数习惯的方式，但是似乎成了 R 中第三方优化包的约定俗成的通用形式。当然，也有一些优化包采用其他的方式来定义函数，需要通过阅读文档来了解。

在很多优化算法中，需要用到函数的梯度。由于 R 是一个统计计算环境而不是数学工具包，所以符号运算的能力很弱，在一些优化的步骤中，都是采用近似的方法来计算梯度，如果能够显式地传入梯度函数的形式，那么对于计算将会产生很大的便利。在 optim 函数中也通过 gr 参数来接纳目标函数的梯度函数，默认为 NULL，表示 R 来自行计算近似值。对于本例中的二元函数，我们可以很容易地通过微分来得到其梯度：

```
gr.rosenbrock <- function(x) {
    x1 <- x[1]
    x2 <- x[2]
    c(-400 * x1 * (x2 - x1 * x1) - 2 * (1 - x1),
      200 *       (x2 - x1 * x1))
}
```

函数的定义方式与目标函数的习惯完全一样，需要注意的是，对于多元函数，需要用向量的形式来输出各个变量上的梯度。

我们以图中的高点 $(x_1 = 0, \quad x_2 = 3)$ 作为初始点，其他的参数采用默认设置，包括梯度函数也是默认不输入。

```
optim(par = c(0, 3), fn = obj.rosenbrock)

## $par
## [1] 1.000300 1.000562
##
## $value
## [1] 2.301092e-07
##
## $counts
## function gradient
##       83      NA
##
## $convergence
## [1] 0
##
## $message
## NULL
```

我们可以发现，结果中的 value 元素代表了最终的目标函数的值，接近于 0，说明找到了最优解。par 元素表示最优解的取值，与我们预想的最优点 ($x_1 = 1$, $x_2 = 1$) 是一致的。counts 代表了调用目标函数和梯度函数的数目，可以认为是迭代数目，我们可以发现通过 83 次迭代就找到了最优值，由于我们并没有传入梯度函数，因此其调用数目为 NA。convergence 是收敛的代码，具体的含义如下：

0: 表示成功地完成了优化任务。

1: 表示达到迭代的上限而退出，关于迭代上限会在 control 参数的 maxit 元素进行说明。

10: 表示退化（退化表示单纯型无法继续移动）的单纯型。

51: 专指当优化算法为 L-BFGS-B 的时候输出警告信息。

52: 专指当优化算法为 L-BFGS-B 的时候输出错误信息。

本例中 convergence 为 0，说明成功找到了最优解。在 optim 中，包含一些参数，可以调整优化求解的过程，具体的参数如下：

par: 表示各变量的初始值，通过向量传入。对于很多算法，初始值非常重要，因此在具体的优化问题中如果能找到最优解附近的初始值（比如之前的经验）传入优化函数，将能大大地增强优化的效率。如果没有合适的初始值，可以选择任意的向量传入。

fn: 目标函数，按照上例中的形式定义。

gr: 梯度函数，按照上例中的形式定义。

method: 优化方法，通过字符串的形式传入，表示优化求解的算法，这是所有优化参数中最重要的参数，因为直接决定了优化的方式，当前版本下只能选择 "Nelder-Mead"，"BFGS"，"CG"，"L-BFGS-B"，"SANN" 以及 "Brent" 中的一个。

lower: 当算法选择 "L-BFGS-B" 的时候，该函数允许传入简单的厢式约束，也就是说变量大于某个实数并且小于某个实数，该函数的 lower 表示下界，upper 表示上界，都通过向量传入。实际的规划问题中，约束条件远没有这么简单，我们将在 "第219页: 9.3 约束非线性规划" 一节中进行介绍。

upper: 同参数 lower。

control: 该参数是一个列表，包含优化中的各种设置，很多其他第三方的优化函数也遵循这样的设置方式。常见的设置元素包括最大迭代次数 maxit、绝对收敛容忍度 abstol、相对收敛容忍度 reltol 等。详情可以通过 ?optim 来得到。

hessian: 表示是否返回海塞矩阵，默认是 FALSE，但是海塞矩阵对于其他的运算还是非常重要的，比如估计参数的置信区间。

其中最重要的优化参数是 method，决定了优化过程的算法，不同的算法适用的情况会有所不同。

默认的算法是 Nelder-Mead 单纯型法，这是一个古老的方法，通过单纯型（可以简单理解成多边形）的方式来不断替换函数最差的顶点从而求得最优值。该方法并没有充分地利用函数的很多数学特征（比如梯度等），因此很多时候并不是非常有效，但是这种方法非常稳健，效率也不低，因此常常被当作默认的算法。

CG 是一种共轭梯度法，这种方法充分利用函数的梯度信息，在每一点都能找到一个最合适的方向（类似的算法是最速下降法，直接按照目标函数值最快的下降方向来搜索）来搜索，该方法的方向不一定是下降的方向，因此能避免陷入局部最优的困境。

BFGS 是一种拟牛顿法，也称为变尺度法。该算法改进了牛顿法中容易受初始点的影响的弱点，但是又不需要在每一步优化的过程中计算精确的海塞矩阵及其逆矩阵，在具备牛顿法搜索快的特性的基础上又能有效地搜索全局最优解，因此使用非常广泛，在实际的应用中，该算法是 optim 函数中使用最广的算法。L-BFGS-B 是对该方法的一个优化，能够在优化的同时增加箱型的约束条件，一定程度上增强了这些无约束非线性规划方法的功能。

SANN 是一种模拟退火的方法，与通常基于数学函数的算法不同，该算法是一种概率算法，对于各种复杂的情况，尤其是很多不可微的函数，该算法可以找到最优解，但是效率比不上其他的数学算法。

Brent 算法是一种简单的一维搜索的算法，通常是被其他函数调用，实际使用中几乎不用。

针对同样的例子，我们使用 CG 在默认的迭代次数下求解：

```
optim(par = c(0, 3), fn = obj.rosenbrock, method = "CG")

## $par
## [1] 0.7307526 0.5327399
##
## $value
## [1] 0.0723068
##
## $counts
## function gradient
##      375      101
##
## $convergence
## [1] 1
##
## $message
## NULL
```

可以发现，并没有找到最优解，我们增大迭代的次数：

```
optim(par = c(0, 3), fn = obj.rosenbrock, method = "CG",
    control = list(maxit = 500))

## $par
## [1] 0.8607793 0.7402552
##
## $value
## [1] 0.01935239
##
## $counts
## function gradient
##     1975      501
##
## $convergence
```

```
## [1] 1
##
## $message
## NULL
```

可以发现目标函数的值能够减少，进一步增加迭代的次数可以得到最优解，但是效率上比起默认的 Nelder-Mead 单纯型要差太多。如果我们使用 BFGS 算法，同时加上梯度函数的参数，可以很容易地求得最优解：

```
optim(par = c(0, 3), fn = obj.rosenbrock, gr = gr.rosenbrock,
    method = "BFGS")
```

```
## $par
## [1] 1 1
##
## $value
## [1] 1.397311e-19
##
## $counts
## function gradient
##       91       39
##
## $convergence
## [1] 0
##
## $message
## NULL
```

通过这些无约束最优化的例子，我们了解到优化求解的一般过程和通用的背景，对于这一类简单的问题，R 中自带的 optim 函数完全够用，实际上 R 中很多规划求解的算法都是调用了该函数。对于其他复杂的优化问题，我们可以借助第三方包来解决，这将在后面的内容中进行介绍。

9.2 线性规划

另一类最常见的优化问题是**线性规划**，目标函数以及约束条件都是线性函数，从而进行规划求解。由于自然界中的大量关系都是线性的，因此线性规划有着非常广泛的应用，而线性规划问题也能够通过一些算法非常高效地求得精确解，因此如果能将难题转化成线性规划的问题将会非常简便。

公式(9.2.1)是一个简单的线性规划的问题，目标函数的写法与之前介绍的无约束非线性规划问题并没有什么不同，都是对目标函数 z 求最小值，不同的只是这个函数是变量 x_1 和 x_2 的一个线性组合。此外，这个规划还具备约束条件，所有的条件以不等式组的形式写在大括号里，这也是优化问题中约束条件的一般格式。我们可以发现，在这个例子中，所有的约束问题都是线性的。

$$\min \quad z = -2x_1 - x_2 \; ;$$

$$\text{s.t.} \begin{cases} -3x_1 - 4x_2 \geq -12 \; , \\ -x_1 + 2x_2 \geq -2 \; , \\ x_1 \geq 0 \; , \\ x_2 \geq 0 \; . \end{cases} \tag{9.2.1}$$

由于这个例子中只包含两个变量，我们很自然地想到直线的方程形式，实际上也是如此，线性的约束条件对应几何空间中某条直线的一侧，而目标函数可以认为是某条直线的截距项，我们使用 R 在二维空间中作图，如图9.2所示。

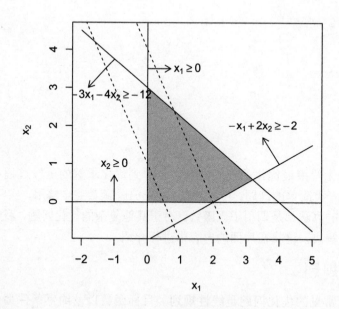

图 9.2　两变量的线性规划

图中四条直线代表四个约束条件，箭头的方向注明了约束的方向，我们可以发现这四个约束条件围出来了一个四边形，在图中用灰色区域来表示。这个区域显然是有限的，区域中的每个点都是可行解，最优解也显然存在于这个区域内。我们根据目标函数的方程来做直线，在图中用虚线表示，每条虚线都是目标函数可能经过的位置，通过(9.2.1)中目标函数的形式我们可以知道，所有这样的直线在 Y 轴的交点的值就是该目标函数的相反数，从图中可以看出，当直线经过灰色区域最右侧的顶点时截距最大，也就是说 z 的值最小。直线 $-3x_1 - 4x_2 = -12$ 和 $-x_1 + 2x_2 = -2$ 的交点就是我们要求的最优解。解方程可得该点为 $(x_1 = 3.2, \quad x_2 = 0.6)$。

实际上，这种通过多边形来逼近最优值的思路就是线性规划求解最常用的方法——单纯型法，具体的算法我们这里不作介绍，因为有现成的 R 包可以直接使用。最常用的包是 lpSolve，这个包设置模型的方式非常符合向量化的思维，与 R 的操作方式非常匹配，因此很受用户的欢迎。我们对上面的例子建模求解，如下所示：

```
library(lpSolve)
f.obj <- c(-2, -1)
f.con <- matrix (c(-3, -4, -1, 2, 1, 0, 0, 1), nrow = 4,
    byrow = TRUE)
f.dir <- c(">=", ">=", ">=", ">=")
f.rhs <- c(-12, -2, 0, 0)
res <- lp("min", f.obj, f.con, f.dir, f.rhs)
res

## Success: the objective function is -7

class(res)

## [1] "lp"

res$solution

## [1] 3.2 0.6
```

lp 函数就是用来求解线性规划的函数，上面的例子用到了其中的几个必选的参数。direction 代表优化的方向，默认是 "min"，也可以是 "max"。objective.in 是目标函数的系数，由于目标函数是线性函数，因此可以用一个向量来表示。需要注意的是，向量的长度必须等于变量的个数，如果某个变量在目标函数中并没有出现，需要用 0 来表示其系数。const.mat 是一个矩阵，代表约束条件的系数矩阵，可以按照式(9.2.1)的形式将约束条件写好，不等式左边就是变量的线性组合，每一行都包含所有的变量，没有出现的变量其相应位置的系数其实可以认为是 0，每一列就可以认为是某个变量的系数，这样就构成了一个矩阵。const.dir 表示约束的方向，就是约束条件中每个不等式的方向，用字符向量来表示，可以选择"< "，"<= "，"= "，"== "，"> "或者">= "。const.rhs 表示不等式右边的数值向量，rhs 是 right-hand sides 的缩写。

这几个参数是线性规划中必不可少的，通过这些参数就能够描述一个线性规划的问题并且使用 lp 函数求解，如上例所示。输出的结果是一个 lp 的对象，直接打印该对象时只会显示求解的状态和目标函数的值，它其实是一个列表，包含很多信息，其中最重要的是 solution，表示最优解。在本例中最优解是向量 c(3.2, 0.6)，代表 $(x_1 = 3.2, \quad x_2 = 0.6)$ 这个点，这与我们之前通过作图和解方程得到的最优解是一致的。

9.2.1 整数规划

整数规划（IP）是一类特殊的线性规划问题，简单地说，在线性规划中所有的变量都只能取整数的时候称为整数规划。整数规划虽然从理解上来说是线性规划的特例，但是求解的算法完全不同，目前应用最广的是**分支定界法**，可以理解成通过不同的条件划分来搜索最优解。

在实际的应用中，全部变量都为整数规划的情况并不是很多，常常是部分变量为整数，部分变量为实数，这样的规划问题称为**混合整数规划**（MIP），通常线性规划工具包都能求解整数规划和混合整数规划的问题。比如 lpSolve 包，参数 int.vec 可以指明为整数解的变量，需要输入一个指明了变量序号的向量。比如对于(9.2.1)的例子，我们要求 x_2 必须为整数解，那么可以通过参数来设定：

```
res <- lp("min", f.obj, f.con, f.dir, f.rhs, int.vec = c(2))
res$solution
```

```
## [1] 2.666667 1.000000
```

可以看到现在的最优解中 x_2 变成了整数。由于 x_2 被限定为整数，目标函数也没有之前的线性规划那么小了。

还有一种特殊的整数变量，称为 0-1 变量，只能取值 0 或者 1。这类变量在实际的问题中也十分常用，通常用来描述一种状态，在 lpSolve 中可以通过 binary.vec 参数来设定，用法与 int.vec 完全一样。如果所有的变量都是整数（亦即整数规划），可以通过简单地设置参数 all.int=TRUE 来实现，同理，全部为 0-1 变量也可以设置 all.bin=TRUE。

关于整数变量的规划问题，更复杂的情况是**非线性混合整数规划**（MINLP），目标函数和约束都可以是非线性函数，还允许变量取值为整数，这种复杂的情况在行业的实际应用中很常见，但是 R 中并没有直接的第三方包可以使用。不过好在 R 是一个非常开放的平台，我们可以比较容易地借助于 C 甚至 nl[4] 的接口来调用一些开源的优化器，比如 COIN-OR[5] 上的 Bonmin 项目（`https://projects.coin-or.org/Bonmin`）。

9.2.2 Rglpk 简介

`lpSolve` 是一个很便利的 R 包，可以使用 R 的习惯来定义线性规划的模型，但是很多人习惯用优化的语言来定义优化模型，比如 AMPL、CPLEX、Lindo 等商业软件都提供了自己的语法规则。在开源领域，也有一个非常强大的 GNU 的项目，称为 GLPK（GNU Linear Programming Kit），该项目专门用来求解大规模的线性规划和混合整数规划的问题，其支持一种非常类似 AMPL 的语法，最初称为 GMPL（GNU Mathematical Programming Language），是 AMPL 的一个子集，早期的 GLPK 甚至可以直接对 AMPL 格式的问题进行求解，不过现在随着 GLPK 项目的发展，这个语言也逐渐完善，现在的正式名称是 MathProg （GNU MathProg modeling language）。由于 AMPL 的语法使用非常广泛 [6]，GLPK 也有着非常广泛的用户基础。

在 R 中有一个接口包 `Rglpk` ，可以直接读取 MathProg 的语法文件 [7] 并进行规划求解，将求解的结果转化成 R 中的对象，从而实现 R 对 GLPK 的调用。安装起来非常简便，Windows 中无需事先安装 GLPK 的库，直接通过 `install.packages` 安装即可。

表9.1 是一个数独的问题，要求在空格中填上数字，使得每一行和每一列都是不重复的 1 到 9 之间的数。这样的小游戏现在很流行，非常考验人的耐心和对数字的敏感度，实际上这也是线性规划的问题，更确切地说，这是一个整数规划的问题。

我们对于第 i 行第 j 列的数设置 9 个变量来描述其状态，比如对于第 1 个变量，若为 0 则表示该位置取值为 0，若为 1 则表示该位置取值为 1。我们用 x_{ijk} 来表示第 i 行第 j 列取值为 k 的情况，这样的变量一共有 729（9 的 3 次方）个，通过这种设置变量的方式可以很容易地用数学的形式来描述每一行没有重复数字、每一列没有重复数字这样的约束条件，对于这个问题，没有目标函数，因为我们只需要求可行解。对于这样复杂的优化问题，在 R 中通过矩阵的方式来定义模型并不是很方便，因此借助 MathProg 的语法就是最好的选择，

---

[4]一种比较底层的优化语言形式。
[5]这是一个很好的开源优化器的开发站点，包含很多很好的优化器项目，网址是 `https://projects.coin-or.org/`。
[6]很多开源的优化器只提供原生的 C 接口和 AMPL 的语言接口。
[7]也能读取 CPLEX 的线性规划问题，详见 `Rglpk_read_file` 函数的帮助文档。

表 **9.1**　数独问题

5	3			7				
6			1	9	5			
	9	8					6	
8				6				3
4			8		3			1
7				2				6
	6					2	8	
			4	1	9			5
				8			7	9

本例的优化代码放在 **rinds** 包的 sudoku.mod 文件中。我们使用 **Rglpk** 包中的 **Rglpk_read_file** 函数将文件形式的 MathProg 模型读入成 R 中的对象，然后利用 **Rglpk_solve_LP** 函数来求解：

```r
library(Rglpk)
mod.file <- system.file("examples", "optimization", "sudoku.mod",
    package = "rinds")
mod <- Rglpk_read_file(mod.file, type = "MathProg")
class(mod)

## [1] "MP_data_from_file" "MILP"

res <- Rglpk_solve_LP(obj = mod$objective,
    mat = mod$constraints[[1]], dir = mod$constraints[[2]],
    rhs = mod$constraints[[3]], bounds = mod$bounds,
    types = mod$types, max = mod$maximum)
```

这个结果中包含一个比较大的矩阵，我们列出其中的前 100 个元素：

```r
sapply(res, head, n = 100)

## $optimum
## [1] 0
##
## $solution
##  [1] 0 0 0 0 1 0 0 0 0 0 0 1 0 0 0 0 0 0 0 0 0 0 0 0 1 0 0
## [28] 0 0 0 0 0 1 0 0 0 1 0 0 0 0 0 0 0 0 0 0 0 0 0 0 1
```

```
## [55] 0 0 0 0 1 0 0 0 0 0 0 0 0 0 0 0 0 0 1 0 0 0 0 0 0 0 1 0
## [82] 0 0 0 0 0 1 0 0 0 0 0 0 0 0 0 0 0 1 0 0
##
## $status
## [1] 0
```

其中 `Rglpk_solve_LP` 函数中的参数与 `lpSolve` 包中的 `lp` 函数非常类似，这也是 R 中线性规划问题的通用描述方法。

最后的结果是这 729 个变量的解，需要注意的是，我们定义变量的顺序是先按照数独中已存在数据的顺序定义，然后按照空格的顺序，先是每一行内从左到右，然后是行与行之间从上到下。我们在 `rinds` 中提供了 `extractSudoku` 可以对优化的结果进行简单的处理，从而得到这个数独问题的解：

```
library(rinds)
extractSudoku(res$solution)
##      [,1] [,2] [,3] [,4] [,5] [,6] [,7] [,8] [,9]
## [1,]    5    3    4    6    7    8    9    1    2
## [2,]    6    7    2    1    9    5    3    4    8
## [3,]    1    9    8    3    4    2    5    6    7
## [4,]    8    5    9    7    6    1    4    2    3
## [5,]    4    2    6    8    5    3    7    9    1
## [6,]    7    1    3    9    2    4    8    5    6
## [7,]    9    6    1    5    3    7    2    8    4
## [8,]    2    8    7    4    1    9    6    3    5
## [9,]    3    4    5    2    8    6    1    7    9
```

9.3 约束非线性规划

通过对无约束非线性规划和线性规划的介绍，我们可以知道，最一般的规划问题应该是带有**约束条件**的非线性规划问题。这也是一个相对比较复杂的问题，有很多算法可以用来处理这样的问题。R 中也有一个内置的 `constrOptim` 函数专门求解约束的非线性规划。假设对于问题(9.1.2)，我们加上(9.2.1)中的约束条件：

$$\min \quad z = (1 - x_1)^2 + 100(x_2 - x_1^2)^2 \quad ;$$

$$\text{s.t.} \quad \begin{cases} -3x_1 - 4x_2 \geq -12 \ , \\ -x_1 + 2x_2 \geq -2 \ , \\ x_1 \geq 0 \ , \\ x_2 \geq 0 \ . \end{cases} \tag{9.3.1}$$

利用 R 中自带的 constrOptim 进行求解:

```
obj.rosenbrock <- function(x) {
    x1 <- x[1]
    x2 <- x[2]
    100 * (x2 - x1 * x1)^2 + (1 - x1)^2
}
gr.rosenbrock <- function(x) {
    x1 <- x[1]
    x2 <- x[2]
    c(-400 * x1 * (x2 - x1 * x1) - 2 * (1 - x1),
        200 *      (x2 - x1 * x1))
}
constrOptim(theta = c(2, 1), f = obj.rosenbrock,
    grad = gr.rosenbrock, ui = rbind(c(-3, -4),
        c(-1, 2), c(1, 0), c(0, 1)),
        ci = c(-12,-2, 0, 0))

## $par
## [1] 1.000000 1.000001
##
## $value
## [1] 1.072954e-13
##
## $counts
## function gradient
##       86       30
##
## $convergence
## [1] 0
##
## $message
## NULL
```

```
##
## $outer.iterations
## [1] 4
##
## $barrier.value
## [1] -0.001534302
```

  constrOptim 函数的参数与 optim 有所不同，f 用来表示目标函数，相当于 optim 中的 fn 参数，grad 用来表示梯度函数，相当于 optim 中的 gr 参数，theta 用来表示初始值，相当于 optim 中的 par 参数。此外，constrOptim 还多了参数 ui 和 ci，用来表示线性约束条件，与 lp 函数中的 mat, dir 和 rhs 这几个参数的用法类似，ui 表示不等式左边的系数矩阵，ci 表示不等式右边的数值向量。但是需要注意的是，在 constrOptim 中所有的不等式都默认是 ">= "，如果是其他的符号需要进行方向的变换（如果是等号相当于写两个不等式，分别是 ">= " 和 "<= "）。

  最终的解的形式与 optim 的结果一致，因为 constrOptim 实际上是调用了 optim 函数，只是通过增加惩罚项的方式来求解带约束的非线性优化问题，其中 mu 参数代表惩罚因子。

  我们注意到，constrOptim 函数只能求解约束条件是线性的情况。当约束条件为非线性时，比如(9.3.2)描述的问题。R 中没有原生的函数可以使用，需要借助于第三方包。

$$\min \quad z = (1 - x_1)^2 + 100(x_2 - x_1^2)^2 \quad;$$

$$\text{s.t.} \quad \begin{cases} x_1^2 + x_2^2 \leq 4 \quad, \\ x_1/x_2 \geq 2 \quad. \end{cases} \tag{9.3.2}$$

  最常用的包是 alabama ，其中的 constrOptim.nl 函数与 constrOptim 函数的用法很接近，其目标函数、梯度函数、初始值的参数与用法和 optim 函数完全一样，通过 hin 参数来设置不等式的约束，需要将所有的不等式条件都转化成 ">=0 " 的形式[8]。这样一来所有不等式的左边都是一个非线性函数（或者线性函数），用定义梯度函数相似的方式来定义该函数，最后输出一个包含多个函数的向量。我们针对(9.3.2)的例子在 R 中求解：

```
library(alabama)
hin.rosenbrock <- function(x) {
```

---

[8]如果是等式约束，使用 heq 参数，详见 constrOptim.nl 的帮助文档。

```
   x1 <- x[1]
   x2 <- x[2]
   c(-x1^2 - x2^2 + 4, x1 / x2 -2)
}
constrOptim.nl(par=c(1,0.3), fn=obj.rosenbrock,
    gr=gr.rosenbrock, hin=hin.rosenbrock)
```

```
## Min(hin):  1.333333
## par:  1 0.3
## fval:  49
## Min(hin):  0.09388517
## par:  0.4958718 0.236819
## fval:  0.2623714
## Min(hin):  0.005903304
## par:  0.5155279 0.2570053
## fval:  0.2423934
## Min(hin):  0.0003187378
## par:  0.5173343 0.2586259
## fval:  0.2410821
## Min(hin):  1.724288e-05
## par:  0.5174328 0.2587142
## fval:  0.2410117
## Min(hin):  8.652413e-07
## par:  0.5174318 0.2587158
## fval:  0.2410079
## Min(hin):  1.198875e-07
## par:  0.5174335 0.2587167
## fval:  0.2410077
## Min(hin):  1.678643e-08
## par:  0.5174365 0.2587183
## fval:  0.2410077
## $par
## [1] 0.5174369 0.2587185
##
## $value
## [1] 0.2410077
##
## $counts
## function gradient
##      365       56
##
```

```
## $convergence
## [1] 0
##
## $message
## NULL
##
## $outer.iterations
## [1] 8
##
## $barrier.value
## [1] -0.07239476
```

最后的输出形式与 `optim` 函数的结果一致。本例中的最优解是点 ($x_1 = 0.5174, \quad x_2 = 0.2587$)。

alabama 包目前已经停止更新，因为有一个 Rsolnp 包使用了同样的增广拉格朗日算法来求解约束非线性规划问题，运算的效率要更高。该包包含一个 `solnp` 函数，与 `constrOptim.nl` 的用法相似，使用 pars 参数来表示初始值的向量，使用 fun 参数来表示目标函数，无须输入梯度函数，用 ineqfun 参数来定义不等式 [9]，与 alabama 中 hin 函数的定义方式相同，但是不同的是，solnp 函数还要求输入约束条件不等式的上下界，用向量来表示，ineqLB 表示下界，ineqUB 表示上界，如果没有界限的话可以用 Inf 来代替，下面是使用 Rsolnp 来求解(9.3.2)问题的例子：

```
library(Rsolnp)
solnp(pars=c(1,0.3), fun=obj.rosenbrock,
    ineqfun = hin.rosenbrock, ineqLB = c(0, 0),
    ineqUB = c(Inf, Inf))

##
## Iter: 1 fn: 0.2211  Pars:  0.54054 0.28216
## Iter: 2 fn: 0.2429  Pars:  0.51578 0.25682
## Iter: 3 fn: 0.2410  Pars:  0.51743 0.25870
## Iter: 4 fn: 0.2410  Pars:  0.51744 0.25872
## Iter: 5 fn: 0.2410  Pars:  0.51744 0.25872
## solnp--> Completed in 5 iterations
## $pars
## [1] 0.5174358 0.2587179
##
```

---

[9] 如果是等式约束，使用 eqfun 参数，详见 **solnp** 的帮助文档。

```
## $convergence
## [1] 0
##
## $values
## [1] 49.0000000  0.2211492  0.2429457  0.2410218
## [5]  0.2410077  0.2410077
##
## $lagrange
##               [,1]
## [1,] -2.555494e-12
## [2,]  2.334118e-01
##
## $hessian
##                [,1]          [,2]         [,3]
## [1,]  0.1858170316 -0.0001203349   0.19058572
## [2,] -0.0001203349  0.0073573758  -0.02944151
## [3,]  0.1905857236 -0.0294415054  241.24004002
## [4,]  0.0979807911  0.0579361830 -230.52619398
##                [,4]
## [1,]   0.09798079
## [2,]   0.05793618
## [3,] -230.52619398
## [4,]  220.86366922
##
## $ineqx0
## [1] 3.665325e+00 1.081787e-08
##
## $nfuneval
## [1] 267
##
## $outer.iter
## [1] 5
##
## $elapsed
## Time difference of 0.09695125 secs
##
## $vscale
## [1] 1 1 1 1 1
```

最终的结果与 `constrOptim.nl` 的一致。如果计算量很大的话，会发现 `solnp` 在效率上更有优势，而且支持并行运算。但在实际的使用中，`alabama` 有时会更稳健，因此在当前的情况下，建议同时使用 `alabama` 和 `Rsolnp` 包。

9.4 遗传算法

对于问题(9.1.2)，我们加上非线性的约束后变成了问题(9.3.1)，可以使用约束非线性规划的方法求解。但是如果我们对其加上整数约束，如(9.4.1)所示，之前介绍的方法都不能使用了，因为这几个约束非线性规划的 R 函数都不能设置整数的约束。

$$\min \quad z = (1 - x_1)^2 + 100(x_2 - x_1^2)^2 \quad ;$$
$$\text{s.t.} \quad \begin{cases} 100 \geq x_1 \geq 0 \quad , \\ 100 \geq x_2 \geq 0 \quad , \\ x_1, x_2 \in \mathbb{Z}. \end{cases} \tag{9.4.1}$$

我们可以借助其他的开源优化工具来求解这样的问题。但是在现实的应用中，经常会遇到这样不容易用手头能简单得到的工具进行求解的问题，此时，我们通常会考虑一些智能优化算法，或者称为启发式算法，比如**遗传算法**。

遗传算法完全依据进化论，模拟了一套生物种群从诞生到不断进化的过程，与生物的进化规律相似，遗传算法也常常能通过模拟生物种群的更新换代来求得最优解。我们直接通过例子来介绍这种优化求解的机制。

在本例中，x_1 和 x_2 都可以取值 0 到 100 的整数，各有 101 种可能，如果直接从所有的可行解中搜索，计算量非常巨大。我们构造一个物种的基因来使用遗传算法解决这个问题。一般来说，遗传算法都需要设计基因交换，因此使用 0-1 数值来代表基因的元素是最简单的方式。在这个例子中，我们使用 `rinds` 包中提供的函数可以将整数转换成二进制，比如最大值 100 转成二进制后变成了 7 位：

```
int2bin(100)
```

```
## [1] "1100100"
```

因此我们使用一个长度为 14 的二进制编码来描述这个问题的解，前 7 位字符表示的整数代表 x_1 的解，后 7 位字符表示的整数代表 x_2 的解。下面使用随机抽样的方式来产生某个生物个体：

```
set.seed(111)
ind0 <- sample(0:1, size = 14, replace = TRUE)
ind0

##  [1] 1 1 0 1 0 0 0 1 0 0 1 1 0 0

bin2int(paste(ind0[1:7], collapse = ""))

## [1] 104

bin2int(paste(ind0[8:14], collapse = ""))

## [1] 76
```

这个生物个体代表的含义是 $x_1 = 104$，$x_2 = 76$。我们知道 x_1 不在可行解的范围内。针对这样的问题，我们需要设置函数来判断该个体是否属于可行解以及其对应的目标函数的值是多少，我们分别定义函数 `gene.feasible` 和 `gene.obj` 来处理：

```
gene.feasible <- function(indvec) {
     x1 <- bin2int(paste(indvec[1:7], collapse = ""))
     x2 <- bin2int(paste(indvec[8:14], collapse = ""))
     return((x1 %in% 0:100) & (x2 %in% 0:100))
}

gene.obj <- function(indvec) {
     x1 <- bin2int(paste(indvec[1:7], collapse = ""))
     x2 <- bin2int(paste(indvec[8:14], collapse = ""))
     res <- 100 * (x2 - x1 * x1)^2 + (1 - x1)^2
     return(res)
}

gene.feasible(ind0)

## [1] FALSE

gene.obj(ind0)

## [1] 11534770609
```

我们可以认为每个向量代表着一个新出生的个体，其是否在可行解范围内可以代表该个体是否能存活，目标函数的值可以认为是某个衡量生物体竞争力的指标，该指标越低越好，其值越小代表该个体越优秀，应该在繁衍后代中具备一定的优势。

首先我们模拟 1000 个该物种的个体，删除重复基因的个体，然后选择其中存活的个体。为了体现整个漫长的进化过程，我们选择比较少的个体数目，从中抽样出 100 个作为初始种群：

```
set.seed(123)
indlist0 <- lapply(1:1000, FUN = function(X)
    sample(0:1, size = 14, replace = TRUE))
indlist0 <- unique(indlist0)
indlist0 <- indlist0[sapply(indlist0, gene.feasible)]
indlist0 <- indlist0[sample(seq_along(indlist0), 100)]
sort(sapply(indlist0, gene.obj))[1:5]

## [1]    125  6449  8100  8116 22525
```

观察后发现初始种群中最优的五个种群的值差别很大，除了第一个以外，其他的值都很大，说明初始种群的基因质量不是很高。

构造好初始种群之后，接着就是最重要的环节，实现繁殖的过程。首先要制定关于繁殖权的规则，一般来说，自然界都是越优秀的个体具有更多的繁殖机会，通常使用轮盘法来决定。在自然界中，可以对每个性别中最优秀的个体赋予最大的繁殖概率，在本例中为了简化过程，暂不考虑性别的差异，也就是说允许同性繁殖，实际上这是违反自然界规律的。

根据轮盘法决定的繁殖概率，可以选择有资格繁殖的一对个体，然后随机选择需要交换的染色体，交换之后可以产生两个新的子代，我们假设每次繁殖只有一胎，选择最优的那个作为后代。同时我们假设种群的数目是不变的，也就是说每当一个新的子代产生，需要有一个老的个体被淘汰。我们可以在上一代的个体中选择最弱的那个，与新生儿相比，谁弱淘汰谁，这样就保证了种群数目的稳定。

基于以上的假设，我们在 R 中定义函数来描述繁殖的过程：

```
gene.reproduce <- function(indlist) {
    # 根据目标函数构造轮盘的概率:
    pop.val <- sapply(indlist, gene.obj)
    pop.prob <- 1 / (pop.val - min(pop.val) + 1)^0.2
    pop.prob <- pop.prob / sum(pop.prob)
    # 抽样选出进入繁殖阶段的两个亲代:
    pop.idx <- sample(seq_along(indlist), 2,
        prob = pop.prob)
```

```
# 抽样选出交换的染色体的位置:
ind.gene.len <- sample(1:13, 1)
ind.gene.idx <- sample(1:14, ind.gene.len)
# 染色体交换:
new1 <- indlist[[pop.idx[1]]]
new2 <- indlist[[pop.idx[2]]]
new1[ind.gene.idx] <- indlist[[pop.idx[2]]][ind.gene.idx]
new2[ind.gene.idx] <- indlist[[pop.idx[1]]][ind.gene.idx]
ind.new <- new1
# 选择存活的子代:
if (gene.obj(new2) < gene.obj(new1)) ind.new <- new2
# 淘汰最弱的老一代个体:
ind.old.idx <- which.min(pop.prob)
if (gene.obj(ind.new) < gene.obj(indlist[[ind.old.idx]]))
    indlist[[ind.old.idx]] <- ind.new
return(indlist)
}
```

我们根据这些定义的函数来模拟一个生物种群的进化过程，假设经过了 200 次的繁殖:

```
set.seed(123)
tmp.list <- indlist0
for (i in 1:200) {
    tmp.list <- gene.reproduce(tmp.list)
}
sort(sapply(tmp.list, gene.obj))[1:5]

## [1] 100 100 100 100 100
```

我们可以发现前五位的最优值都是相同的 1，这个值已经足够小了，我们可以得到此时 x_1 和 x_2 的解:

```
ind1 <- tmp.list[[which.min(sapply(tmp.list, gene.obj))]]
bin2int(paste(ind1[1:7], collapse = ""))

## [1] 1

bin2int(paste(ind1[8:14], collapse = ""))

## [1] 2
```

如果继续迭代，我们有可能会得到效果更好的解。但更大的可能会是全部陷入到局部最优，导致大部分的基因都会重复，整个物种失去了进化的活力，表现在目标函数上就是几乎所有的目标函数值都停止在一个比较小的值，再也不能继续优化了。在自然界中，很有可能是近亲繁殖造成的，在我们的例子中的初始种群只有 100 个个体，确实有可能遇到这样的问题。

一般来说，解决近亲繁殖的办法要靠基因突变，我们在遗传算法中引入基因突变的机制。对于整个种群设置一个基因突变的概率，如果进行了突变，则随机抽取一个位置的染色体，自动变为其补集。我们定义一个 `gene.mutate` 函数来描述基因突变：

```
gene.mutate <- function(indlist, p = 0.02) {
    # 选择基因突变的个体:
    ind.mut <- rbinom(length(indlist), 1, p)
    ind.idx <- which(ind.mut > 0)
    if (length(ind.idx) > 0) {
        for (i in 1:length(ind.idx)) {
            # 抽选某个位置的染色体:
            ind.gene.idx <- sample(1:14, 1)
            # 基因突变:
            indlist[[ind.idx[i]]][ind.gene.idx] <-
                1 - indlist[[ind.idx[i]]][ind.gene.idx]
        }
    }
    return(indlist)
}
```

然后我们仍然进行 200 次的繁殖，在每次繁殖之后，增加一个基因突变的事件。

```
set.seed(123)
tmp.list <- indlist0
for (i in 1:200) {
    tmp.list <- gene.reproduce(tmp.list)
    tmp.list <- gene.mutate(tmp.list)
}
sort(sapply(tmp.list, gene.obj))[1:5]

## [1] 0 1 1 1 1
```

从结果可以发现，现在已经找到了一个更小的目标值 0。其解也可以很容易计算出来：

```
ind2 <- tmp.list[[which.min(sapply(tmp.list, gene.obj))]]
bin2int(paste(ind2[1:7], collapse = ""))

## [1] 1

bin2int(paste(ind2[8:14], collapse = ""))

## [1] 1
```

通过与 (9.1.2) 的结果比较，我们可以发现这个解也是全局最优的，也就是说我们在引入了基因突变机制后，使用遗传算法在 200 次迭代之内得到了最优解。

通过以上的例子，我们演示了一个最简单的遗传算法的实现过程。实际上，该算法还可以参照自然界的规律进行更好的优化，比如禁止近亲繁殖、引入性别机制等，这些对于增加优化的效率、减少陷入局部最优的可能都能带来很大的好处。

从优化角度出发，我们还可以针对每次目标函数的减少值设定一个阈值，从而更好地根据终止条件来结束迭代。即使迭代结束后仍然没有找到全局最优解，当前的解也会是一个足够好的解，这给实际的使用带来了很大的便利。

本章总结

最优化方法并不是统计方法，但却是数据科学体系下不可或缺的重要工具，在行业里有着极其广泛的应用。

本章介绍了线性规划、无约束线性规划和约束非线性规划等常见的优化问题在 R 中的解法。这几类问题基本上覆盖了绝大多数的实际问题。当然，也有少数的优化问题并没有包含在内，比如非线性混合整数规划，需要专门的软件来求解。

对于某些更复杂的问题，如果经典的优化算法或者统计软件包都很难求解，可以考虑使用智能优化的算法，比如本章中介绍的遗传算法，在很多时候都会有意想不到的效果。

第 10 章　数据可视化

信息传递的三个基本要求是正确、生动和简洁。一张数据表格即使是正确的，但也是枯燥和繁琐的。仅仅单纯地看表格数据，受众往往会不得要领、一脸茫然。使用合理的可视化技术就能将数据变成生动而简洁的图形信息，让受众能在一瞬间就明白其中的意义。这就是可视化方法在如今大数据时代下受到空前重视的最重要的原因。

本章分为五个部分，首先介绍数据可视化的背景知识，以及在 R 中进行可视化的扩展包。然后从应用场景的角度对可视化进行了划分，重点使用 ggplot2 包来完成可视化任务。介绍了如何展现单变量数值数据的特征、分类变量的比例构成、从时间角度对数据的展现，以及交互性可视化的内容。

此外，在传统的多元统计分析中，很多分析方法可以通过图形可视化进行更好地展示和应用。对此，我们在"第160页：7.2.3 多元分析的可视化"中进行了专门的介绍。

10.1　R 语言可视化简介

10.1.1　什么是数据可视化

数据可视化（Data visualization）是将数据以图形的方式展示其中的信息。之所以说"一图胜千言"，是因为可视化能充分地利用人脑的优势。我们从如下的四组数据观察一下。

```
data(anscombe, package = "rinds")
head(anscombe)

##   x1 x2 x3 x4   y1   y2    y3   y4
## 1 10 10 10  8 8.04 9.14  7.46 6.58
## 2  8  8  8  8 6.95 8.14  6.77 5.76
## 3 13 13 13  8 7.58 8.74 12.74 7.71
## 4  9  9  9  8 8.81 8.77  7.11 8.84
## 5 11 11 11  8 8.33 9.26  7.81 8.47
## 6 14 14 14  8 9.96 8.10  8.84 7.04
```

从这四组数据中，你能一眼看出什么信息吗？看不出来，那么计算一些统计指标尝试一下。首先计算各组数据的均值，再计算四组数据的相关系数。

```
colMeans(anscombe)

##        x1        x2        x3        x4        y1        y2
## 9.000000  9.000000  9.000000  9.000000  7.500909  7.500909
##        y3        y4
## 7.500000  7.500909

sapply(1:4, function(x) cor(anscombe[,x], anscombe[,x+4]))

## [1] 0.8164205 0.8162365 0.8162867 0.8165214
```

相关系数都是 0.81，看起来这四组数据没有什么很大的区别，但当我们用图10.1展示数据时，你就对它有了更清晰的认识。

```
par(mfcol=c(2,2),mex=0.8)
for (x in 1:4) plot(anscombe[,x], anscombe[,x+4], pch=19)
```

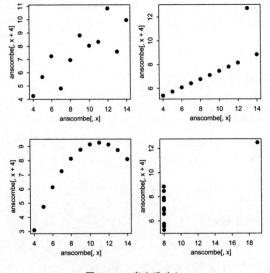

图 10.1　散点图对比

可视化之所以有用，是因为人类是视觉动物，其视觉神经系统不善于处理原始的数据，但非常善于阅读和分析图形。可视化的工作就是将各种类型的数据映射到不同类型的图形元素上去，使人们能利用其天生的识别系统来快速地获取信息。所以可视化的关键步骤就是从数据特征映射到图形元素，如下是一些基本的图形元素[22]：

坐标位置 坐标是图中元素的参照系统，对于连续变量的可视化最为重要，因为人眼对位置的判断最为敏锐，所以对于重要的连续变量应首先进行位置映射。必要时可增加网格线，以辅助视觉对齐。

线条 线条的长度可用于表达连续变量的大小，不同线型可用于表达分类变量的区别，而线型的粗细可用于表达少数定序变量的不同。

尺寸 尺寸可用于表现数据取值的相对大小以及重要程度。例如用圆形的面积映射不同数据，但要避免使用不规则面积来表现区别。

色彩 视觉系统对色彩判别能力不强，避免使用不同色相来映射有序数据，推荐使用 6 种常用的颜色来映射类别数据：Red, Green, Yellow, Blue, Black, White。可以使用同一色系的不同饱和度和明度来映射定序数据。

形状 可用于表现分类数据，但过多的分类会显得杂乱，并没有太大的意义。

文字 适合用于图形中的补充信息，如坐标意义、图例、图注、图名。在主体部分应避免使用过于密集的文字。

正如绘画需要遵循一些基本的原则一样，可视化也有相应的规则[21]，了解掌握这些规则才能更好地让受众理解数据和图表：

1. 需要事先明确可视化的具体目标。可视化有两个大类，一类是**探索性可视化**，另一类是**解释性可视化**。探索性可视化的前提是我们第一次拿到数据，并不清楚其中的信息，希望使用可视化的技术来探索数据，得到进一步分析的线索。而解释性可视化的前提是我们已经完全清楚数据中的信息，希望使用可视化的技术来讲故事，将信息传递给其他人。前者偏向简单快速，通常使用原始数据进行绘图，后者强调正式而全面，通常包括了建模后的数据结果。

2. 根据受众设计一个精彩的故事。如果是解释性可视化，那么需要根据数据和受众群体的特点，设计一个主题故事。数据方面需要考虑其中哪些变量最重要也最有趣。受众方面要考虑阅读者的角色和知识背景。他们需要何种类型的信息，需要什么样的细节程度。最后结合两个方面才确定可视化要传送什么样的信息，以及用何种方式来传送。

3. 选择合理的映射方式。数据有很多类型，离散数据、连续数据、类别数据、定序数据。图形元素也有很多种，人眼可以识别不同的位置、尺寸大小、颜色、形状、线条粗细长短，等等。选择映射方式就是选择数据到图形的集合关系，例如前面的散点图就是将 x 和 y 的连续数据映射到点的位置上去。因为人脑的视觉系统对不同的图形元素敏感程度不同，所以这种映射的选择是非常重要的。举例来讲，人眼对于面积并不敏感，因此要小心使用饼图，特别要避免使用有大量分类的饼图。

4. 简洁。可视化和写作一样，遣词造句要使用最少的笔墨，但能给出最大的信息量。因为阅读者的注意力是有限的，过多不必要的的图形元素实际上是噪声信息，会分散影响信息的传送效果。所以首先要提炼数据重点，凸显主题，易于解读。其次是在图形选择设计上尽量风格简约。简约并不是简陋，一张图最好能独立成文，包含必要的信息量。可以考虑使用一些参考线、文字标注，或者用多个图形组合来凸现主题。

10.1.2 R 语言的可视化环境

R 语言是一个很好的可视化环境，包括了大量绘图函数可用于各种场景。有三类绘图包最为著名，首先就是内置在 R 基本包 `graphics` 中的那些绘图函数，这类函数能快速展现数据的基本特征，但是当我们需要高级功能调校图形时，这类函数就不是那么顺手了。

另一类有名的绘图扩展包是 2007 年诞生的 `lattice` ，它相对于基础绘图包有很大的改善，例如能方便地绘制分组和条件图形，设置参数丰富。`lattice` 比较容易入手，要精通仍需要记忆大量函数，且灵活程度不算非常好。

最后我们要着重介绍的绘图包也是最为强大的 `ggplot2` 包。`ggplot2` 包诞生于 2009 年，它吸取了前两种绘图系统的长处，体系清晰，灵活强大，不过学习曲线略为陡峭，而且使用 `ggplot2` 需要用户有较强的数据整理能力。但当你跨过这个门槛之后，就能体会到它的简洁和优雅。因为 `ggplot2` 可以通过底层组件构造前所未有的图形，你所受到的限制只是你的想象力[19]。

10.1.3 ggplot2 入门

`ggplot2` 的使用流程和可视化的基本原则完全一致，可视化就是一种映射，即从数学空间映射到图形元素空间。我们先使用 `ggplot` 函数来构建基本的图形对象，你可以认为它是一张空白的画布。在画布上我们需要定义可视化的数据对象 (Data)，以及数据变量到图形属性之间的映射 (Mapping)。在本例中，我们使用 mpg 数据，将变量 cty 映射到 X 轴，将 hwy 映射到 Y 轴。

```
library(ggplot2)
p <- ggplot(data = mpg, mapping = aes(x = cty, y = hwy))
```

只有画布是不够的，还需要定义用什么样的图形来表现数据。geom 代表我们能在图中实际看到的图形元素，如点、线、多边形等。下面使用了 point 这种几何对象来展现数据，这样就画出了图10.2所示的散点图。

```
p + geom_point()
```

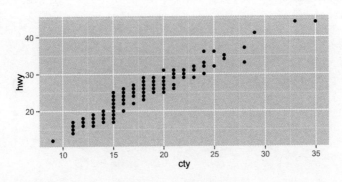

图 **10.2** ggplot2 散点图

我们还可以增加其他的数据映射，例如将 mpg 中的变量 year 映射到颜色中去。年份应该是一个离散的分类变量，因此在图10.3中使用了 `factor` 函数转为因子。

```
p <- ggplot(data=mpg,
    mapping=aes(x=cty, y=hwy, colour = factor(year)))
p + geom_point()
```

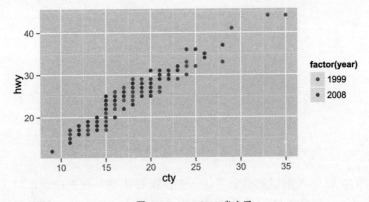

图 **10.3** ggplot2 散点图

之前的图形都是原始数据的展示，有时候需要对原始数据进行某种提炼或归纳。例如图10.4的平滑曲线，它是一种统计变换，并去除了数据的原貌。

读者或许会奇怪为什么会有两条平滑曲线，那是因为我们在底层画布定义了颜色属性的映射，底层的设置会影响到所有在其基础上的几何对象和统计变

```
p <- ggplot(data=mpg,
    mapping = aes(x = cty, y = hwy, colour = factor(year)))
p + stat_smooth()
```

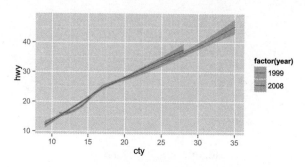

图 10.4　ggplot2 平滑曲线

换。我们可以将上面的散点和平滑线合并起来，如果只需要一条平滑线，就需要在 `geom_point` 函数中单独设置颜色的映射，如图10.5所示。

```
p <- ggplot(data = mpg, mapping = aes(x = cty, y = hwy))
p + geom_point(aes(colour = factor(year))) + stat_smooth()
```

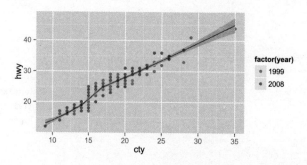

图 10.5　ggplot2 平滑曲线

这时我们可以引入图层的概念了，一个图层好比是一张玻璃纸，包含各种图形元素，你可以分别建立图层然后叠放在一起，组合成图形的最终效果。图层可以允许用户一步步地构建图形，方便单独对图层进行修改、增加统计量、甚至改动数据。如果我们观察 d 对象中的信息，会发现一些有趣的东西。这里除了底层画布之外，还有两个图层，分别是几何对象散点和统计变换平滑线。仔细观察会发现几何对象层中有一个默认为空的统计变换 `stat` ，而统计变换层中也有一个默认的 `geom` ，毕竟提炼后的数据也需要一种几何图形来展现。

```
summary(d)

## data: [x]
## faceting: facet_null()
## -----------------------------------
## mapping: x = cty, y = hwy, colour = factor(year)
## geom_point: na.rm = FALSE
## stat_identity:
## position_identity: (width = NULL, height = NULL)
##
## mapping: x = cty, y = hwy
## geom_smooth:
## stat_smooth: method = auto, formula = y ~ x, se = TRUE,
##              n = 80, fullrange = FALSE, level = 0.95,
##              na.rm = FALSE
## position_identity: (width = NULL, height = NULL)
```

　　映射只负责将变量关联到某个图形属性，但并不负责具体的取值。例如 Mapping 参数将年份变量映射到颜色属性，但具体哪一年用哪种颜色显示，它并不关心。谁来负责呢？由标度来控制。通常用户可以不用去关注标度，ggplot2 系统会自动处理细节，但当用户想干预的时候就可以出手。如果我们不满意之前的颜色，可以用下面的标度函数手动设置需要的色彩，如图10.6所示。

```
p <- ggplot(data = mpg, mapping = aes(x = cty, y = hwy))
p + geom_point(aes(colour=factor(year))) +
    scale_color_manual(values = c('blue2','red4')) +
    stat_smooth()
```

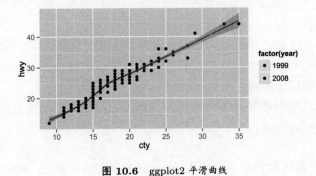

图 **10.6**　ggplot2 平滑曲线

　　ggplot2 也能实现 lattice 包中的分组绘图，分面就是控制分组绘图的方法和排列形式。图10.7就是将数据按年份变量分组后绘图。这只需要增加一行简单的代码，从中可以看到 **ggplot2** 的威力在于可以逐步地修改、完善图形。

```
p <- ggplot(data=mpg,mapping=aes(x=cty,y=hwy))
p + geom_point(aes(colour=factor(year))) +
    scale_color_manual(values =c('blue2','red4')) +
    stat_smooth() + facet_wrap(~ year,ncol=1)
```

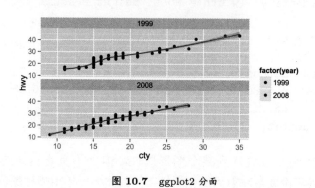

图 10.7　ggplot2 分面

　　小结一下，**ggplot2** 的重要概念有如下几个：

图形元素 (geom) 代表我们能在图中实际看到的图形对象，如点、线、多边形等。

统计变换 (stat) 是对原始数据进行了某种提炼或归纳，任何一种统计变换都内置了一种对应的图形元素。

图层 (Layer) 一个图层包含有各种图形元素或统计变换，你可以分别建立图层然后叠放在一起，组合成图形的最终效果。

标度 (Scale) 标度是一种函数，它控制了各种图形元素的取值，如数据映射到颜色后采用哪些色彩。用户一般可以不需要设置标度，但如果需要精细调整则要掌握标度控制。

分面 (Facet) 将数据按某种方法分组，分别进行绘图。分面就是控制分组绘图的方法和排列形式。

　　后面的章节内容我们将主要使用 **ggplot2** 来实现可视化，同时会介绍 R 语言中的一些其他绘图函数，以实现特殊的可视化目的。由于篇幅限制，我们不可能在一章之内完整地介绍 **ggplot2** 包，有兴趣的朋友也可以参见相关书籍[20]。

10.2 分布的特征

在探索数据的过程中,不论数据有多少变量有多少样本,最基本的手段就是观察某单个变量的取值情况。对于连续取值的数值变量,我们可以采用最基本的直方图来观察数据的分布。下面我们用 iris 数据中的 Sepal.Length 变量数据来绘制直方图。

首先需要用 ggplot 函数定义可视化的数据对象 (Data),以及数据变量到图形属性之间的映射,用 aes 参数设置数据映射的方式,上例即将 Sepal.Length 变量映射到 x 轴。对于直方图 ggplot2 会自动计算 y 轴的频数,所以我们可以忽略 y 轴的映射设置。之后的第二层是设置用何种图形元素表现数据,这里使用直方图的图形,这样即可绘制出结果。

注意在 ggplot2 中,设为常数的参数是直接放在图形元素括号中,而映射的设置要放在 aes 中,例如图10.8。

```
p <- ggplot(iris,aes(x=Sepal.Length))+
    geom_histogram(binwidth=0.1, fill='skyblue',
    colour='black') + theme_bw()
print(p)
```

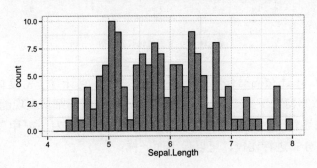

图 10.8 直方图

其中,binwidth 参数用来设置组距,fill 参数用来设置填充色,colour 参数用来设置边框色,theme_bw() 用来设置黑白主题。

直方图实际上是数据分组汇总后的图形化展示,分组的组距就是矩形的宽度,或者称为窗宽。该值自动设置为全距除以 30,也可以手动设置。分组实际上是一种信息的简化,窗宽设置如果过大,分组会丧失数据的内在结构,如果设置过小,则无法体现整体的特性。所以在绘制直方图时可以尝试多个参数设置,以取得满意的结果。

　　直方图的作用主要是展现分组计数和分布特性，因为考查一个样本是否符合某个分布在传统统计学中有着重要的意义。不过有另一种方法也可以展现数据的分布，即核密度估计曲线。简单来说就是根据数据估算一条可以代表其分布的密度曲线。我们可以将直方图和密度曲线重叠显示，如图10.9所示。

```
p <- ggplot(iris,aes(x=Sepal.Length)) +
    geom_histogram(aes(y=..density..),
        fill='skyblue', color='black') +
    stat_density(geom='line',color='black',
        linetype=2,size=1,adjust=2) +
    theme_bw()
print(p)
```

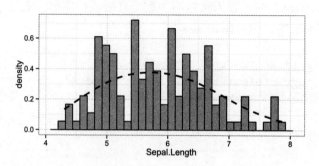

图 10.9　带密度线的直方图

　　上例中的 `stat_density` 就是一种统计变换，它计算了密度估计曲线，其中 adjust 参数和窗宽参数类似，它将会控制密度曲线的细节表现能力。

　　密度曲线还便于对不同数据进行比较，例如我们要对 iris 中三种不同花的 Sepal.Length 分布进行比较，可以像下面一样：

```
library(ggthemes)
p <- ggplot(iris,aes(x=Sepal.Length,
                color=Species,linetype=Species)) +
    stat_density(geom='line',size=1,
                position='identity',adjust=1) +
    scale_color_economist() + theme_economist()
print(p)
```

　　上例先将 Species 映射到不同颜色和线型，再使用密度曲线画出三种花在 Sepal.Length 特征上的分布密度，其中 position 参数设置让各曲线独立绘制，最后使用了 ggthemes 包中提供的经济学人杂志的主题和用色，结果如图10.10所示。

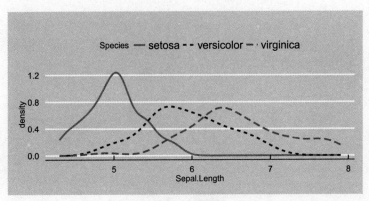

图 10.10 密度图

除了直方图和密度图，还可以用常见的箱线图来表现一维数据的分布，如图10.11所示。箱线图也方便各组数据之间的比较。

```
p <- ggplot(iris,aes(x=Species,y=Sepal.Length,
    fill=Species)) + geom_boxplot()+ theme_bw()
print(p)
```

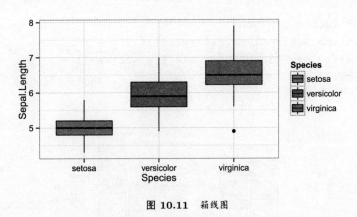

图 10.11 箱线图

与箱线图类似的是小提琴图，它包含了更多关于数据分布的情况，图10.12就是小提琴图。本例将小提琴图设置了透明度，并叠加了扰动点图，最终使用 scale 标度控制修改了线型颜色。

```
p <- ggplot(iris,aes(x=Species,y=Sepal.Length,
        color=Species)) + geom_violin(size=1) +
    geom_point(alpha=0.5, position=position_jitter(0.1)) +
    scale_color_brewer(palette="Set1") + theme_bw()
print(p)
```

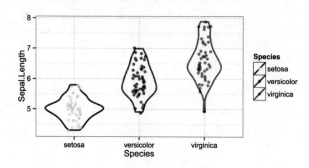

图 10.12 小提琴图

10.3 比例的构成

许多数据会涉及到比例问题，例如 mpg 数据集中各车型所占比例，以及这些车型中各年份所占的比例。提取比例信息能使我们了解各个组成部分对于整体的重要性。最常见的表现方式是使用条形图：

```
mpg$year <- factor(mpg$year)
p <- ggplot(mpg,aes(x=class,fill=year))+
    geom_bar(color='black') + scale_fill_brewer() +
    theme_bw()
print(p)
```

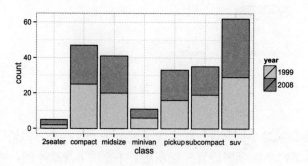

图 10.13 叠加条形图

图10.13被称为**叠加条形图**，这是为了在一张图中同时体现多个变量所需的
结果，这里同时展示了 class 和 year 这两个变量。叠加条形图展现的是计数绝对
值，有时候我们更希望观察相对比例，如图10.14所示。

```
p <- ggplot(mpg,aes(x=class,fill=year))+
    geom_bar(color='black', position=position_fill()) +
    scale_fill_brewer() + theme_bw()
print(p)
```

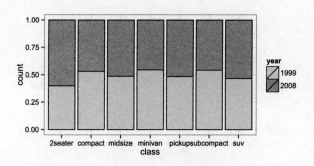

图 10.14 比例条形图

也许你见过的比较常规的条形图是并排放置的，就像图10.15这样。

```
p <- ggplot(mpg,aes(x=class,fill=year))+
    geom_bar(color='black', position=position_dodge()) +
    scale_fill_brewer() + theme_bw()
print(p)
```

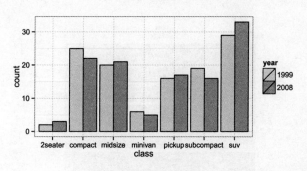

图 10.15 条形图

条形图使用了较多的面积，分类较多的条形图给人压抑感，我们也可以用点
的位置来代替条形的大小，这种图称为**滑珠图**。下例使用 plyr 包对 mpg 数据

进行了汇总，再使用滑珠图10.16表示了之前条形图的信息。

```
library(plyr)
data <- ddply(mpg,.(class,year),function(x) nrow(x))
p <- ggplot(data, aes(x=class,y=V1))
p + geom_linerange(aes(ymax=V1),
        color='gray',ymin=0,size=1) +
    geom_point(aes(color=year), size=5) + theme_bw()
```

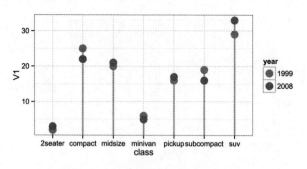

图 10.16 滑珠图

另一种表现比例关系的是**马赛克图**，如图10.17所示。

```
library(vcd); data(titanic, package="rinds")
mosaic(Survived~ Class+Sex, data = titanic, shade = TRUE,
    highlighting_fill=c("red4","skyblue"),
    highlighting_direction = "right")
```

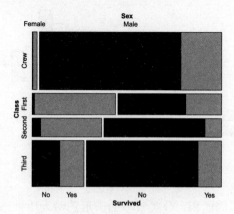

图 10.17 马赛克图

它将数据按不同变量划分,然后用不同面积大小的矩形来表示不同组别数据。在上面的例子中我们观察泰坦尼克号沉没事件中,有哪些人生存下来。使用的是 vcd 包中的 mosaic 函数,数据是 rinds 包中的 titanic 数据集。

按性别和船舱等级对数据分组,深红色矩形表示未能存活的人数,浅蓝色表示存活下来的人数。我们可以观察到,就整体而言女性的存活率高于男性。这一点证实了当时"让妇女和孩子先走"的援救原则。如果将舱位因素考虑进来,一、二等舱的女性存活率都相当高,在船员中的少量女性也得以存活,但是三等舱的女性相对而言存活率较低。因此,虽然同为女性,但舱位的差别仍然决定了生死的命运。

和马赛克图相似的是层次树图,它是用不同尺寸的嵌套矩形来表现层次数据。最常见的层次数据包括了文件目录、文章结构、组织结构等等。Treemap 技术是通过矩形的大小来显示节点的重要性,并通过嵌套层次来显示结构的层级。treemap 包就可以实现这种可视化技术,图10.18就是对苹果公司 2012 年财务报表的可视化。不同的矩形面积大小表示 2012 年的财报数据中不同会计科目的数字大小。

```
library(treemap)
data(apple,package = "rinds")
treemap(apple, index = c("item", "subitem"), vSize = "time1206",
    type = "value", title = "Apple's Fiancial Report",
    fontsize.labels = c(20,14), fontcolor.labels = "black",
    bg.labels=0, position.legend='none', border.col = "white")
```

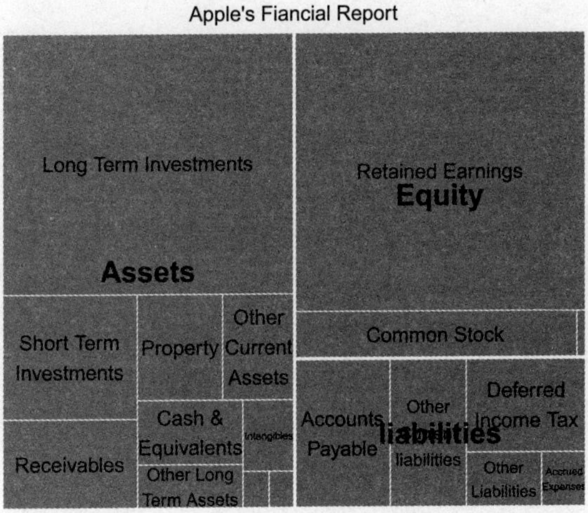

图 10.18 层次树图

10.4 时间的变化

时间序列数据随处可见，如果把一维数据加上一个顺序编号，也就可以看作是时间序列数据。关于时间序列数据的分析和建模，我们在"第161页: 7.3 时间序列"进行了详细的介绍，本节我们来看看如何使用图形来展示这一类的数据。

时间序列数据可视化最重要的是展示其趋势和波动，以方便我们的肉眼发现其模式。例如我们看一下美国个人储蓄率的可视化。先取出 ggplot2 包中economics 的一部分数据进行观察。

```
fillcolor <- ifelse(economics[440:470, "psavert"] > 0,
    "steelblue", "red4")
p <- ggplot(economics[440:470,], aes(x=date,y=psavert)) +
    geom_bar(stat='identity', fill=fillcolor)+ theme_bw()
print(p)
```

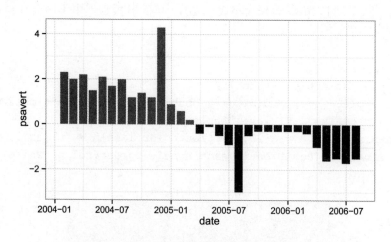

图 **10.19** 个人储蓄率的条形图

对于数据量较少的时间序列，可以采用图10.19所示的条形图的方式来展示，同时用不同的色彩来显示数字的正负值。而对于数据量较多的时间序列，条形图并不是很好的方式，因为会显得比较拥挤，通常会改用线图或面积图来表示趋势的变化。这和我们之前演示的基础图形并没有什么不同。

此外还可以在时间序列数据中用文字标注出重要的时间点或时间区间，例如将 2000～2001 年作为重点时间标识出来。我们可以使用 annotate 函数来标注各类信息，包括矩形区域和时间值。我们来看一个完整的时间序列图形的例子，如图 10.20所示。

```
library(ggthemes)
p <- ggplot(economics[300:470,], aes(x=date,y=psavert)) +
    geom_area(fill="#76c0c1",size=0.3, position =
    position_identity())+geom_line(size=1,color="#014d64") +
  annotate(geom="rect", xmax = as.Date("2001-01-01"),
      xmin = as.Date("2000-01-01"), ymin = -4, ymax = 10,
        alpha = 0.4, color = "gray", fill = "gray70") +
  annotate(geom = "text", x = as.Date("2000-07-01"),
        y=7, label = "2000") + theme_economist()
print(p)
```

图 10.20 时间序列图

还有一种有趣的时间数据展示方法是采用日历的形式，例如图10.21使用 openair 包中的函数和数据，不同日期的数据对应于日历中小方格的颜色：

```
library(openair); data(mydata)
calendarPlot(mydata, pollutant = "o3", year = 2003)
```

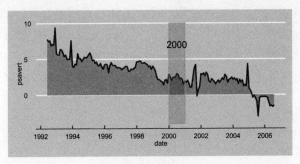

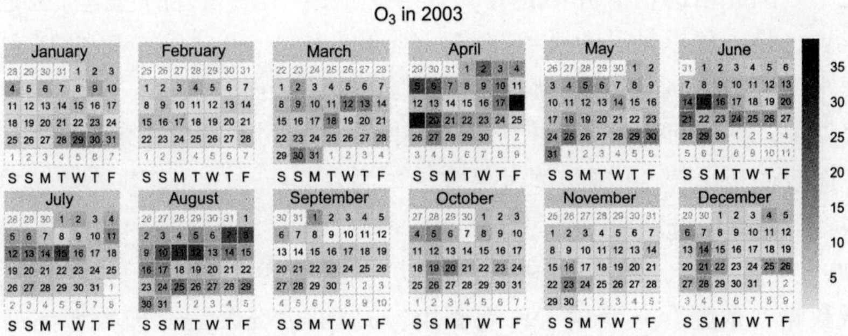

图 10.21 日历图

10.5　R 与交互可视化

前面我们可视化的结果就是一个静态的图形，所有信息都一目了然地放在一张图上。静态图形适合于分析报告等纸质媒界，而在网络时代，如果在网页上发布可视化，那么动态的、可交互的图形则更有优势。

目前最为流行的 Web 可视化项目就是 D3，它是一种 JavaScript 函数库，D3 的轻量级特性使它能够更好地利用 CSS3、HTML5 和 SVG 等底层技术。D3性能出色，支持大数据集，可用它非常灵活地设计 Web 可视化应用。

R 与 D3 的结合有两种途径，一种是 R 来生成可视化所需的数据，例如 json格式或是 csv 格式，然后由 D3 读取绘图，这种方式需要有很好的网络编程基础。另一种途径是直接在 R 中生成基于 D3 的 web 页面，这种方式门槛比较低，不过灵活程度也比较低。下面我们来介绍后者的一种实现，也就是仍在开发状态的rCharts 包。它目前存放在 github 代码库中，所以需要特别的安装加载方式。

```
library(devtools)
install_github('rCharts', 'ramnathv')
library(rCharts)

p1 <- nvd3Plot(Sepal.Length ~ Sepal.Width, group = 'Species',
    data = iris,  type = 'scatterChart')
p1$set(width = 550)
p1$show()
```

rCharts 生成的图形会直接打开系统的浏览器，推荐使用 chrome 以更好地渲染页面效果。在页面中我们可以方便地点击观察各点的信息。rCharts 仍处于开发之中，因此帮助信息并不完善。目前在 R 中比较完善的包是 googleVis ，googleVis 是一种提供了 R 和 google visualization api 之间接口的 R 包。它允许用户不上传数据到 google 就可以使用 Google Visualization API 对数据进行可视化处理。不过它的缺点是用户必须连网才能调用到图形结果。

下面我们想比较 20 国集团过去若干年的发展轨迹，为了获取数据，我们从世界银行数据库中选取三个变量，分别反映 GDP，CO2 排放和期望寿命在 2001到 2009 年之间变化。R 中的 WDI 包可以直接连接到世界银行数据库用 WDI 函数下载数据。数据存入变量 DF 后利用 gvisMotionChart 函数得到动态图变量，对于该变量我们可以直接用绘图命令 plot(M) 得到图形。也可以将代码存到文档上，代码可复制到网站中实现动态交互效果。

```
library(googleVis)
library(WDI)
DF <- WDI(country = c("CN","RU","BR","ZA","IN",'DE','AU','CA',
        'FR','IT','JP','MX','GB','US','ID','AR','KR','SA','TR'),
     indicator = c("NY.GDP.MKTP.CD", 'SP.DYN.LE00.IN',
        'EN.ATM.CO2E.KT'), start = 2000, end = 2009)
M <- gvisMotionChart(DF, idvar = "country", timevar = "year",
     xvar='EN.ATM.CO2E.KT', yvar='NY.GDP.MKTP.CD')
plot(M)
```

在使用 WDI 时要输入各国的代码，以及指标名称才能得到正确的数据。绘图后会自动打开浏览器，横轴为 CO2 排放，纵轴为 GDP，点击播放可观察到各国变量的轨迹变化。

在 R 的环境中，动态可交互图形的优势在于能和 knitr、shiny 等框架整合在一起，能迅速建立一套可视化原型系统。除了 googleVis 和 rCharts 两个包以外，有兴趣的读者还可以关注新近崛起的 recharts 包，它提供了对优秀开源 JS 可视化库 echarts 的 R 接口。具体使用可参考 github 上的项目主页[1]。

本章总结

数据科学中的可视化技术充分利用了人类的视觉系统，使我们能从数据中快速地分析信息。因此在数据探索和报告展现阶段都需要多多利用各种图形。

要注意的是可视化容易陷入的误区是只是为了好看漂亮，而盲目地炫技。可视化是为了分析目标服务的，我们首先要明确可视化的具体目标，突出数据的主题，再选择合理的映射方式，最终用最简洁的图形元素向读者传递信息。

---

[1] echarts 是百度商业前端数据可视化团队的林峰开发的基于 JS 的开源可视化工具，魏太云和周扬开发了 R 的接口：https://github.com/taiyun/recharts

第三部分

应用篇

第 11 章　R 在热门行业中的应用

数据科学家并不是寻章摘句老雕虫的空谈派，而是逐数据而居、始终奋战在数据应用最前线的弄潮儿。无论是数学统计模型，还是计算机算法，如果不应用在具体的行业，对数据科学家来说就是屠龙之技。编程能力的训练与分析模型的学习只是修炼内功的过程，只有深入到行业中去解决各类实际问题，才能进化成真正的高手。

无论是哪个行业，只要存在数据，就有数据科学家的用武之地。2013 年澳洲总理科学奖得主 Terry Speed 教授说过"统计学本来就应该成就其他学科，我太爱统计了，它像把钥匙一样让我们能溜进任何学科的后院里随便玩耍"。行业里的数据科学正如学科中的统计，它就是一把钥匙，让我们可以很方便地溜进各行各业的后院，如果这把钥匙是用 R 做的，那就更加美好了。

在一本全面介绍数据科学的书中没有办法穷尽所有行业中使用 R 的案例。在这里，我们挑选数据分析应用得最广泛的两个行业——金融和制药进行介绍。这两个行业的数据并不是最多的，但是数据和分析的复杂程度以及数据对行业的重要程度是领先的。当然，还有一个很重要的原因是这两个行业都有大把现金流、收入很不错，为数据科学家提供了良好的生活环境。

11.1　R 与金融分析

金融行业涉及到非常广泛的数据分析工作，从银行客户的流失分析到信用评级，从保险行业的风险定价到欺诈判断。不过从量化金融分析的狭义角度来看，最常见的还是时间序列、模拟、最优化这些问题，而这些正是 R 语言最为擅长的领域。作为金融行业里的数据科学家，在掌握理论的前提下，利用 R 代码实际动手来计算，能更好地理解金融原理，并快速地搭建起计算原型。本节将使用 R 语言为工具来实现一些基础的金融计算任务。包括了各种金融数据的获取和操作，用均值和方差来描述某个金融资产，计算最优资产组合，计算期权价格。本节假设读者已经了解所需的金融理论知识，我们将展示如何将金融定理和公式转为合适的 R 代码。需要更为深入学习 R 和金融数据分析的读者，可以参考 Gergely Daroczi[16] 和 David Ruppert[18] 的书籍。

11.1.1 金融数据获取和操作

首先我们介绍使用 quantmod 包获取各类金融数据，并以此进行后续的数据操作。quantmod 包是一个用于快速构建量化交易原型系统的扩展包，其中包括了丰富的数据获取、数据管理和可视化的函数。本节介绍的是 quantmod 包中的 getSymbols 函数，它可以通过网络下载读取金融数据，经过设置也能从本地的 CSV 文件或是 MySQL 数据库获取数据。

下面我们从 yahoo 数据库读取上海综指的价格数据，读取自 2005 年到 2012 年的数据，注意 ^SSEC 是 yahoo 数据库中上海综指的代号，下面的代码执行需要网络环境。

```
library(quantmod)
SSEC = getSymbols(Symbols = '^SSEC', src = 'yahoo',
    from = '2005-01-01', to = '2012-01-01',
    auto.assign = FALSE)
```

运行后会将一个 xts 类型的时间序列对象赋值给 SSEC，这个对象中包括了开盘、最高、最低、收盘等信息。可以使用相应的提取函数从中提取需要的数据，例如我们来提取调整后收盘价。

```
price.ad <- Ad(SSEC)
```

quantmod 包可以读取各类股票信息，当然也包括国内上交所股票代码，例如招商银行的股票，注意需要输入招商银行的代码并加上 SS 后缀。如果要读取深交所股票，则在数字代码后加 SZ 后缀。

```
share = getSymbols(Symbols = '600036.SS', src = 'yahoo',
    from = '2005-01-01', to = '2012-01-01', auto.assign = F)
```

除了股票数据，quantmod 包还可以从 oanda 数据源读取外汇市场数据，例如下面读取了美元对欧元的汇市数据。

```
USDEUR = getSymbols(Symbols = 'USD/EUR', src = 'oanda',
    from = '2005-01-01', to = '2006-01-01', auto.assign = FALSE)
```

oanda 数据源一次只能取 500 天数据，如果需要更多数据的话，我们可以多次获取，然后用 rbind 函数拼合。rinds 包中的 getOANDA 函数可以实现这个功能。

如果关心基本面的金融数据，我们还可以使用 **getFinancials** 函数从谷歌财经读取财报信息，但是国内上市公司的财报数据并不完整，读者可以自行尝试财报数据下载。

之前下载得到的价格数据可以通过各种图形展示其走势，例如技术分析中经常会用到蜡烛图和各种技术指标。下面我们使用 **quantmod** 包将 SSEC 数据绘制成蜡烛图，如图 11.1所示。

```
candleChart(last(SSEC, '6 months'), theme = 'white',
            up.col = 'red', dn.col = 'green', TA = NULL)
```

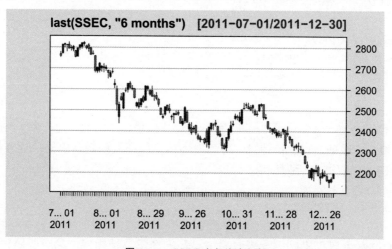

图 11.1　SSEC 数据的蜡烛图

另一个获取金融数据的包是 **fImport**，它的数据源和 **quantmod** 相似，得到的数据格式为 timeSeries 格式，它可以和 **quantmod** 的 xts 格式相互转换。

```
library(fImport)
data <- as.timeSeries(SSEC)
data <- as.xts(data)
ibm <- yahooSeries('IBM')
ibmclose <- ibm[,'IBM.Adj.Close']
```

从投资者角度来讲，为了比较不同资产的特点，一般需要根据价格来计算连续收益率。需要注意的是，**fImport** 包获取的数据是最新的数据在最前面，而 **quantmod** 包则正好相反。所以需要将 IBM 数据的顺序调整一下，再计算连续收益率。

```
ibmnum <- as.numeric(rev(ibmclose))
ibmret <- log(ibmnum [-1]) - log(ibmnum[-length(ibmnum)])
```

如果你是使用 quantmod 包下载的数据就不用调整顺序，而且可以用它自带的金融数据操作函数 Delt ，能根据价格计算连续收益率。

```
return.com <- Delt(Ad(SSEC), k = 1, type = 'log')
```

如果需要的话，还可以用 periodReturn 函数来计算其他周期的收益率，例如下面计算以月为单位的收益率。

```
ret.m <- periodReturn(Ad(SSEC), period = 'monthly',
    type = 'log')
head(ret.m, n = 2)

##             monthly.returns
## 2005-01-31          -0.0419
## 2005-02-28           0.0915
```

在金融建模时，经常需要计算滞后项、未来项以及差分项，我们可以用 quantmod 包的 Next 函数将数据前移一步，用 Lag 函数计算滞后项，而 diff 则计算差分项，这些数据都可以通过 merge 函数合并在一些。

```
ad <- Ad(SSEC)[1:2]
merge(Next(ad),ad,Lag(ad),diff(ad))

##            Next SSEC.Adjusted.ad Lag.1
## 2005-01-04 1252             1243    NA
## 2005-01-05   NA             1252  1243
##            SSEC.Adjusted.diff(ad)
## 2005-01-04                     NA
## 2005-01-05                   9.16
```

后面的章节我们将使用 ret.m 和 share 两个数据来做为示范数据。

11.1.2 资产特征描述

本节我们将介绍如何计算单个金融资产以及资产组合的特征，即期望收益率、方差，这些特征的计算是后续最优化资产组合决策的前提条件。此外还将介绍单个资产和资产组合的风险价值计算。

主要的计算工具是 PerformanceAnalytics 包，首先来计算单个资产的期望、标准差和风险价值，示范数据就是前面得到的 ret.m 和 share 数据集。我们可以使用 R 自带的 `mean` 和 `sd` 函数来计算，或者是使用 `table.Stats` 函数得到更丰富的结果输出。

```
library(PerformanceAnalytics)
head(table.Stats(ret.m))

##                 monthly.returns
## Observations         84.0000
## NAs                   0.0000
## Minimum              -0.2828
## Quartile 1           -0.0519
## Median                0.0186
## Arithmetic Mean       0.0068
```

如果需要，可以通过其他函数快速计算某个时段内的期望收益率和标准差，例如最近时间段的期望收益和标准差及年化收益率和标准差。

```
table.TrailingPeriods(ret.m)

##                         monthly.returns
## Last 12 month Average       -0.0204
## Last 36 month Average        0.0052
## Last 60 month Average       -0.0033
## Last 12 month Std Dev        0.0419
## Last 36 month Std Dev        0.0792
## Last 60 month Std Dev        0.1039

table.AnnualizedReturns(ret.m)

##                         monthly.returns
## Annualized Return            0.0221
## Annualized Std Dev           0.3386
## Annualized Sharpe (Rf=0%)    0.0653
```

或者按日历时间计算不同的收益率，可以发现 2006 年的收益率是最高的。

```
table.CalendarReturns(ret.m)

##          1月    2月    3月    4月    5月    6月    7月    8月
## 2005    -4.2   9.1  -10.0  -1.9   -8.9   1.9   0.2    7.1
## 2006     8.0   3.2   -0.1  10.4   13.1   1.9  -3.6    2.8
## 2007     4.1   3.3   10.0  18.8    6.8  -7.3  15.7   15.5
```

```
## 2008 -18.3 -0.8 -22.5  6.2  -7.3 -22.7  1.4 -14.7
## 2009   8.9  4.5  13.1  4.3   6.1  11.7 14.2 -24.6
## 2010  -9.2  2.1   1.9 -8.0 -10.2  -7.8  9.5   0.0
## 2011  -0.6  4.0   0.8 -0.6  -5.9   0.7 -2.2  -5.1
##         9月  10月 11月 12月 monthly.returns
## 2005 -0.6  -5.6   0.6  5.5            -8.5
## 2006  5.5   4.8  13.3 24.3           118.4
## 2007  6.2   7.0 -20.1  7.7            81.7
## 2008 -4.4 -28.3   7.9 -2.7           -70.2
## 2009  4.1   7.5   6.4  2.5            67.3
## 2010  0.6  11.5  -5.5 -0.4           -16.8
## 2011 -8.5   4.5  -5.6 -5.9           -22.7
```

期望收益率衡量了资产的基本获利性，而方差衡量了金融资产的变异性或者说风险性，通常投资者对于上涨的变异并不在意，而主要关注下跌的风险。因此可以专门计算考虑下跌的半方差。另外可以使用 `table.Drawdowns` 列出几次最为严重的下跌行情。

```
DownsideDeviation(ret.m)

## [1] 0.0716

table.Drawdowns(ret.m)[, 1:5]

##          From     Trough         To   Depth Length
## 1 2007-11-30 2008-10-31       <NA> -0.7557     51
## 2 2005-03-31 2005-05-31 2006-04-28 -0.1957     14
## 3 2007-06-29 2007-06-29 2007-07-31 -0.0729      2
## 4 2005-01-31 2005-01-31 2005-02-28 -0.0419      2
## 5 2006-07-31 2006-07-31 2006-09-29 -0.0362      3
```

除了使用方差来衡量资产的风险之外，**风险价值** VaR 也是常见的风险衡量方式。风险价值又称在险价值，它是指在正常的市场条件下，某个资产或资产组合在给定的置信水平下，在一定时期内预期的最大损失。从统计学角度来看，风险价值就是收益或者收益率分布的一个分位数。

这里介绍两种风险价值的估计方法：历史数据模拟法和协方差法。历史数据模拟法就是根据历史数据计算出相应分位数。例如，计算投资上证指数，95%置信水平下的日投资风险价值。

```
quantile(ret.m,probs = 0.05)

##     5%
## -0.198
```

计算出的 -0.198 意味着在持有期为一个交易日的条件下，以 ret.m 为标的的投资，每 100 次的投资中，至少有 95 次的损失率不超过 0.198。

协方差法是假定资产收益率的分布服从正态分布，在此基础上直接计算理论分位数。

```
qnorm(p=0.05,mean=mean(ret.m), sd = sd(ret.m))

## [1] -0.154
```

用户也可以直接使用 **VaR** 函数计算风险价值。其中 method 参数用来确定计算方法。

```
VaR(ret.m,method = 'gaussian')

##     monthly.returns
## VaR        -0.153
```

不同置信水平的风险价值是不一样的，我们可以根据不同的置信水平计算风险价值，即风险价值的敏感度分析，如图11.2 所示。

```
chart.VaRSensitivity(ret.m)
```

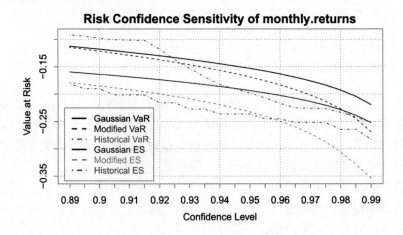

图 11.2   风险价值的敏感度分析

除了计算风险价值作为风险度量之外，还可以计算**条件风险价值**（CVaR）。条件风险价值又称期望损失 (Expected Shortfall)，是指当资产组合的损失大于某个给定的 VaR 值的条件下，该资产组合的损失的平均值。

```
ES(ret.m)

##        monthly.returns
## ES           -0.232
```

而 `table.DownsideRisk` 函数可以计算所有的风险指标，其输出的详细意义可以参看其函数帮助文档。

```
head(table.DownsideRisk(ret.m), n = 2)

##                   monthly.returns
## Semi Deviation          0.0749
## Gain Deviation          0.0523
```

用图形来描述资产特征是非常方便的，**chart.Histogram** 函数可以绘制收益直方图和分布，其结果如图11.3所示。

```
chart.Histogram(ret.m, breaks=30, methods = "add.density")
```

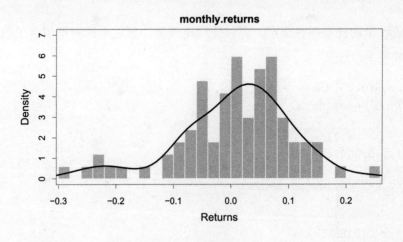

图 11.3　*收益直方图*

另一类描述单个资产特征的方式是将它和市场组合进行对比，下面我们根据招商银行的股价数据计算出连续收益率，再将它和上证指数进行比较。`table.CAPM` 函数可以计算在资本资产定价模型理论下的各种指标。例如，计算常见的 Alpha 和 Beta 指标，而 Active Premium 是指招商银行收益率相比指数收益率的差值，正差值表示投资招商银行的收益要比投资指数更高。

```
# 两资产对比
ret.z <- periodReturn(Ad(share), period = 'daily',
    type = 'log')
head(table.CAPM(ret.z,ret.m), n = 2)

##        daily.returns to monthly.returns
## Alpha                         0.0007
## Beta                          0.0991
```

之前我们讨论了单个资产的特征描述，下面来介绍多资产情况下的计算。使用 Quandl 包读取需要的四种资产，构建成一个资产组合，将其转为 xts 格式对象，并计算出连续收益率。

```
library(Quandl)
IT <- Quandl('USER_1KR/1KT', start_date = '2008-01-01',
    end_date = '2012-12-31')
data <- xts(IT[,2:5],IT[,1])
data <- diff(log(data))
data <- data[-1,]
```

假设平均投资四种资产，可以使用矩阵来计算这个四资产组合的收益率均值和标准差。

```
w <- rep(0.25,times = 4)
w %*% colMeans(data)

##          [,1]
## [1,] 0.00024

sqrt(w %*% cov(data) %*% w)

##          [,1]
## [1,] 0.0168
```

可以观察到，资产组合的标准差显然要比单个资产标准差要小，也意味着风险要小。如前所述，另一种风险的度量方法是风险价值，VaR 函数可以计算单个资产或是组合资产的风险价值，同时可以计算出组合中各单个资产对组合 VaR 的贡献。

```
VaR(data, weights = w, portfolio_method = "component")

## $MVaR
##         [,1]
## [1,] 0.0265
##
## $contribution
##    AAPL     GOOG     MSFT      IBM
## 0.00821 0.00691 0.00598 0.00536
##
## $pct_contrib_MVaR
##  AAPL  GOOG  MSFT   IBM
## 0.310 0.261 0.226 0.203
```

　　图形是最好的描述方法，图11.4显示了四种资产的累积收益率和下跌情况。

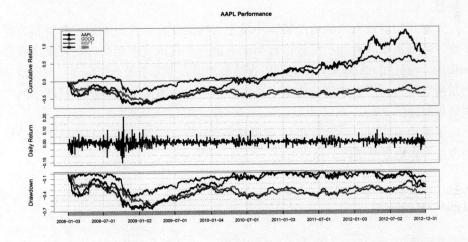

图 11.4　charts.PerformanceSummary(data)

　　图11.5是四种资产的散点图，横坐标为代表资产风险的标准差，纵坐标为期望收益率，从这两张图观察到，位于左上角位置的 IBM 股票，收益较高而风险较小，表现相对较好。

11.1.3 最优资产组合

　　前面我们计算了给定权重条件下的资产组合特征，例如收益率均值、标准差和风险价值。对于投资者来说，主要问题是要构建一个较好的资产组合，使其未来的收益率均值尽量大，而标准差这类风险指标尽量小。这就是资产组合要计算

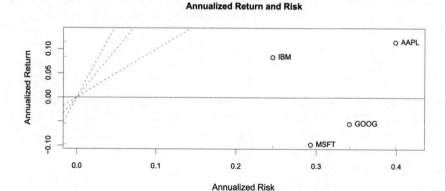

图 11.5 chart.RiskReturnScatter(data)

的问题。

如果我们假设未来的资产特征不发生大的改变，也就是期望收益率和方差不变，可以根据现有的历史价格数据来求出一个有效资产组合。有效资产组合（efficient portfolio）是所有相同期望收益率的组合中方差最小的组合，也可以认为是所有等方差组合中期望收益率最大的组合。这本质上是最优化问题中的二次规划问题。

下面我们使用上一节的 data 数据集所为示例，首先需要计算出该组合的期望收益率和协方差矩阵。

```
mu <- colMeans(data)
sigma <- cov(data)
```

然后使用 quadprog 包的二次规划函数，来计算给定期望收益为 0.0001 条件下的风险最小的资产组合，也就是各资产的权重比例。

```
library(quadprog)
A <- cbind(rep(1, 4), mu)
D <- sigma
x <- mu
b <- c(1, 0.0001)
solve <- solve.QP(2 * D, x, A, b, meq = 2)
(w <- round(solve$solution,2))

## [1] -0.14  0.16  0.34  0.64
```

```
sqrt(w %*% D %*% w)
```

```
##          [,1]
## [1,] 0.0149
```

从得到的结果 w 可知 GOOG 资产投资比例为 0.16，MSFT 资产投资 0.34，IBM 资产投资 0.64，同时用 0.14 的资金来做空 AAPL。对应的最小风险为 0.0149。

如果是不允许作空的投资组合，就需要对权重 w 设置大于等于 0 的约束，计算方法如下所示。

```
A <- cbind(rep(1, 4), mu, diag(rep(1, 4)))
D <- sigma
x <- mu
b <- c(1, 0.0001,rep(0,4))
solve <- solve.QP(2 * D, x, A, b, meq = 2)
(w <- round(solve$solution, 2))
```

```
## [1] 0.00 0.12 0.42 0.45
```

```
sqrt(w %*% D %*% w)
```

```
##          [,1]
## [1,] 0.015
```

此时得到的 w 为：GOOG 资产投资比例为 0.12，MSFT 资产投资 0.42，IBM 资产投资 0.45。对应的最小风险为 0.015。

有效前沿（efficient frontier）是所有有效资产组合的集合，如果我们不断改变目标期望收益率，同时计算出相应的最小风险组合，就可以得到整个有效前沿。下面我们计算出 100 个可能的组合来构成有效前沿。

```
minvariance <- function(targetmu){
  A <- cbind(rep(1, 4), mu)
  D <- sigma
  x <- mu
  b <- c(1, targetmu)
  solve <- solve.QP(2*D, x, A, b, meq = 2)
  w = solve$solution
  sd = sqrt(w %*% D %*% w)
  return(sd)
```

```
}
targetmu <- seq(-0.0001, 0.0005, length = 100)
minvar <- sapply(targetmu, minvariance)
```

　　　结果如图11.6所示。

```
plot(minvar, targetmu, type = 'b', pch = 16,
          xlab = 'Variance', ylab = 'Return')
```

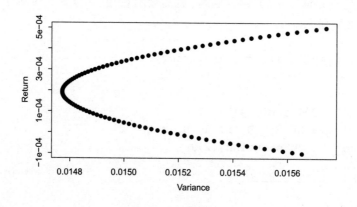

图 11.6　有效前沿图

　　　可以观察到位于全局最小方差点上方的为有效组合，位于其下方的点均为无效组合，因为在方差相同条件下都有更好的组合可以投资。

11.1.4 期权定价计算

　　　期权是一类重要的金融衍生品，我们从最简单的欧式期权开始计算其价格。计算一份期权价格通常要求几个信息，包括期权类型是看涨还是看跌，执行价格，到期日，股票价格，股票波动率。

　　　Black-Scholes 期权定价模型是经典的期权价格计算方法。我们使用 rinds 包中的 bsoption 函数来计算期权价格，假设已知隐含波动率 0.3，股票价格为 25，执行价格 25，无风险收益率 0.08，时间 0.5 年，没有红利，求相应看涨期权价格。

```
library(rinds)
bsoption(s = 25, x = 25, r = 0.08, t = 0.5, sigma = 0.3)
```

```
## [1] 2.6
```

B-S 公式是关于期权定价的连续型公式，因此我们很容易使用上面的函数来分析灵敏性。也就是观察当某个因素变化时，期权价格的变化规律，如图11.7所示。

```
optionPrice <- sapply(5:35, bsoption, x = 25, r = 0.08,
                t=0.5, sigma=0.3)
library(lattice)
data <- data.frame(s=5:35, p = optionPrice)
xyplot(p~s, data, type = 'l')
```

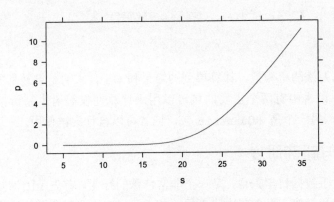

图 11.7 期权价格变化规律

之前是使用五个已知信息计算期权价格，如果已知期权价格，也可以用来反推波动率 sigma。下面使用求根函数 uniroot 来计算隐含波动率。假设股票价格为 35，执行价格 40，无风险收益率 0.06，时间 1 年，看涨期权价格为 3，可以求出隐含波动率为 0.29。

```
res <- uniroot(function(sigma) bsoption(sigma, s = 35, x = 40,
    r = 0.06, t = 1) - 3, interval=c(0,1), tol = 1e-10)
res$root

## [1] 0.291
```

另一种计算期权的方法是蒙特卡洛模拟。首先利用股票价格的模拟模型估计股票价格，再计算期权到期时的价格，进行多次模拟，然后计算平均值作为最终的价格。

```
mcoptioin <- function(s, x, r, sigma, t, n = 1000) {
  miu <- (r - 0.5 * sigma^2) * t
  sit <- sigma * sqrt(t)
  st <- s * exp(miu + sit * rnorm(n))
  price <- mean(exp(-r * t) * pmax(st - x,0))
  return(price)
}
mcoptioin(s=50, x=52, r=0.1, t=5/12, sigma=0.4, n=1e6)

## [1] 5.21

bsoption(s=50, x=52, r=0.1, t=5/12, sigma=0.4)

## [1] 5.19
```

进行一百万次随机模拟，计算得到的结果和 BS 公式的结果是基本一致的。

此外，R 语言中有两个主要的包可以用来计算期权等衍生品价格，一个是 fOptions 包，另一个是 RQuantLib 包，读者可以自行尝试使用。

11.2　R 与新药研发

制药业对于数据科学来说，是一个非常特殊的行业。首先是因为其研究是关于人类的生命和健康，很少有比这更重要的事了，该行业对分析的过程和结果的要求比很多其他行业要严格得多。其次，制药行业中的数学统计模型直指人体，研究的通常都是物理、化学和生物这样的自然规律，比起很多研究社会和人心的行业来说，数据分析更容易得到可靠的结论。

制药业对于 R 来说，就更特殊了。在 R 从一个不为人知的小工具发展到现在成为数据分析界的超级巨星的过程中，经历了很长的一段被质疑和诋毁的时间。尤其是在国内，有个流传很广的说法是"美国 FDA [1] 不认可 R 的结果"，这也是喜欢攻击 R 的 SAS 粉丝最常用的例子，因为 SAS 是制药行业的传统霸主，而制药业又如此得重要，如果能用唇枪舌剑将 R 阻挡在制药业之外就会使得其他行业对 R 也失去信心。

而实际上，真正的制药行业并不像很多人想象的那样。FDA 不会无聊到指定某个软件的地步，SAS 和 R 在制药行业也完全不是敌对的关系，相反是一种非常和谐的互补关系。

事实上，只要能满足 FDA 要求的标准流程并能将分析过程透明地展现的软

---

[1]FDA，美国食品药品监督管理局（Food and Drug Administration）的简称，是美国官方的食品药品监管机构，也是国际权威的制药审核机构。其审核流程的专业性和权威性在全球范围内都得到了广泛的认可，在加上美国制药企业的实力和巨大的本国市场，FDA 在某种意义上成了行业权威监管机构的代名词。

件就能用于药物的研发。在很多传统的分析人员的认知中，制药业的数据分析主要是对临床试验数据的分析，所有的新药上市之前都要经过大量严格的试验，而对药物有效性的验证是其能成功上市的关键因素。制药行业中传统地和分析相关的人员主要是统计分析师和 SAS 程序员，前者主要是负责试验设计和数据分析，后者主要负责数据处理和方法的实现，几十年来都配合得非常默契，而 SAS 也确实是临床试验数据的标准工具。

但是这个行业中和数据分析相关的领域远不止于此。与制药业数据分析相关的环节中最重要的是新药研发，而新药研发阶段在传统的临床试验分析之前还有一个全新的建模和模拟的部分，这里完全是 R 的天下。新药研发过程也涉及到了一个比较新的学科，就是定量药理学，FDA 于 2004 年提出了基于模型的药物研发模式，并于 2009 年正式成立了定量药理学评审室[34]。在定量药理学领域，R 语言的应用可以说如日中天。但是这些业界巨大的变化距离现在并不是很遥远，其滥觞于欧美，传入国内会适当延迟，因此并不是那么广为人知。由于国内的制药行业以仿制药为主，新药研发并不是那么重要，所以相关背景资料比较少，后文会花一定的篇幅对这个行业进行介绍。

一个比较好的消息是，在欧美，药厂里定量药理的相关职位的要求中，数据科学家已经成为重要的一极，而 R 语言也成了必备的工具。在新药研发中，没有任何一个药厂仅因为免费而使用 R，也不会有任何公司不去购买 SAS，临床试验中标准的分析流程用 SAS 可以非常完美地完成各项工作，不会有人为了尝新而用 R 去替换它。但是在建模和模拟的领域，每款药物的数据千差万别，每次试验的背景比思想走得更远，使用标准的模式和固定的流程是不可能的，这需要对数据进行透彻地理解、能够使用最前沿的方法并将其实现，这正是数据科学家的工作，也正是 R 所擅长的。作者作为数据科学狂热的追随者，以潜入各行各业的后院为乐，在目前的职业生涯中有很大一部分的经验就来自于定量药理，也直接参与了几款药物的研发过程，有的药物经过数年的努力之后现在仍然处于试验阶段。后文的介绍中很多都来自作者本人的经验和看法，在保密和回避过于复杂的模型的前提下，尽量试图使用 R 语言的操作将这个领域介绍清楚。

11.2.1　新药研发简介

在整个制药行业，每年的销售收入差不多是 6 万亿人民币[2]，这和当年惊呆了世界的中国政府的投资是一个数量级的。而每年制药行业的研发成本在 1 万亿左右，这也是一个惊人的数字。

---

[2]这一节里，关于制药行业市场介绍的各项数据来自于近几年来的一些新闻和出版物，并没有精确地进行考证，目地是为了介绍总体的规模，让读者能够直观地体会其数量级，而不是直接引用某一年的具体数据，如果要对其进行引用请注意这一点。

　　每款上市的新药的平均研发时间是 12 年。在从实验室走出来通过了动物试验的药物中，最终能进入人体试验的概率只有千分之一。而通过人体试验最终能够上市的概率只有五分之一。平均每款药物的研发成本在 50 亿人民币左右。在所有的失败案例中，差不多有一半都是因为在进行人体试验时无法证明其在统计上具有显著的有效性而饮恨的。

　　在新药研发的过程中，按照 FDA 的标准流程，需要进行四期的**临床试验**，只有通过了层层考验之后，才能上市卖个好价钱，把之前的研发费用弥补回来。

　　在四期临床试验之前，还有一个新药发现和临床前试验（Preclinical）的阶段。这个阶段主要是从实验室里筛选化合物[3]并在动物身上进行试验，掌握初步的药动学规律并证实无毒，然后才能进入人体试验阶段。这个阶段通常需要持续3.5 年，其花费差不多占了整个药物研发过程中 35% 的比例。这个阶段的试验通常都是探索性的，无常例可循，因此是 R 语言的一个很重要的应用领域。但是由于这个环节过于灵活，过往的案例借鉴意义不是很大，因此这里不会进行专门的介绍。

　　通常在决定做试验之前药厂就开始向 FDA 等监管机构提交研究性新药申请（Investigational New Drug Application，简称 IND），等到做完人体试验再提交新药申请（New Drug Application，简称 NDA）。也就是说，从试验刚开始，新药研发就开始了。

　　从第一期试验（Phase I）开始正式进入人体的临床实验阶段。第一期试验通常都是在健康的人群中进行，目地是证明药物的安全性，并探求药物的合适剂量。这个阶段主要是使用药动学和药效学（简称 PK/PD）[4]的方法去研究药物在人体内的吸收、分布、代谢等规律，并确认剂量的影响。这个阶段通常需要 100位以内的试验对象，花费 1 年左右，成本方面约占 15%。关于 PK/PD 的最专业软件是 NONMEM[5]，R 中的 `nlme` 包也能实现简单的应用，不过业界更多地是使用 R 来配合 NONMEM 进行分析、模拟和可视化展现[6]。在这个阶段，R 有着非常广泛的应用。

　　第二期试验（Phase II）可以说是最关键的阶段，此时开始招募对症的病人进行试验，通常需要 100 到 300 位试验对象。花费 2 年左右的时间。这个阶段的成本通常占整个流程的 40% 左右。这个阶段是建模和模拟最重要的应用领域，也是 R 最好的舞台。因为从此时开始有了真实的数据，尽可能地深入分析数据，

---

　　[3]目前的西药中绝大部分都是化合物药，生物制药现在越来越火热，但是成功案例还比较少。

　　[4]专业的说法是药代动力学和药效动力学，是定量药理学的重要组成部分，"第270页：11.2.2 药动学和药效学"中会进行介绍。

　　[5]来自 Sheiner 提出的非线性混合效应模型（non-linear mixed effects model），由 Beal 和 Sheiner 使用 FORTRAN 开发出专门的软件。无论是该模型还是该软件，都是当前所有药厂在群体药动学方面的首选工具。

　　[6]除了 R 之外，也可能会选用 Perl、Python 等语言

可以帮助后面第三期大规模试验提升药物剂量和给药方式的合理性，还可以帮助提高三期试验的成功率，当然，建模和模拟的结果也可以帮助药厂做出终止试验的决定。对一个失败的可能性很大的项目勇敢做出退出的决定可以节省大量的时间和资金。

由于第二期试验是新药研发中最重要的探索阶段，通常将第二期试验也分为两个阶段，IIa 和 IIb。IIa 期先选取少量的试验对象，根据试验结果进行分析和建模，进行大量的探索和尝试，然后扩大试验规模，开始 IIb 期。在 IND 申请中，FDA 于 2003 年提出了 EOP2A（End of Phase 2A）的申请，鼓励药厂尽早地与 FDA 交流，并分享临床实验数据的建模和模拟经验。现在越来越多的药厂开始申请和重视 EOP2A。对于这个环节的建模和模拟，FDA 虽然也不会推荐具体的软件，但是 FDA 发表的很多论文和提供的资料都是使用 R 实现的。在行业里，药厂负责新药研发的数据科学家们也把 R 当成了这个阶段标准的分析工具。

第三期试验（Phase III）就是大规模的人体试验了，通常需要 1000 位以上的试验对象，主要是通过临床试验来验证药物的有效性。这个阶段一般需要 3 年的时间，花费 10% 左右的成本。整个新药研发的成本到这个阶段之后就基本不再增加了。所以这个阶段由于无法验证有效性而失败的新药是最可惜的，而实际上，很大一部分新药都是败在这里，花光了所有钱、耗了多年的时间，结果一无所获。这个阶段的事实更加突显了早期介入数据分析和建模的重要性，反而是这个阶段的试验进行之后，尘埃落定，不再需要数据科学家进行更多的探索。主要的分析工作由传统的统计分析师和程序员来完成。

通过了第三期试验之后，就可以安心地等待各项审批工作的完成（通常花费 2.5 年左右的时间）。一旦新药能够批准上市，就可以开始进行第四期（Phase IV）试验，这个阶段里药物被应用到更广大的病患人群，进一步验证药物的安全性和不良反应。

进行完临床试验之后，药物就可以开始生产了，此后就是市场的阶段。成功上市后，剩下的工作就是销售和市场了。这个阶段当然也需要数据分析，但这与其他行业的市场销售分析的差别就没有那么巨大了。

值得一提的是，像 FDA 这样的监管机构并不是像足球场上的裁判那样以识别球员的违规行为为最终目标，实际上，监管部门由于具有更多综合性的经验，一个很重要的目标就是在提升整个行业的水平。因此，在新药研发中各种好的实践经验都会被 FDA 所提倡并推广到全行业。

类似的还有欧洲药监局，他们发起的 DDMoRe 项目（http://www.ddmore.eu/）基于开源工具开发了一套供全行业使用的流程和工具集，其中 R 语言占据了重要一环，我们从参与者列表中可以发现，除了各大药厂、学术机构以外，还有 Mango Solutions 这样的专门提供 R 语言服务的公司。

11.2.2 药动学和药效学

在新药研发的数据分析中，首先要使用的数学模型就是**药动学**和**药效学**模型了。药动学的全称是药物代谢动力学（Pharmacokinetics，简称 PK），主要研究药物浓度在体内随着时间变化的规律。药效学的全称是药物效应动力学（Pharmacodynamics，简称 PD），主要研究药物的作用与药理效应、治疗效果和不良反应。

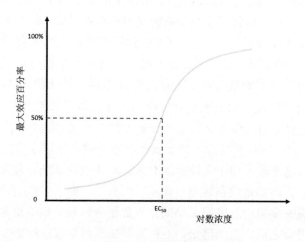

图 11.8　药效学曲线

药效学研究的内容可以由图11.8来简单地表示。横轴是药物浓度的对数，纵轴是根据最大效应计算的百分比。其中药物效应是比较抽象的概念，但是对于不同的研究有着明确的含义，比如某药物可以松弛平滑肌，但是也具有引起便秘的副作用，这些作用会引起人体的机能改变，从而产生效应。药效学中很多理论属于药理学，我们在此不做深入的讨论。但是根据效应和浓度的关系，可以建立数学模型[12]。图11.8 就显示了一个 S 型最大效应模型。其中有个很重要的指标 EC_{50} 就是**半最大效应浓度**。

药动学研究的内容可以由图11.9来简单地表示。药物通过一定的给药方式（静脉注射、静脉滴注、肌肉注射、口服等）进入体内后，其浓度会随着时间发生变化。一般来说达到某个峰值后将会随着代谢过程而不断降低。不同的药物、不同的给药方式，其浓度变化曲线是不同的，我们可以通过模型来研究这个过程。

在药动学的研究中，通常使用房室模型来描述药物在体内的变化规律。最简单的模型是一室模型，将人体想象成一个单独的腔体，药物进入血液后可以使用微分方程来描述其变化规律。对于最简单的静脉注射，药物直接进入血液循

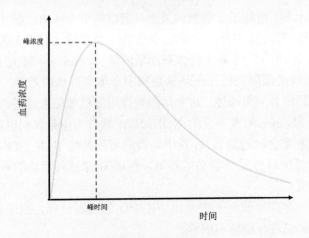

图 **11.9**　*药动学曲线*

环，那么药物剂量（我们用 X 来表示）的变化只与时间 t 和药物清除的速率有关，我们可以得到药量变化的微分方程[13]：

$$\frac{\mathrm{d}X}{\mathrm{d}t} = -kX \qquad (11.2.1)$$

其中 k 是清除速率常数，我们可以认为每个不同的人体，该常数会有区别。同样因人而异的另一个重要的量是表观分布容积 V，指的是理论上药物均匀分布应该占有的体液容积，用来描述药物在体内的分布情况，这是一个虚拟的体积，并不是模拟的人体腔体的体积，V 越大说明药物清除越慢、在体内留存的时间越长。根据药物剂量和 V 可以计算药物的浓度。

对式11.2.1积分可以得到药物剂量随着时间的变化公式，再结合参数 V 就可以得到药物在体内的浓度变化规律了。

在这个最简单的例子里，我们需要估计两个位置的参数，就是 k 和 V，如果这两个值确定了，就能估算出任意时间下药物在体内的浓度了。

通过以上的讨论，我们可以发现，关于药效学和药动学这样复杂的问题，我们最终可以将其通过数学模型来表示。然后利用很多人的血液样本数据，估计出未知的参数，从而进入到数据科学家擅长的道路中来。

在新药研发的定量药理学中，PK 和 PD 有融合的趋势，我们通常使用PK/PD 模型将 PK 和 PD 联系起来，从而更深入地理解剂量、浓度和效应之间的关系。在实际的分析中，也是直接使用 PK/PD 模型比较多，药物效应通常是因变量，在模型中估计药动学的几个参数，从而得到完整的模型。

PK/PD 模型基于的数据是血样数据，来自于对每位试验者的采血数据。由于试验对象是人，不可能过于频繁地采血，所以每个个体的数据并不多。但是人与人之间的个体差异比较明显，同时人类作为一个群体又有很大的共性。对于这样的问题，专门产生了一个称为**群体药动学**的学科，Sheiner 等人于 1972 年提出了**非线性混合效应模型**来研究药动学数据中个体和群体的差异，简单来说，将群体的共性用固定效应来描述，将个体的特性用随机效应来描述。这个领域最专业的工具就是 Sheiner 等人开发的 NONMEM 软件。但是我们也可以使用 R 来建模和求解（效率会比较低），行业中经典的应用是将 R 和 NONMEM 进行搭配，使用 NONMEM 来估计模型的系数，使用 R 来进行后续的可视化展现、分析、建模和模拟。

我们通过一个简单的例子来介绍 PK/PD 的实现过程，由于问题比较简单，我们使用 nlme 包进行建模和求解。

rinds 包中包含了一个数据集 Dosing，这是模拟某个药物通过静脉注射的方式给药并采集了 100 位试验对象的血液样本数据：

```
data(Dosing, package = "rinds")
head(Dosing)

##   ID TIME CONC AMT DOSE MDV  AGE   WT ISM CLCR
## 1  1 0.00   NA 100  100   1 34.8 38.2   0 42.6
## 2  1 0.25 13.0  NA  100   0 34.8 38.2   0 42.6
## 3  1 0.50 15.0  NA  100   0 34.8 38.2   0 42.6
## 4  1 0.75 14.2  NA  100   0 34.8 38.2   0 42.6
## 5  1 1.00 19.3  NA  100   0 34.8 38.2   0 42.6
## 6  1 1.50 13.1  NA  100   0 34.8 38.2   0 42.6
```

ID 代表试验对象的编号，从 1 到 100。TIME 是时间点，0 表示第一次给药，以小时为单位。CONC 是血药浓度数据，也是我们这次研究的因变量，这是最简单的药动学数据，以浓度为我们的研究对象，并不包含其他药效学的指标。AMT 表示给药的情况，我们可以注意到，这是一种特殊的数据组织形式，当 CONC 为 NA 时，AMT 具有数值，而 AMT 为 NA 时，CONC 具有数值，这种方式是 NONMEM 软件常用的方式，通过 MDV 来区分缺失值，如果 MDV 的值为 1，表示因变量的值缺失，否则应该为 0 。在这个数据中可以用来区分"给药"和"采血"这两个事件。DOSE 表示给药剂量，我们可以发现只有 100 毫克和 250 毫克这两种情况。当 MDV 等于 1 时，AMT 的数值等于 DOSE 的剂量，表示给药，此时没有血药浓度的信息；当 MDV 等于 0 时，AMT 为 NA，表示采血，CONC 的值表示此时的血药浓度。

AGE、WT、ISM、CLCR 这四个变量描述了试验对象的个体信息，分布对应年龄、体重、性别（是否为男性）和肌酐清除率（可以衡量肾脏的功能），对于每位个体，在不同的时间点下这些变量的值是恒定的，这样的变量称为协变量。我们通常使用协变量来分析不同个体的区别。

对于这个数据，我们可以在 R 语言中使用微分方程来建模和求解，行业里常用 deSolve 包。不过该包主要用于处理微分方程，用来求解和模拟比较方便，如果要使用非线性混合效应模型来对药动学数据进行建模还需要大量其他的编程。对于这个问题，我们可以直接使用 nlme 包提供的 phenoModel 函数，从其帮助文档来看，该函数是用来对苯巴比妥这种药物建模的，但实际上，像我们这种包含参数 k 和 V 的一室模型都可以使用。这个函数使用 C 语言实现，能够用于 nlme 的建模，正好适用于我们的例子。

首先，这种结构的数据是包含多个个体的纵向数据，我们需要告诉模型如何分组。我们要分析的个体是试验对象，要分析的关系是浓度随着时间的变化，因此可以使用 groupedData 函数构造一个分组对象：

```
library(nlme)
Dosing.grp <- groupedData(CONC~TIME|ID, data = Dosing)
class(Dosing.grp)

## [1] "nfnGroupedData" "nfGroupedData"  "groupedData"
## [4] "data.frame"
```

我们设定浓度 CONC 为因变量，使用 phenoModel 模型建立非线性混合效应模型。该模型需要使用数据中的 ID、TIME、AMT 这三个变量，此外还有 k 和 V 这两个参数。在这个模型中需要传入这两个参数的对数值。在这个一室模型里，k 通常指的是清除率，因此我们使用 lCl 和 lV 来表示这两个参数。对这两个参数，需要通过 start 来设置初始值，然后指定固定效应和随机效应的公式，建模并求解：

```
Dosing.fit <- nlme (CONC~phenoModel (ID, TIME, AMT, lCl, lV),
    fixed = lCl+lV ~1, random = pdDiag(lCl+lV ~1),
    data = Dosing.grp, start = c(lCl = -5, lV = 0),
    weight = varConstPower(const=1, fixed = list(power=1)),
    na.action = function(x) x , naPattern = ~ !is.na(CONC)
)
Dosing.fit

## Nonlinear mixed-effects model fit by maximum likelihood
##   Model: CONC ~ phenoModel(ID, TIME, AMT, lCl, lV)
```

```
##    Data: Dosing.grp
##    Log-likelihood: -4399
##    Fixed: lCl + lV ~ 1
##     lCl     lV
## -0.866   1.958
##
## Random effects:
##  Formula: list(lCl ~ 1, lV ~ 1)
##  Level: ID
##  Structure: Diagonal
##              lCl      lV Residual
## StdDev: 0.414 0.442    0.0811
##
## Variance function:
##  Structure: Constant plus power of variance covariate
##  Formula: ~fitted(.)
##  Parameter estimates:
## const power
## 29.3    1.0
## Number of Observations: 1500
## Number of Groups: 100
```

对于该模型的结果，最重要的是参数的估计值，也就是模型中的固定效应部分：

```
fixed.effects(Dosing.fit)
```

```
##    lCl     lV
## -0.866   1.958
```

由于估计的值是真实 "Cl" 和 "V" 的对数，因此我们对其进行指数运算，从而求得药动学模型的两个参数：

```
exp(fixed.effects(Dosing.fit))
```

```
##    lCl     lV
## 0.421 7.084
```

利用估计的参数，我们可以进行后续的建模和模拟。如果将原始数据带入模型，可以通过预测值与真实值的比较查看模型的效果。

我们可以直接使用 `fitted` 函数得到预测值，参数 level 为 0 时表示对群体的预测值，参数 level 为 1 时表示对个体的预测。我们对原始数据剔除给药数据，然后将血药浓度数据和预测值合并：

```
concDf <- Dosing[Dosing$MDV == 0,]
concDf$IPRED <- fitted(Dosing.fit, level = 1)
concDf$PRED <- fitted(Dosing.fit, level = 0)
```

我们可以任意选择不同的个体，分别比较个体预测和群体预测的效果，例如我们选取前两个个体，预测结果如图11.10所示。

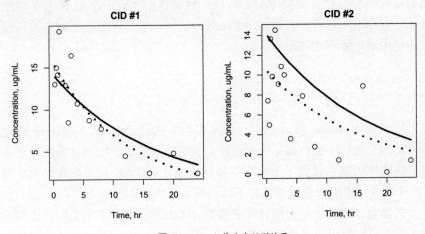

图 **11.10** *血药浓度预测结果*

我们可以发现，个体预测的结果与个体的真实值非常接近，而群体的预测值与个体存在一定的差异。

11.2.3 建模和模拟

建模和模拟（Modelling and Simulation，M&S）是新药研发中使用模型进行探索的方式。随着整个行业不断地发展越来越重视这个研究过程，这也是数据科学家在新药研发领域最能发挥作用的领域。

现在制药界倡导一种新的理念，即所谓"基于模型的新药研发"，通过建立和应用数学模型，将药物治疗和观察效应联系起来。研究者应用定量药理模型将各种知识综合起来，去理解影响有效性和安全性结果的决定因素，这些知识包括疾病状态、相关的生物标志物、从临床前和临床研究中获得的发现。然后模拟不同的设计方法，计算不同的病人群体和治疗方案等情景下试验成功的概率，从而提高对预测未来事件的正确性[11]。

关于建模，主要是针对各类疾病的特征建立模型，同时与药动学和药效学数据相结合。并没有固定的模式，常常需要自行建模或者借鉴他人的模型进行编程实现，这也是传统的统计分析师和程序员不大涉足的领域。具体的模型取决于具体的研究对象，比如对于糖尿病药物，血液中的 HbA 等指标就可以直接拿来建模。对于止疼药，需要对主观评分的量表数据进行建模。对于肿瘤药物，可能要对肿瘤的大小和生长状况进行建模。本书中"模型篇"部分介绍的很多模型都在行业里有着广泛的应用。

对于模拟，"第169页: 7.4 随机模拟"这一节对其方法进行过介绍。新药研发中的模拟思路与其他行业的蒙特卡洛方法是一样的。但是由于制药行业的数据和试验设计的特殊性，值得专门去研究。目前使用比较广泛的 R 包是辉瑞公司与 Mango Solutions 合作开发的 MSToolkit 包，本书作者也是其中的开发者之一。该包的最新版在 R-forge 上：

```
install.packages("MSToolkit",
    repos="http://R-Forge.R-project.org")
```

我们可以使用 generateData 函数来模拟临床试验数据。subjects 用来设置试验对象的个数，treatDoses 用来设置药物剂量的对比。比如之前的例子中我们在真实的临床试验里只做了 100 毫克和 250 毫克的试验，但是当我们建立模型之后，就可以通过模拟来设置更多种不同的剂量方案，从而节约大量的试验成本。对于模型的参数，可以使用随机分布来模拟，比如之前例子里的 Cl 和 V 等。在这个例子中，我们使用更复杂的药效学模型，包含 E0、ED50、EMAX 这几个参数，可以假设他们服从多元正态分布，就可以通过 genParMean 和 genParVCov 参数来设置其均值和协方差矩阵。除此之外我们还可以选择其他的分布，也可以模拟离散的随机变量，详情可以查看帮助文档。对于研究中最关键的因变量可以通过 respEqn 来设置其公式，如果公式比较复杂，比如使用微分方程表示的关系，还可以自定义函数并借助 deSolve 包进行定义。

我们模拟一个 100 人参加的试验，每条记录是一位试验对象的药效数据。如果我们要模拟像之前例子中那样形式的药动学数据，可以通过 treatPeriod 来设置时间点。在这个例子中，我们只模拟药效的数据，replicateN 表示模拟的次数，此处设为 10，表示按照同样的方式模拟 10 次。我们将模拟的结果生成在一个临时文件夹中：

```
library(MSToolkit)
tmpdir <- tempdir()
generateData(replicateN = 10, subjects = 100,
```

```
    treatDoses = c(0, 5, 10, 50, 100),
    genParNames = "E0,ED50,EMAX",
    genParMean = c(2,50,10), genParVCov = c(.5,30,10),
    respEqn = "E0 + ((DOSE * EMAX)/(DOSE + ED50))",
    respVCov = 2, workingPath = tmpdir)
```

运行结束后在工作文件夹中会出现一个名为 ReplicateData 的文件夹，里面包含所有模拟的数据，每次试验对应一个文件，我们查看第一次模拟的数据：

```
tmpdir <- "C:\\Users\\Jian\\Documents"
rep1 <- read.csv(file.path(tmpdir, "ReplicateData",
    "replicate0001.csv"))
head(rep1)

##   SUBJ TRT DOSE   E0 ED50 EMAX PAROMIT RESP RESPOMIT
## 1    1   2    5 2.19 44.7 10.7       0 3.60        0
## 2    2   3   10 2.19 44.7 10.7       0 4.16        0
## 3    3   1    0 2.19 44.7 10.7       0 1.30        0
## 4    4   1    0 2.19 44.7 10.7       0 5.14        0
## 5    5   5  100 2.19 44.7 10.7       0 8.06        0
## 6    6   3   10 2.19 44.7 10.7       0 1.42        0
```

这样的数据可以认为是真实的临床试验数据，我们可以对其进行分析。analyzeData 内置了分析临床试验数据的常用流程。对于多次模拟的数值，我们通过传入 analysisCode 函数来分析每一个单独的文件，并通过 macroCode 函数汇总分析的结果。

在这个药效例子中，我们使用最大效应模型来建模。该模型可以由 rinds 包中的 emax.fit 函数来实现。我们知道这个模型包含"ED50"、"E0"和"EMAX"这三个参数，我们数据中的因变量正是由这三个参数的模拟值计算出来的。我们使用模拟的数据利用 emax.fit 可以重新估计出参数，然后利用参数计算预测值，就可以模拟一个使用真实数据建模的过程。这个过程我们可以自定义一个名为 emaxCode 的函数，其中的参数 data 可以采用任意其他的变量名，对应模拟出来的数据框。

```
emaxCode <- function(data){
    uniDoses <- sort(unique(data$DOSE))
    eFit <- emax.fit( data$RESP, data$DOSE )
    outDf <- data.frame( DOSE = uniDoses,
        MEAN = eFit$fitpred, SE = eFit$sdpred)
```

```
    outDf
}
```

我们希望对分析结果进行分析汇总，比如我们希望预测值中如果存在某个剂量下的均值能够大于 7，就认为这个试验成功了，那么可以设置一个函数来完成这个操作，我们自定义了一个名为 macroCode 的函数：

```
macroCode <- function(data) {
    data.frame(SUCCESS = max(data$MEAN) > 7)
}
```

然后我们可以调用 analyzeData 函数，将自定义的 emaxCode 函数赋值给 analysisCode 参数，macroCode 函数赋值给 macroCode 参数：

```
library(rinds)
analyzeData(analysisCode = emaxCode,  macroCode = macroCode,
    workingPath = tmpdir)
```

分析结果会自动生成在工作文件夹的 MicroEvaluation 和 MacroEvaluation 文件夹中。MicroEvaluation 包含我们调用模型进行拟合的结果，我们查看第一次模拟的数据：

```
micro1 <- read.csv(file.path(tmpdir, "MicroEvaluation",
    "micro0001.csv"))
micro1
```

##	INTERIM	INTERIMC	DOSE	MEAN	SE	INCLUDED	DROPPED	STOPPED
## 1	0	FULL	0	1.94	0.267	1	0	0
## 2	0	FULL	5	2.88	0.183	1	0	0
## 3	0	FULL	10	3.69	0.233	1	0	0
## 4	0	FULL	50	7.55	0.309	1	0	0
## 5	0	FULL	100	9.70	0.256	1	0	0

我们可以看到对于每种剂量都计算了预测值。

MacroEvaluation 中包含对分析结果进行汇总的结果：

```
macro1 <- read.csv(file.path(tmpdir, "MacroEvaluation",
    "macro0001.csv"))
macro1
```

```
##   SUCCESS
## 1    TRUE
```

　　我们仍然是查看第一次模拟的结果，在这个例子中只有简单的成功与否的信息。在实际的应用中，可以定义更复杂的判断标准。当然也可以定义更复杂的模型。利用建模和模拟，我们可以最大化地利用已有的数据，从而在大规模试验之前进行探索，进而增加后期试验的成功率，并能极大地降低试验成本。

本章总结

　　金融和制药是最典型的数据科学的行业应用，也是 R 最重要的应用领域之一。但是需要注意的是，国内的这两个行业有些不同。本章中的例子主要也是来自于欧美，这在全书中也算是比较特别的地方。

　　国内的金融投资更看重的是经验与直觉，数据分析的作用相对不那么重要，这主要是由市场和监管机构决定的。当然，这种情况现在也发生了变化，量化投资在国内也逐渐有了用武之地，可能在不远的将来 R 能在国内金融投资领域发挥越来越重要的作用。

　　国内的制药行业目前仍然是以仿制药为主，自主研发的新药并不多见，因此新药研发中的数据分析并不常见。但是随着生物制药的兴起，国内的重视程度与研发水平也逐渐跟上了国际的步伐，未来也可能成为数据科学家重要的舞台。

第 12 章　R 与互联网文本挖掘

互联网行业是一个新兴的行业，目前来说，基本上数据分析领域最前沿的技术和应用都来自于该行业。与很多传统行业相比，互联网行业并没有形成很多固定的分析方法，这是一个各种分析方法和技术都能大行其道的领域。

这个行业最大的特点是数据来源的多样性。不像大多数行业的主要数据来源于生产数据和实验数据，互联网天然就是一个生产数据的大工厂。除了传统的数值型数据以外，文本型的数据以及一些非结构化的数据都能得到很好的应用。为了突出这个行业中数据的重点，我们在这一章里重点介绍基于文本数据的分析和处理方法。

12.1　网络数据获取

12.1.1 XML 与 XPath

在当今互联网时代，很显然互联网是一个非常重要的数据来源。对于数据科学家来说，数据就是黄金，那么互联网无疑是一个最大的金矿。如何从互联网中获取数据，是首先要面临的问题。

在计算机程序开发领域，网络爬虫的开发是一个很专业的方向，技术门槛比较高。但是该领域的几个非常方便的工具已经被集成到 R 的一些第三方包中了，所以我们完全可以基于 R 用一种很容易的方式来实现互联网数据的抓取，让我们可以直接去挖掘互联网这座金矿。

XML 包包含了一些抓取网络数据的常用函数。对于网络数据，最简单的形式是网络上的表格数据，这种数据通过复制粘贴可以直接粘贴到 Excel 中。在 R 中我们也可以很容易地将其直接抓取成数据框：

```
library(XML)
strurl <- 'http://zh.wikipedia.org/wiki/中国一级行政区'
tables <- readHTMLTable(strurl, header = FALSE,
    stringsAsFactors = FALSE)
head(tables[[1]])
```

```
##      V1        V2  V3            V4   V5 V6      V7        V8
```

```
## 1  編號  行政區名  簡稱       省會／首府  地區        編號  行政區名
## 2  01    江蘇省    蘇              鎮江   華中  26  遼寧省      遼
## 3  02    浙江省    浙              杭州   華中  27  安東省      安
## 4  03    安徽省    皖              合肥   華中  28  遼北省      洮
## 5  04    江西省    贛              南昌   華中  29  吉林省      吉
## 6  05    湖北省    鄂   武昌（今武漢）  華中  30  松江省      松
##            V9           V10  V11
## 1  簡稱  省會／首府  地區
## 2  瀋陽          東北  <NA>
## 3  通化          東北  <NA>
## 4  遼源          東北  <NA>
## 5  吉林          東北  <NA>
## 6  牡丹江        東北  <NA>
```

　　readHTMLTable 函数会根据 table 标签获取网页上的表格数据，但需要注意有时会和其他无关数据一同抓下来，所以用户需要首先用 str 函数来查看 tables 内部包含什么数据，观察发现 tables 的某个元素才是我们需要的表格，因此赋值到新的变量。

　　上面的例子中，网页提供了现成的表格可以抓取，如果页面中是一些非结构化的数据，就要用到 XML 包中的其他函数了。其中最重要两个函数是 htmlParse 和 getNodeSet ，前者负责抓取页面数据并形成树状结构，后者对抓取的数据根据 XPath 语法来选取特定的节点集合。下面用一个简单的例子来看一下这两个函数配合使用的效果。本例的目的是要抓取豆瓣电影 250 部最佳电影中前 25 部的名称。

　　抓取数据前要先了解数据存放的方式，推荐使用 chrome 浏览器的开发者工具来观察这个页面，发现这个网页中电影名字的主要信息存放在如下的标签中<tr class='info'>，我们需要抽取这些标签下的链接信息。

```
strurl <-'http://movie.douban.com/top250'
movie <- htmlParse(strurl)
nodes <- getNodeSet(movie, "//div[@class='info']//a//span[1]")
moviename <- sapply(nodes, xmlValue)
moviename[1:6]

## [1] "肖申克的救赎"    "这个杀手不太冷"  "阿甘正传"
## [4] "霸王别姬"        "美丽人生"        "海上钢琴师"
```

　　上面的代码先使用 `htmlParse` 解析网页，再使用 `getNodeSet` 函数得到网页节点集合。注意在第三行代码中，函数的参数中使用了 XPath 语法，关于 XPath 的语法介绍，我们通过一个更复杂的例子来说明。

　　在新浪微博中，我们可以在不登录的情况下搜索某个关键词，利用搜索结果的 URL 地址，比如搜索"R 语言"结果的第一页，按照时间排序，其 URL 地址为http://s.weibo.com/weibo/R%E8%AF%AD%E8%A8%80&xsort=time&page=1。

　　如果我们通过浏览器打开该地址，可以看到一个网页，查看该网页的源代码，可以看到一个完整的 HTML 的树状结构，里面包含所有我们能从网页上看到的元素。针对这种树状结构，更严格的格式是 XML，通过一套标记描述了所有信息的结构和内容，同时提供了 XPath 这样一种路径语言来解析这种树状结构。

```
library(XML)
loginURL <- "http://s.weibo.com/weibo/R%E8%AF%AD%E8%A8%
80&xsort=time&page=1"
pagetree <- htmlParse(loginURL)
class(pagetree)
```

　　对于这个树对象，我们可以使用 XPath 来解析我们想要的元素，XPath 表达式主要包括以下符号：

nodename 选取此节点的所有子节点。
/ 从根节点选取。
// 从匹配选择的当前节点选择文档中的节点，而不考虑它们的位置。
. 选取当前节点。
.. 选取当前节点的父节点。
@ 选取属性。

　　通过观察源代码，发现微博的信息都包含在 <script> 这个标签下，那么我们使用 `getNodeSet` 函数来获取 script 下面的节点：

```
pagenode <- getNodeSet(pagetree, path = "//script")
```

其中 path 参数中的字符串就是 XPath 表达式，我们知道"//"表示不考虑位置的 script 节点。

　　对于很多简单的网页，在取出来的节点中直接通过 `xmlValue` 等函数来取值即可，但是新浪微博的页面比较特殊，我们从 script 节点中取出来的内容包含一个 json 字符串，要使用 **rjson** 包将这个 json 字符串转成 R 中的列表，然后提取真正的 HTML 页面的元素，如下所示：

```
pagescript <- sapply(pagenode, xmlValue)
weiboline <- pagescript[grep("\"pid\":\"pl_weibo_feedlist",
                             pagescript)]
weibojson <- gsub("\\)$", "", gsub("^.*STK.pageletM.view\\(",
                             "", weiboline))
library(rjson)
weibolist <- fromJSON(json_str = weibojson)
weibopage <- htmlParse(weibolist[["html"]], asText=TRUE,
              encoding = "UTF-8")
```

通过两次提取，weibopage 这个 HTMLInternalDocument 树对象才是我们真正需要解析的树。比如，我们从中提取出 dd 节点下 class 属性为 content 的节点：

```
weiboitem.con <- getNodeSet(weibopage,
              "//dd[@class='content']")
```

一共得到 20 个节点，代表 20 条微博，我们进一步解析该节点，以第一条微博代表的节点为例，提取其中的作者信息：

```
author.con <- getNodeSet(weiboitem.con[[1]],
    "p[@node-type='feed_list_content']/a")[[1]]
xmlValue(author.con)

## [1] "lijian001"

xmlGetAttr(author.con, name = "nick-name")

## [1] "lijian001"
```

`xmlValue` 函数可以获取节点中的值，`xmlGetAttr` 函数可以获取节点中某个属性的值，比如 "nick-name" 这个属性，为了保护用户的隐私，这里不列出取到的结果。

通过这个流程我们可以了解到 XML 包以及 XPath 表达式的强大之处，基本上网页中的任何信息都可以通过 XPath 取出来。对于有些动态的网页，无法直接通过查看源代码的方式抓取到全部的静态内容，此时就需要借助于第三方工具（比如 Fiddler）来获取真实的 URL 信息，然后使用同样的方式来解析。

12.1.2 RCurl 抓取网页

有些网页需要登录之后才能查看，这种情况下用之前介绍的 XML 包是没办法通过一个直接的 URL 来获取内容的。这个时间就需要一个更加强大的工具来进行抓取。R 中的 `RCurl` 包就是一个这样的工具，它集成了 Curl，可以认为是一个小型的浏览器，我们可以使用它来模拟登录并保存 Cookies，从而实现更加强大的网络抓取功能。

`RCurl` 中抓取网页信息的函数是 `getURL`，除了页面 URL 之外，还有一个最重要的参数 curl，需要传入一个 CURLHandle 类型的对象，类似于浏览器中的设置，将信息保存在该对象中就可以很方便地进行抓取了。

```
library(RCurl)
cookieFile <- "cookies.txt"
loginCurl <- getCurlHandle(followlocation = TRUE,
            verbose = TRUE, ssl.verifyhost = FALSE,
            ssl.verifypeer = FALSE, cookiejar = cookieFile,
            cookiefile = cookieFile)
resXML <- getURL(loginURL, curl = loginCurl)
```

上面的代码是一个通过 `RCurl` 设置 Cookies 的例子，我们首先指定一个文本文件用来保存 Cookies 的信息，然后使用 `getCurlHandle` 设置 Cookies 的位置和保存信息，将该对象传入 getURL 函数就能实现每次访问保存 Cookies 的效果了。如果通过浏览器登录后还可以保存登录信息，这样就能实现更高级的网络抓取功能。

12.1.3 Rweibo 与 OAuth

对于本章使用到的新浪微博的数据，还有一个更直接的方式来获取信息，就是使用 `Rweibo` [1]包。

`Rweibo` 是一个 R 语言下操作新浪微博的包，基于新浪提供的 API 进行开发，实现了大部分的接口函数。调用新浪 API 的时候，通过 OAuth2.0 的方式进行授权。每位用户需要申请一个自己的应用，得到该应用的 App Key 和 App Secret，然后利用 `Rweibo` 包实现 OAuth2.0 的授权，从而通过 R 中的函数调用新浪提供的接口，在自己的微博帐号下进行各种操作。

关于 OAuth 2.0 的授权，开发者将自己的 App Key 以及授权回调页（通常是放在自己站点上的一个动态页，在 Rweibo 中采用内置的本机 HTML 文件）

---

[1]主页：`http://jliblog.com/app/rweibo`，该包由本书作者李舰开发，关于该包的详细介绍请参考该包的使用指南。

信息做成一个基于新浪的链接发给微博用户，用户如果能确定该链接来自新浪，就可以用自己的帐号和密码进行登录和授权，然后新浪会返回一个处理后的授权 Token 给开发者，开发者利用这个授权 Token 再加上自己的 App Secret 信息向新浪获取一个访问 Token，以后就可以利用这个 Token 对其绑定的应用及微博用户进行各项操作。这就好比是一把钥匙，开发者只要存着这把钥匙，下次如果再对该用户做某些操作时就不需要再征求他的同意了，除非用户主动废除这把钥匙。以上的过程就是 OAuth 授权的过程。

目前很多主流的社交网络，比如 Facebook、Twitter、人人网等，都是通过 OAuth 的机制进行授权，Facebook 和 Twitter 可以在 CRAN 上下载到类似 `Rweibo` 的接口包。对于没有现成 R 包可以使用的社交网络平台，只要其使用了最主流的 OAuth 方式，感兴趣的读者都可以参考 `Rweibo` 包中的实现方式进行修改，从而开发出自己的接口。

12.2 中文文本处理

12.2.1 文本处理

12.2.1.1 字符串的操作

尽管 R 语言的主要处理对象是数字，但字符串有时候也会在数据分析中占到相当大的比例。特别是在文本数据挖掘日趋重要的背景下，在处理字符这种非结构化数据时，我们需要能够熟练地操作字符串对象。R 语言中主要的字符串操作函数有如下几个：

获取字符串长度：`nchar` 能够获取字符串的长度，它也支持字符串向量操作。注意它和 `length` 的结果是有区别的。

```
fruit <- 'apple orange grape banana'
nchar(fruit)
```

```
## [1] 25
```

字符串分割：`strsplit` 负责将字符串按照某种分割形式将其进行划分，需要设定分隔符。下面我们是用空格来作为分隔符将 fruit 分为四个元素。

```
strsplit(fruit,split=' ')
```

```
## [[1]]
## [1] "apple"  "orange" "grape"  "banana"
```

字符串拼接：paste 负责将若干个字符串相连结，返回成单独的字符串。其优点在于，就算有的处理对象不是字符型也能自动转为字符型。另一个相似的函数 paste0 是设置无需分隔符的拼接。

```
fruitvec <- unlist(strsplit(fruit,split=' '))
paste(fruitvec,collapse=',')

## [1] "apple,orange,grape,banana"
```

字符串截取：substr 能对给定的字符串对象取出子集，其参数是子集所处的起始和终止位置。

```
substr(fruit, 1,5)

## [1] "apple"
```

R 语言本身的字符处理能力已经不错了，但使用起来仍然不是很方便。stringr 包将原本的字符处理函数进行了封装打包，统一了函数名和参数。增强了向量化处理能力，并能兼容非字符数据。stringr 包号称能让处理字符的时间减少 95%。

在前面章节豆瓣电影例子中，我们使用 XML 包将网页解析为一个树状结构，并使用 XPath 语法提取内容。下面还是以豆瓣电影 250 为研究对象，但是我们将它看作一个纯文本，使用 R 中的基础字符函数和 stringr 包的字符串操作函数来提取电影名字。

首先我们使用 readLines 取得页面中所有的字符串：

```
strurl <-'http://movie.douban.com/top250'
web <- readLines(strurl, encoding="UTF-8")
web[[1]]

## [1] "<!DOCTYPE html>"
```

为了确保编码的正确，我们可以加上 encoding 参数[2]，这样得到网页上的所有内容，每一行为字符向量的一个元素。通过 chrome 仔细观察会发现，电影的名字都保存在<span class="title"> 标签内。所以找到这一行的编号，就可以找到电影名字所在行的编号。

---

[2]其具体的用法在"第287页：12.2.1.2 区域设置和字符编码"中会详细介绍。

```
library(stringr)
movienum <- web[grep('<span class="title">',web) + 1]
# perl 的前后查找
moviename <- str_extract(movienum,
    regex("(?<= / ).*(?=</span>)"))
moviename[1:6]

## [1] "The Shawshank Redemption"
## [2] "月黑高飞(港)  /  刺激1995(台)"
## [3] "Léon"
## [4] "杀手莱昂  /  终极追杀令(台)"
## [5] "Forrest Gump"
## [6] "福雷斯特·冈普"
```

我们可以通过 grep 函数[3]，找到电影名字所在行编号，并以此为索引编号，取得字符串子集。在 HTML 文档中，电影名称被一些特定的字符串前后包围，因此使用正则表达式来提取符合这个特征的字符串内容。

12.2.1.2 区域设置和字符编码

R 在处理国际化字符的时候默认是根据操作系统的区域设置来处理，这在一定程度上会带来困扰，因为很多人的操作系统中选择的区域设置格式和本国的语言并不一致。在处理中文的时候，默认的字符编码是 GBK，这就要求操作系统的区域设置中格式要为中文，如果操作系统是英文系统或者区域格式设为了英文，那么中文字符就会在控制台上显示为乱码。

R 提供了 Sys.setlocal 函数可以在 R 中修改区域设置，而不需要改变整个操作系统的区域设置。与之相对的是查看区域设置的命令：

```
Sys.getlocale(category = "LC_CTYPE")

## [1] "English_United Kingdom.1252"
```

如上例所示，区域设置为英国的格式，那么中文将无法正常显示。我们可以将其设置为中文：

```
Sys.setlocale('LC_ALL','Chinese')
```

从而能正常显示中文。如果所有的中文字符全部是 GBK 编码，那么将不会有任何问题，但是很多数据来源于网络或者数据库，会采用 UTF-8 的编码方式。而

---

[3]该函数可以实现正则表达式，详见"第289页: 12.2.2 正则表达式"。

且很多 R 包的开发者都是英语国家的人，基本不会为了中文或者其他国际字符做专门的处理，GBK 的编码在使用这些包的时候经常会遇到问题，因此在 R 中使用 UTF-8 的字符编码是一种值得推荐的方式。

　　Windows 的机器中无法将区域选项设置为 UTF-8，这就导致了在 Windows 环境下 `Sys.setlocal` 要么设置成中文要么设置成某个英语国家的编码，有时候会遇到问题。一般推荐是设置成中文，这样也能正常解析 UTF-8 的编码。

　　对于一些文本输入，原先的输入流的编码方式如果在 R 中解释得不对，也会出现乱码的情况，这个时候可以在读入的时候加上 encoding 的参数：

```
file1 = file('example.csv', encoding='UTF-8')
str1 <- readLines(file1)
```

或者将解释错误从而展现为乱码的字符串重新编码：

```
Encoding(str2) <- "UTF-8"
```

有时候乱码是由于编码本身就错了，并不是系统解释错误的原因，这就需要使用 `iconv` 来进行内码转换，例如：

```
iconv(str3, "GBK", "UTF-8")
```

　　一般来说，合理使用 `Sys.setlocal` 、`Encoding` 和 `iconv` 函数能够解决所有的乱码问题。但是由于 R 中原生的关于字符编码的函数很少，因此遇到乱码问题时很难判断具体的原因是什么，因此需要借助于第三方包。这里推荐本书作者李舰开发的 `tmcn` 包。

12.2.1.3　tmcn 包简介

　　tmcn 包[4] 是一个专门用来进行中文文本分析和挖掘的包，目前正处于持续开发中，会不断增添新的功能。当前版本的该包主要包括一些中文编码处理和文本操作的函数，未来会逐渐纳入中文文本挖掘的方法。

　　针对目前 R 中无法直接判断字符编码的情况，`tmcn` 包中提供了 `isUTF8` 、`isGBK` 等函数，用来确认字符向量是否属于某个编码，同时提供了一个简单的转换 UTF-8 的函数 `toUTF8` ，例如：

```
library(tmcn)
txt1 <- "中国R语言会议"
txt2 <- iconv(txt1, "UTF-8", "GBK")
toUTF8(txt2)
```

---

[4]主页：https://r-forge.r-project.org/projects/tmcn/

```
## [1] "中国R语言会议"
```

关于该包中详细的函数介绍请查看该包的帮助文档。

12.2.2 正则表达式

12.2.2.1 grep 和 gsub

R 关于字符串处理的功能是非常强大的，因为它可以直接使用正则表达式。R 中有 grep 系列的函数，可以用最强大的方式处理字符串的所有问题。

grep 的全称是 global search regular expression and print out the line，是 Unix 下一种强大的文本搜索工具，可以通过正则表达式搜索文本，并把匹配的行打印出来，包括 grep 、egrep 和 fgrep ，其中 egrep 是扩展的 grep ，fgrep 是快速的搜寻方式并没有真正利用正则表达式。Linux 下使用 GNU 版的 grep ，该套规范也被广泛地使用，R 中的 grep 函数就是其中之一。

grep 的核心就是**正则表达式**（Regular Expressions，通常缩写为 regex ）。所谓正则表达式，就是用某种模式去匹配一类字符串的一个公式，很多文本编辑器或者程序语言都支持该方式进行字符串的操作，最开始是由上文介绍的 Unix 工具 grep 之类普及的，后来得到了广泛的应用。

R 中的 grep 系列函数其实包括 grep 、grepl 、sub 、gsub 、regexpr 和 gregexpr ，他们的参数很类似，主要的参数包括：

pattern 一个字符串，表示正则表达式。

x 表示要查找的字符向量。

ignore.case 默认是 FALSE，表示大小写敏感，可以改为 TRUE，表示大小写不敏感。

extended 默认为 TRUE，表示使用扩展 grep ，也就是 egrep ，如果选择为 FALSE 就表示基础的 grep ，不过该种方式不被 R 推荐，即使使用了也会出现警告，实际上 grep 能做的 egrep 也都能做，而且还要简单不少。

perl 默认为 FALSE，如果选择 TRUE 表示使用 Perl 的正则表达式规则，功能更加强大，不过如果没有专门学过 Perl 语言的话用 egrep 也就够了。

fixed 默认为 FALSE，如果选择 TRUE 就会进行精确的匹配，不再使用正则表达式的规则，在效率上会快很多。

useBytes 默认是 FALSE，表示按字符查找，如果是 TRUE 则表示按字节查找，对于中文字符影响还是很大的。

invert 默认为 FALSE，表示正常的查找，如果为 TRUE 则查找模式的补集。

replacement sub 和 gsub 这样的替换函数中的参数，用来表示替换的字符。

　　这些函数的参数都比较类似，但是输出结果各不一样。grep 输出搜索到的向量的下标，grepl 用逻辑值表示是否搜索到。sub 是一个很强大的替换函数，远胜过 substr，正则表达式中可以设置非常灵活的规则，然后返回被替换后的字符串，基本可以解决所有子字符串的问题。sub 函数和 gsub 函数唯一的差别在于前者匹配第一次符合模式的字符串，后者匹配所有符合模式的字符串，也就是说在替换的时候前者只替换第一次符合的，后者替换所有符合的。regexpr 和 gregexpr 也很常用，因为它们很像其他语言中的 instr 函数，可以查找到某些字符在字符串中出现的位置。regexpr 和 gregexpr 的关系与 sub 和 gsub 的差不多，gregexpr 操作向量时会返回列表。

12.2.2.2 正则表达式示例

　　"^" 匹配一个字符串的开始，例如：

```
sub("^a","",c("abcd","dcba"))

## [1] "bcd"  "dcba"
```

表示将开头为 a 的字符串中的 a 替换成空，在返回值中可以发现后面出现的 a 并没有被替换。如果要将开头的一个字符串替换，简单地写成 "^ab" 就行。

　　"$" 匹配一个字符串的结尾，例如：

```
sub("a$","",c("abcd","dcba"))

## [1] "abcd" "dcb"
```

表示将以 a 结尾的字符串中的 a 替换成空。

　　"." 表示除了换行符以外的任一字符：

```
sub("a.c","",c("abcd","sdacd"))

## [1] "d"      "sdacd"
```

　　"*" 表示将其前的字符进行 0 个或多个的匹配。类似地，"?" 匹配 0 或 1 个正好在它之前的那个字符，"+" 匹配 1 或多个正好在它之前的那个字符。".*" 可以匹配任意字符，例如：

```
sub("a*b","",c("aabcd","dcaaaba"))

## [1] "cd"  "dca"
```

```
sub("a.*e","",c("abcde","edcba"))
```

```
## [1] ""        "edcba"
```

"|"表示逻辑的或，比如，

```
sub("ab|ba","",c("abcd","dcba"))
```

```
## [1] "cd" "dc"
```

可以替换 ab 或者 ba 中的任意一个。

"^"还可以表示逻辑的补集，需要写在"[]"中，比如，

```
sub("[^ab]","",c("abcd","dcba"))
```

```
## [1] "abd" "cba"
```

由于 sub 只替换搜寻到的第一个，因此这个例子中用 gsub 效果更好。

"[]"还可以用来匹配多个字符，如果不使用任何分隔符号，则搜寻这个集合，比如"[ab]"和"a|b"的效果一样。"[-]"的形式可以匹配一个范围，比如从 a 到 c 的字符，或者从 1 到 9 的数字。

```
sub("[ab]","",c("abcd","dcba"))
```

```
## [1] "bcd" "dca"
```

```
sub("[a-c]","",c("abcde","edcba"))
```

```
## [1] "bcde" "edba"
```

```
sub("[1-9]","",c("ab001","001ab"))
```

```
## [1] "ab00" "00ab"
```

最后需要提一下的是"贪婪"和"懒惰"的匹配规则。默认情况下是匹配尽可能多的字符，是为贪婪匹配，比如，

```
sub("a.*b","",c("aabab","eabbe"))
```

```
## [1] ""     "ee"
```

匹配最长的 a 开头 b 结尾的字符串，也就是整个字符串。如果要进行懒惰匹配，也就是匹配最短的字符串，只需要在后面加个"?"，就会匹配最开始找到的最短的 a 开头 b 结尾的字符串，例如：

```
sub("a.*?b","",c("aabab","eabbe"))

## [1] "ab"  "ebe"
```

12.2.3 中文分词

12.2.3.1 Rwordseg 包简介和安装

Rwordseg 是一个 R 环境下的中文分词工具[5]，使用 rJava 调用 Java 分词工具 Ansj。

Ansj 是一个开源的 Java 中文分词工具，基于中科院的 ictclas 中文分词算法，采用隐马尔科夫模型（Hidden Markov Model, HMM）。作者[6]重写了一个 Java 版本，并且全部开源，使得 Ansi 可用于人名识别、地名识别、组织机构名识别、多级词性标注、关键词提取、指纹提取等领域，支持行业词典、用户自定义词典。

当前版本的 Rwordseg 包完全引用了 Ansj 包，在这个 Java 包的基础上开发了 R 的接口，并根据 R 中处理文本的习惯进行了调整。

当前版本在 Rforge（https://r-forge.r-project.org/R/?group_id=1054）进行维护，可以直接安装最新版。如果是老版的 R，使用 type = "source" 的方式进行安装。

```
install.packages("Rwordseg",
                 repos = "http://R-Forge.R-project.org")
```

该包依赖于 rJava 包和 Java 环境，在安装之前需要确保 JRE 已经安装，并且正确地设置了环境变量。关于 Java 环境的安装，详情可以参考"第358页：15.3.1 安装 **Java** 环境"这一节。全部设置完毕后可以正常导入 R 包：

```
library(Rwordseg)
```

12.2.3.2 Rwordseg 包的中文分词操作

默认参数下输入需要分词的句子，GBK 或者 UTF-8 的编码都可以，注意需要在 R 的控制台中显示正常。

---

[5]作者主页：http://jliblog.com/app/rwordseg，该包由本书作者李舰开发，包的功能和说明文档会随时保持更新，本书中涉及到的相关内容的最新版会更新到该项目的主页。

[6]详细信息可以参考 Ansj 作者的专访（http://blog.csdn.net/blogdevteam/article/details/8148451）以及项目的 Github 地址（https://github.com/ansjsun/ansj_seg）。

```
segmentCN("结合成分子时")

## [1] "结合" "成"   "分子" "时"
```

如果输入参数为字符向量，则返回列表：

```
segmentCN(c("数据科学中的R语言", "说的确实在理"))

## [[1]]
## [1] "数据"  "科学"  "中"     "的"     "R语言"
##
## [[2]]
## [1] "说"    "的"    "确实" "在"    "理"
```

利用参数 nature 可以设置是否输出词性，默认不输出，如果选择输出，那么返回的向量名为词性的标识：

```
segmentCN("花一元钱买了一朵美丽的花", nature = TRUE)

##      v     m     n     v    ul    m     a
##    "花" "一元"  "钱"   "买"  "了" "一朵" "美丽"
##     uj     v
##    "的"   "花"
```

不过目前的词性识别并不是真正意义上的智能词性识别，结果仅作为参考。

默认的分词器不会进行人名的自动识别，因为有可能会和自定义词库冲突，得不到正确的结果。可以通过 isNameRecognition 选项来设置是否进行智能的人名识别：

```
getOption("isNameRecognition")

## [1] FALSE

insertWords(c("长焦", "微距"))
segmentCN("长焦和微距")

## [1] "长焦" "和"   "微距"

segment.options(isNameRecognition = TRUE)
segmentCN("长焦和微距")

## [1] "长"     "焦和微" "距"
```

需要注意的是，虽然我们可以使用 `getOption` 函数来获取该选项的当前值，但是不能使用 `options` 函数来设置选项，而是需要使用本包自带的 `segment.options` 函数来设置，否则不会生效。

`segmentCN` 函数默认是输出向量和列表，并使用向量的 name 属性来表示词性，这是 R 中最常用的数据结构。但是由于 `tm` 包已经成了 R 中事实的文本挖掘标准，因此常常会需要使用 `tm` 中使用空格分隔的单字符串格式。

returnType 参数如果设置成 "tm"，则表示输出 tm 格式的字符串，需要注意的是，如果采用该方式，则无法输出词性。

isfast 参数将可以设定直接调用 JAVA 包进行最基础的分词，速度比较快，只能返回 "tm" 格式的文本，无法输出繁体字，也不能进行词性识别。如果对分词的效率要求比较高的话可以选用词参数。但是如果输入为文本，暂时不支持词参数，因此该参数的作用不是很大，仅供参考。

输入参数 strwords 除了可以是需要分词的字符向量以外，也可以是某个文本文件的路径。本包会自动判断是否为某个文件的路径，并自动识别字符编码，全部转换成 UTF-8 进行处理和输出。

如果输入文本路径，可以使用 outfile 参数指定输出文件的名称和路径，默认是与输入文件同文件夹并在原文件名基础上添加 "segment"。blocklines 表示每次读入的行数，默认是 1000 行，当输入文件比较大的时候可以根据电脑的性能来设置该参数。

12.2.3.3 Rwordseg 包的词典管理

该包支持安装新的词典，一次安装之后，每次重启 R 包时都会自动加载。目前支持普通格式的文本词典和 Sogou 的 secl 格式细胞词典。

函数 `installDict` 用来安装新词典，参数 dictpath 表示词典的路径；参数 dictname 表示自定义的词典名称，需要输入英文单词；参数 dicttype 表示词典的类型，目前只支持 "text" 和 "scel"，分别表示普通文本格式和 Sogou 细胞词典，默认为 "text"，如果后缀为其他格式（比如.scel），则自动当作该格式导入。参数 load 表示安装后是否自动加载到内存，默认是 TRUE，表示自动加载，如果词典较大的话需要花费一段时间，如果设置为 FALSE，则安装字典后不加载到内存，在下次启动 R 及 `Rwordseg` 包时加载。

普通文本格式的后缀名没有限制，ANSI 和 UTF-8 的文件都可以支持，需要确保文件用编辑器打开时能正常显示中文，适合自定义的词典。更多的词典可以通过 Sogou 的细胞词库（`http://pinyin.sogou.com/dict/`）来添加，该站点包含数目非常巨大的分类词典，而且可以找到最新的流行词。建议在进行具体研

究之前找到相关的专业词典进行安装,比如要研究金庸的小说,可以下载词典
"金庸武功招式.scel"(rinds 包中的 jywg.scel 文件)。

```
segmentCN("真武七截阵和天罡北斗阵哪个厉害")

## [1] "真武" "七"   "截"   "阵"   "和"   "天罡"
## [7] "北斗" "阵"   "哪个" "厉害"
```

在 R 中安装新的词典:

```
dict.dir <- system.file("examples", "web", "jywg.scel",
                package = "rinds")
installDict(dict.dir, dictname = "jinyong")

## 932 words were loaded! ...
## New dictionary 'jinyong' was installed!
```

成功安装后可以发现新词已经被添加:

```
segmentCN("真武七截阵和天罡北斗阵哪个厉害")

## [1] "真武七截阵" "和"         "天罡北斗阵"
## [4] "哪个"       "厉害"
```

我们可以查看已安装的词典:

```
listDict()[, 1:3]

##      Name Type                    Des
## 1 jinyong 读书 金庸小说中的武功和招式名称
```

如果想恢复到原状,可以卸载某些词典,默认卸载所有:

```
uninstallDict()

## 932 words were removed! ...
## The dictionary 'jinyong' was uninstalled!
```

如果仅仅只是用户自己添加词汇,没有必要做一个词典进行安装,可以使用
自定义词典的功能。默认的词典目录为 %R_HOME%\library\Rwordseg\dict。可
以在其中添加任意后缀为.dic 的文本,里面可以输入自定义的词,每一行一个词,
回车换行。可以直接写在 example.dic 这个文件,或者参考该文件新建 dic 文件。

　　如果仅仅只是在内存中临时添加或者删除词汇，可以使用 insertWords 和 deleteWords：

```
segmentCN("画角声断谯门")

## [1] "画" "角" "声" "断" "谯" "门"

insertWords(c("画角", "谯门"))
segmentCN("画角声断谯门")

## [1] "画角" "声"   "断"   "谯门"

deleteWords(c("画角", "谯门"))
segmentCN("画角声断谯门")

## [1] "画" "角" "声" "断" "谯" "门"
```

　　更详细的介绍请查看该包的帮助文档。

12.3　文本挖掘

　　文本挖掘（Text Mining）是从大量的文本数据中抽取隐含的、未知的、可能有用的信息。文本挖掘和一般数据分析最大的不同是能够处理文本的数据，而几乎所有的传统统计分析方法都是处理数值型的数据。随着文本挖掘技术的不断进步，吸纳了信息论等越来越多的新技术，从早期的逻辑匹配一直发展到了如今越来越多地依赖于数学和统计学的局面。

　　另一个常用的术语是**自然语言处理**（NLP），这是计算机科学的一个分支，是一门专门研究如何处理和运用自然语言的学科。这个术语学术界用得比较多，文本挖掘领域使用的大部分方法都属于自然语言处理的范畴。如果要严格地辨析的话，文本挖掘一般偏重于分析的结果，该术语在业界使用得比较多，本书也大量使用文本挖掘这个词汇。

　　由于文本挖掘通常要处理很大的数据量，因此在模型的效率和精度之间需要做一个权衡，目前业界主流的文本挖掘和分析的方法主要还是基于词频的，而很多前沿的分析方法中已经可以考虑到词的位置信息和彼此之间的概率问题。本章主要介绍的是能在业界快速实施的主流方法，因此以词频分析为主。

　　中文文本分析和英文的最大不同就是并没有天然分隔开的词语，常用的汉字就只有几千个，而且每个汉字都能代表很多不同的含义，因此以单个的汉字作为基本的元素是不可行的，需要人工地对句子进行分词的处理。由于汉语在断句时的不同常常会造成分词的不同，这就成了中文分词的难点。人们想了很多办法来处理这些文本歧义的问题，目前使用最广的隐马尔可夫模型已经能够在兼顾效率的同时高精度地分词了，此外，条件随机场也被用来做中文的分词。本文使用上一节里介绍的 Rwordseg 来进行分词的操作，该分词包的算法就是基于隐马尔可夫模型的。

中文分词的结果就可以直接用来建立文本对象，最常用的结构是词条与文档的关系矩阵，利用这个矩阵可以使用很多文本挖掘的算法来得到不同的结果，包括相似度计算、文本聚类、文本分类、主题模型、情感分析等。R 中有一个 tm 包基于 S4 面向对象的方法开发了一套文本挖掘的分析框架和对象集合，很多其他的文本挖掘相关包都可以处理 tm 包中的数据结构，因此我们也基于 tm 进行介绍。不过该包并没有对中文提供专门的支持，开发的过程中对于国际化的字符的考虑也不是很全面，在中文分词的时候会遇到一些不便，本书作者开发的 tmcn 包提供了一些函数可以针对 tm 包中文处理上的不足进行修补。

tm 包从 0.6 版本开始发生了很大的变化，开始依赖于 NLP 包，这是一个更加底层的自然语言处理的框架。该版本删除了一些不必要的函数，而且要求 R 的版本大于等于 3.1.0。本书的例子使用更新后的 tm 包，但是在旧版本中也能正常运行。

12.3.1 文本对象

我们以互联网上的新闻数据为例，rinds 包内置的数据集 SogouCS08 是来自搜狗实验室提供的新闻语料。该数据集只包含两个变量，Title 表示新闻的标题，Content 表示新闻的内容。我们从新闻的内容中提取一个文本向量：

```
library(rinds)
data(SogouCS08)
text1 <- SogouCS08$Content
length(text1)
```

```
## [1] 538
```

可以发现，向量的长度是 538，也就是说该数据中包含 538 篇文章。我们对这 538 篇文章进行处理，以此为例进行文本挖掘。首先需要加载几个常用的 R 包：

```
library(tmcn)
library(Rwordseg)
library(tm)
```

其中 tm 包包含主要的分析框架，tmcn 用来处理中文和字符，Rwordseg 用来进行中文分词。

```
d.vec <- segmentCN(text1, returnType = "tm")
```

第一步是中文分词，我们选择 tm 格式的输出，也就是说分词之后的每篇文档存成一个单独的字符串，用空格对词语进行分隔。

在 tm 包中，有一个专门的 Corpus 对象用来存储原始的语料，可以直接从文件中读取，也可以由 R 中某个向量对象来转换。我们使用分词之后的向量对象，为了通用性，所有的中文字符都转成了 UTF-8 的编码。

```
(d.corpus <- Corpus(VectorSource(d.vec)))

## <<VCorpus>>
## Metadata:  corpus specific: 0, document level (indexed): 0
## Content:   documents: 538
```

tm 包中封装了很多具有独特意义的对象，不方便使用常规的方式对它们进行查看，不过该包提供了 inspect 函数用来查看各种对象的信息，比如我们要观察 d.corpus 对象中第一篇文档的信息，可以使用 inspect 函数：

```
inspect(d.corpus[1])
```

语料对象包含所有文档的信息，用户不能像处理文本向量那样任意操作，需要使用 tm 包提供的专门函数 tm_map 来进行操作。这个函数有点类似于 sapply 函数，对于一个语料对象，传入一个处理函数，会自动将该函数作用到语料对象中的每一篇文档。比如我们要将文档中的停用词去除：

```
d.corpus <- tm_map(d.corpus, removeWords, stopwordsCN())
```

其中 removeWords 是 tm 包提供的专门用于去除停用词的函数，本来 tm 中还有一个 stopwords 函数可以直接获取停用词列表，但是该函数中不提供中文停用词。我们可以使用 tmcn 包中的 stopwordsCN 来获取中文的停用词列表，默认是内置的一个停用词字典，用户可以通过输参数的方式传入自定义的向量形式的停用词。stopwordsCN 作为 removeWords 的一个参数传入到语料对象，从而对该对象内的每一篇文档进行处理，将处理后的新的语料对象返回。

利用 tm_map 函数和一些内置的类似于 removeWords 这样的文档处理的函数可以对语料库进行各种操作，我们可以认为这个过程是数据的清洗过程。清洗之后的数据就可以用来建立文本分析的基础对象——词条和文档关系矩阵了。
这个数据结构在 tm 包中使用了一个专门的 DocumentTermMatrix 对象来实现，
在词条和文档关系矩阵中可以认为每一行是一篇文档，每一列是一个词，行和列
的焦点就说明该文档中包含该词的数目。这是文本分析的基本数据结构，很多分
析算法都要基于这个数据结果。在 R 中实现的方法如下所示：

```
ctrl <- list(removePunctuation = TRUE,
    stopwords = stopwordsCN(), wordLengths = c(2, Inf))
d.dtm <- DocumentTermMatrix(d.corpus, control = ctrl)
d.dtm

## <<DocumentTermMatrix (documents: 538, terms: 14334)>>
## Non-/sparse entries: 91977/7619715
## Sparsity           : 99%
## Maximal term length: 12
## Weighting          : term frequency (tf)
```

需要注意的是，该函数通过 control 参数来设置相关的选项，比如是否删除
标点符号、设定停止词、设置有效词语的长度（比如上例中我们只选择长度大于
等于 2 的词）等。

12.3.2 基本操作

tm 包也提供了一些函数来对 DocumentTermMatrix 对象进行操作，比如使
用 findFreqTerms 来寻找频次超过某个数的词：

```
findFreqTerms(d.dtm, 800)

## [1] "中国" "搜狐" "比赛" "没有" "火箭" "球队"
```

findAssocs 函数可以找到和某个词的相关系数大于某个值的所有词，比如：

```
findAssocs(d.dtm, "世界杯", 0.6)

##      世界杯
## 女足   0.7
## 抽签   0.6
```

词条文档关系矩阵通常都是一个具有很高稀疏度的稀疏矩阵，其中包
含大量的 0 值，如果删除一些稀疏条目后对于最后的结果不会有大的影响。
removeSparseTerms 函数可以用来删除稀疏条目，设定某个阈值，然后删除低
于这个值的比例的稀疏条目。

```
d.dtm.sub <- removeSparseTerms(d.dtm, 0.99)
dim(d.dtm.sub)
```

```
## [1]   538 2987
```

12.3.3 分析方法

　　最基础的文本分析方法是词云，对于分词后的字符向量，我们使用 tmcn 包中的 getWordFreq 函数可以计算得到词频矩阵，然后使用 wordcloud 中的同名函数可以作出词云图：

```
library(wordcloud); library(tmcn)
d.vec1 <- segmentCN(text1, returnType = "vec")
wc1 <- getWordFreq(unlist(d.vec1), onlyCN = TRUE)
wordcloud(wc1$Word, wc1$Freq, col = rainbow(length(wc1$Freq)))
```

图 12.1　词云

　　结果如图12.1所示，频数越高的词所占的面积越大，通过词云可以很直观地了解文本中词频的分布情况。需要注意的是，词语的排列是基于随机算法，因此如果不设置固定的随机数种子的话，每次作图后词语位置会有不同。实际的操作中，可以尝试不同的随机数种子，然后选择一个看上去比较美观的图。

对于文本数据的分析，tm 包提供了标准的分析框架，几乎所有的方法都是基于 DocumentTermMatrix 对象的。很多第三方的 R 包也可以支持 Document-TermMatrix 对象，使得基于 R 的文本分析可以很便利地实现。

文本分析中最常见的任务是文本分类。我们可以通过 proxy 包中的 dist 函数 [7] 来计算文档间的余弦相似度，得到一个距离矩阵，例如：

```
library(proxy)
d.dist <- proxy::dist(as.matrix(d.dtm), method = 'cosine')
```

这个距离矩阵和欧式空间下的距离矩阵用法一样，都可以用来进行聚类和分类等。比如我们使用 hclust 函数来对这 538 篇新闻进行层次聚类：

```
d.clust <- hclust(d.dist)
```

我们还可以使用 plot 函数来显示层次聚类图。不过由于文档众多，图形的效果不会很好。在图中很难看清某篇文章究竟被分在了哪一类，但是在分析的过程中层次聚类图是非常有必要的，它能帮助我们看出数据大概能分成几类。

topicmodels 包中的 CTM 函数可以用来建立主题模型。由于我们的文档数比较少，在这里只是简单介绍一下主题模型的用法，所以只分成两类。参数 k 设置成 2 即可。我们通过 control 参数设置算法中 Gibbs 抽样的随机数种子，确保每次的结果一致。使用 terms 函数可以查看该主题中重要的关键词。

```
library(topicmodels)
ctm <- CTM(d.dtm, k = 2, control = list(seed = 1))
terms(ctm, 2, 0.01)

##      Topic 1 Topic 2
## [1,] "中国"  "搜狐"
## [2,] "比赛"  "火箭"
```

从结果中可以看到，两个主题中，第一个主题的关键词是"中国"和"比赛"，第二个主题的关键词是"搜狐"和"火箭"，我们可以很容易地利用关键词的信息掌握这两个主题的内容。

---

[7]tm_0.6 之前的版本提供了 dissimilarity 函数可以直接计算，新版本中移除了该函数。

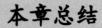

本章总结

对于互联网的文本数据，我们在这一章里介绍了其获取方式和处理方法，并基于 tm 包演示了一个简单的文本分析的流程。但这仅仅只是文本挖掘的开始，针对我们分析的目的，还可以选择很多其他的方法和工具。

本书作者李舰开发的 tmcn 系列包中，tmcn.crfpp 包整合了条件随机场的分析库，tmcn.word2vec 包整合了 Google 提供的 word2vec 工具包。在 CRAN 上还有很多其他的第三方包：http://cran.r-project.org/web/views/NaturalLanguageProcessing.html。

对于社交网络上的文本数据，如果结合"第312页：13.2 社交网络数据"中介绍的社交网络分析常常会得到更好的效果。

第 13 章　大数据时代下的 R

大数据是这几年能让人耳朵听出茧来的一个词。各行各业、各形各色的人都在提大数据，但凡和数据分析沾边的事情都要扯到大数据头上。现在倡导数据科学的人中就有一部分是为了表示和"大数据"的区别，将数据应用落到实处。那么大数据是否真的如传闻般那么虚无缥缈呢？其实也不尽然，主要是大数据这个词的外延太大，无所不包，很多之前"小数据"时代根本不关心数据的人也被这波浪潮吸引过来了，导致"大数据"的应用良莠不齐，褒贬不一。

另一方面，大量从事大数据的人技术背景很强，但是缺乏分析经验，对大数据的解读走向了另一个极端。过分地强调数据之"大"，一味地关注节点数和存储量，忽略了数据的价值在于分析而不是存储。其实纯粹的大数据的计算属于高性能运算研究的范畴，只能算是大数据的一个子集。

对于数据科学来说，完全以数据为导向，无论数据量是多还是少，都会逢山开路、遇水迭桥，并不会刻意地在"大"的方面做文章。但是大数据时代确实对数据科学赋予了茁壮的生命力。其关键在于数据科学的根本是数据，而大数据时代重新定义了数据，将各种不可能变为可能。

我们就拿移动互联网时代的手机举例。传统和手机相关的数据属于电信行业研究的范畴，这也是数据挖掘时代最典型的应用行业。每位机主的通话信息都是重要的数据，从中可以分析出不同类型的群体的消费差异。我们如果仔细审视数据的详情，会发现这个时代的数据主要是数值数据，比如每次通话的时长、每月消费的金额等。

但是进入到移动互联网时代后，机主用手机不再只是打电话发短信了，还会发微博聊微信，这样就产生了大量公开的文本数据。关于互联网文本数据的分析，我们在"第280页：12 R 与互联网文本挖掘"这一章进行了详细的介绍。这已经大大超出了传统数据分析的范围。

除此之外，用户除了打字发文本，还会发大量的照片。图像分析在以前是一个专门的领域，门槛很高，但是现在借助于 R，我们可以非常容易地对图像进行分析，能够做很多之前想象不到的事情。

在移动互联网时代，手机还能记录位置信息。关于经纬度的数据在以前也是属于比较专业的学科研究的范畴，比如空间数据分析和地理信息系统（GIS），现在我们可以非常容易地获取地理信息数据，无论是记录自己的轨迹，还是获取某位置的微博数据、点评数据，都可以借助于普通手机来完成。关于空间数据，在 R 中也有一系列非常专业的包可以用，能够实现很多不亚于专业 GIS 的应用。

无论是传统的电话、短信，还是如今火热的微博、微信，都还能提取出另一类全新的数据：社交网络数据。随时社交网络时代的兴起，社交网络数据的研究方法越来越成熟，在 R 中也迅速地产生了很多强大的工具。我们借助于社交网络分析，再结合文本数据以及其他传统的数据，可以挖掘出更多隐含的信息，更大程度地实现数据的妙用。

这就是"大数据时代"给数据科学家带来的最大好处。我们这一章将会重点介绍不同类型的"大数据"的处理方法。关于巨量数据的高性能运算，不是这里关注的重点，可以参考"第366页：16 R 与高性能运算"这一章的内容。

13.1　地理信息数据

我们这里介绍的地理信息数据在统计分析中更专业的说法应该是**空间数据**（spatial data），CRAN 上与空间数据相关的 R 包超过了 100 个，是 R 的热门应用领域之一。在实际应用中，更流行的学科是地理信息系统（Geographic Information System，简称 GIS），因此在行业应用中我们通常把空间数据称为地理信息数据。我们研究的问题是如何将带有经纬度的地理信息数据转化成统计分析中的数据对象，然后使用统计方法和可视化方法对数据进行分析和展现。

13.1.1　空间数据对象

R 中关于 GIS 的包实在太多，但最基础的只有一个，就是 sp 空间数据包。该包可以利用 R 中的基础数据对象来生成专门的空间数据对象。这也是几乎所有其他地理信息相关的包所接受的基础对象。

我们从一个最基础的地震数据开始：

```
data(EarthquakeCN, package = "rinds")
head(EarthquakeCN)
```

```
##                    Time    Lat    Long Dep Mag      Loc
## 1 2014-09-12 23:43:10 43.98  82.02   7 1.4 新疆尼勒克
## 2 2014-09-12 23:35:13 24.84  97.87   4 1.1   云南盈江
## 3 2014-09-12 23:33:37 28.39 104.84   2 0.7   四川长宁
## 4 2014-09-12 23:32:53 27.11 103.38  14 1.3   云南鲁甸
## 5 2014-09-12 23:32:52 21.88 111.63  10 0.8   广东阳西
## 6 2014-09-12 23:32:09 27.12 103.42  13 1.1   云南鲁甸
```

　　该数据中包含中国及周边地区地震发生的经度（Long）和纬度（Lat）数据，此外还包括深度、震级、时间、地区等信息。

　　对于空间数据来说，最基础的 R 对象是"Spatial"，它只包含两个信息："坐标范围"和"坐标参照系"。坐标范围非常容易理解，就是一组数据中，经纬度坐标的最大最小值。这几个值可以确定空间中的坐标点所处的区域范围。

　　坐标参照系（coordinate reference system，简称 CRS）是 GIS 中一个专业的概念，由于地球是一个椭球体、地球表面是一个曲面，而地图以及地理信息的可视化展现都是基于一个二维的平面，所以真实的三维坐标和地图坐标之间需要有个映射关系。将三维映射到二维的过程称为投影，投影需要坐标参照系，其中最关键的因素是基准面（datum）。通常为了逼近特定的区域，不同国家和地区会选用不同的基准面。但是当前国际通用的坐标系是世界大地坐标系，它是一个全球统一的地心坐标系，其坐标原点位于地球质心，最新的标准是 WGS-84。

　　中国使用过两套独特的坐标参照系，分别是"1954 年北京坐标系"（原点位于前苏联普尔科沃）和"1980 年西安坐标系"（原点位于陕西省泾阳县）。

　　在 R 中，我们使用 CRS 函数和一个字符串来设定坐标参照系。

```
library(sp)
EQ.crs <- CRS("+proj=longlat +datum=WGS84")
EQ.mat <- cbind(EarthquakeCN$Long, EarthquakeCN$Lat)
EQ.bbox <- bbox(EQ.mat)
obj.Spatial <- Spatial(bbox = EQ.bbox, proj4string = EQ.crs)
class(obj.Spatial)

## [1] "Spatial"
## attr(,"package")
## [1] "sp"
```

　　在这个例子中，我们从数据 EarthquakeCN 中提取了经纬度的范围信息，并设定使用"WGS84"坐标参照系。我们可以看到，Spatial 对象已成功构建。但是这个简单的 Spatial 对象只包含范围和坐标系的信息，并没有其中每个点的数据，所以没有什么实际价值。但是该对象可以根据需要衍生出其他的基本对象。

　　在 R 中，空间数据的基本对象可以分为点（point）、线（line）、多边形（polygon）、栅格（grid）和像素（pixel），每个数据对象都提供了向量（Vector）和数据框（DataFrame）两种数据类型，类的命名规则分别为"Spatial*"和"Spatial*DataFrame"。向量对象比较简单，只需要提供每点的经纬度信息。数据框对象比较复杂，还包括各点的其他信息，比如深度、震级等，因此在实际的应用中使用比较多。

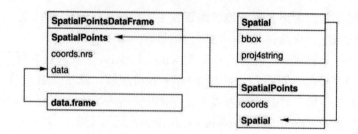

图 13.1 Spatial Points 类和他们的数据槽，箭头表示继承

我们以点为例，图13.1显示了不同的对象之间的关系[7]。向量数据类是在 Spatial 类的基础上构造生成的，由 Spatial 类提供边界信息和地图映射规则，并添加相应的坐标信息。数据框类（Spatial*DataFrame）是在向量数据类（Spatial*）基础上构造生成的，在向量数据类型的基础上添加其他的描述数据，并提供了 data.frame 的操作方法方便调用和数据操作。

使用上个例子中的数据，我们可以直接构造 SpatialPoints 对象：

```
obj.points <- SpatialPoints(EQ.mat, proj4string = EQ.crs,
    bbox = EQ.bbox)
class(obj.points)

## [1] "SpatialPoints"
## attr(,"package")
## [1] "sp"
```

对该对象使用 `plot` 做图函数可以得到点图，如图13.2所示。

```
par(mar = c(1, 2, 1, 2))
plot(obj.points)
```

图 13.2 SpatialPoints 图

如果传入整个数据框的信息，也可以直接构建：

```
obj.df <- SpatialPointsDataFrame(EQ.mat, EarthquakeCN,
    proj4string = EQ.crs, match.ID = TRUE, bbox = EQ.bbox)
```

除了像以上例子这样使用显式的函数定义空间数据对象以外，更常用的方式是直接对数据框进行操作，将其改造成空间数据对象：

```
EQdata <- EarthquakeCN
coordinates(EQdata) <- ~Long+Lat
proj4string(EQdata) <- EQ.crs
class(EQdata)

## [1] "SpatialPointsDataFrame"
## attr(,"package")
## [1] "sp"
```

除了点之外，常用的数据类型还有线、多边形和栅格图形。线是将点按照顺序首尾连接而得到，通常用来表示运动轨迹。多边形是由线组成的封闭区域，起始点也是其终止点，形状一般不规则。栅格图形是由一系列规则的点或矩形栅格组成的区域，通常是将点图的数据进行插值栅格化的方式来处理，最后得到多边形的效果。四种不同的类型如图13.3所示。

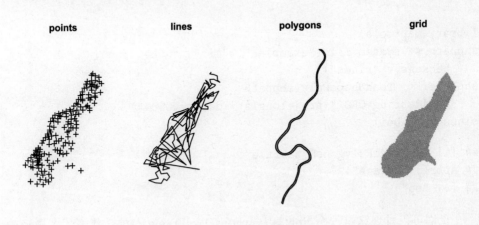

图 13.3　不同类型的空间数据对象

13.1.2 R 与 GIS 的结合

GIS 类软件的领军公司是 ESRI，其代表产品 ArcGIS 在全球有着大量的用户，很多技术成为了行业中事实的标准。不过其价格比较昂贵。除了商业软件之外，还有很多免费的 GIS 也具有类似的功能，能够很方便地操作空间数据、进行可视化展现、实现地理信息的分析。常见的开源 GIS 包括 QGIS、GRASS GIS、SAGA 等。我们可以到它们的官网下载免费的版本来安装使用。

在这里我们推荐 SAGA，这是一个小型轻量化的 GIS，可以通过图形界面打开空间数据文件并进行操作，能够实现大部分常用的地理信息分析功能，还提供了一个编程接口，方便开发新的应用。CRAN 上有一个 RSAGA 包，通过调用 SAGA 命令行的方式实现 R 语言的接口，我们常用它来处理栅格数据。不过在这里，我们并不对 SAGA 进行过多的介绍，只是使用该软件作为一个 GIS 工具的例子，和 R 语言的操作方式进行印证。

对于 GIS 中的空间数据文件（我们一般称之为地图文件），业界的标准是 ESRI 公司使用的 "shapefile" 格式的文件，这是一套矢量数据的文件系统，地理信息的所有自身内容都存在一个后缀名为 shp 的文件中。此外，在同一个文件夹还包括同名的后缀名为 shx 和 dbf 的文件，shx 是索引文件，用来供系统在 shp 文件中进行查询；dbf 是属性文件，包含地理数据的属性信息。

我们除了可以直接将 R 中的基础数据结构如向量、数据框等转换成空间数据对象以外，还可以直接读入外部的地理信息数据，在 R 中进行操作。对于通用的 shapefile，R 语言自然能够提供支持。我们使用 maptools 进行操作。在 rinds 中包含了一个 shapefile 的例子，是湖北省地图的数据，我们将其读入到 R：

```
library(maptools)
shppath <- system.file("examples", "gis", "hubei.shp",
    package = "rinds")
shphubei <- readShapePoly(shppath,
    proj4string=CRS("+proj=longlat +datum=WGS84"))
class(shphubei)

## [1] "SpatialPolygonsDataFrame"
## attr(,"package")
## [1] "sp"
```

我们可以发现这是一个 SpatialPolygonsDataFrame 对象，代表了多边形的数据框形式的空间数据。对于该对象我们可以进行任何正常的 R 操作，比如直接做图：

```
plot(shphubei)
```

图 **13.4** 湖北省地图

图13.4显示了我们从外部数据中得到的湖北省数据对象，这与我们在 R 中直接新建对象并没有什么不同。我们可以采用操作数据框的方式直接提取该数据的子集。例如，我们将武汉的信息提取出来：

```
shpwuhan <- shphubei[grepl("武汉|武昌|汉阳|黄陂|新洲",
    shphubei$NAME99), ]
outfile <- file.path(tempdir(), "wuhan")
writePolyShape(shpwuhan, "outfile")
```

shpwuhan 对象也是一个 SpatialPolygonsDataFrame 对象，这是我们自己生成的 R 语言对象，我们使用 writePolyShape 函数将其写入临时文件夹中，到该文件夹可以发现有三个名为 wuhan.dbf、wuhan.shp、wuhan.shx 的文件已经生成。

这三个由 R 生成的文件与 GIS 工具生成的没有任何不同。我们可以使用 SAGA 来操作这个文件[1]，图 13.5是打开该文件后的效果，我们可以看到武汉的地图已经显示出来了，在该工具下可以使用鼠标进行各项操作和分析，非常直观和方便。

除了传统的 GIS 分析工具以外，还有一个非常受欢迎的地理信息展示平台，就是 Google Earth。Google 同时提供了免费的服务端[2] 应用和客户端软件。我们可以到https://earth.google.com下载并安装 Google Earth 的客户端。

Google Earth 并不适用 shapefile，而是使用一种更开放的 kml 文件，这是 Google 开发的一套 XML 的规范，专门用来展示地理信息数据。如果已经安装了

---

[1] SAGA 的主页是http://www.saga-gis.org/，可以在该站点下载最新版进行安装。
[2]需要申请应用 ID，详见"第311页: 13.1.3 互联网地理信息"。

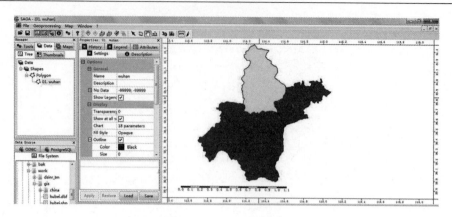

图 **13.5**　SAGA 操作界面

Google Earth 客户端，可以双击 kml 自动将数据展示在 Google Earth 的图层。

　　R 中处理 kml 的包有很多，这里我们推荐 plotKML ，可以认为该包是一个集大成者，但是要注意，该包依赖了大量的与其他第三方空间数据相关的 R 包，安装和加载的时间会比较长。

　　plotKML 的使用方式非常简单，可以直接将 R 中的空间数据对象转换成 kml 文件：

```
library(plotKML)
plotKML(shpwuhan)
```

　　通过这个例子我们可以发现，之前创建的武汉地图数据被存成了 kml 格式，并且打开 Google Earth 可以看到在 Google 的应用中绘制了一幅我们自定义的地图。如图13.6所示。

图 **13.6**　Google Earth 操作界面

用户也可以对空间数据对象进行更复杂的操作,比如自定义颜色、自定义形状、写入点和线对象、添加时间轴等。这些额外的信息都可以在 Google 的应用中进行显示,不仅仅是在桌面的 Google Earth 客户端,还能在服务器端进行完全相同的操作,在浏览器上通过 Google Map 和 Google Earth 的插件进行操作可以得到相同的效果。

13.1.3　互联网地理信息

对于地理信息,我们除了使用传统的工具进行可视化展现与专业的分析之外,搜集和获取地理信息也是一个非常重要的分析需求。尤其是在大数据时代,人们生活在一个数据的世界,将各类数据之间的壁垒打通,可以获得意想不到的好处。地理信息数据可以和各种其他数据相结合,而随着 Google 之类的互联网巨头不断的贡献,普通用户获取地理信息数据也成为了可能。在这里,我们以 Google 提供的数据服务为例,介绍互联网上的地理信息。

在使用 Google 地图的 API 之前,需要到https://developers.google.com/maps/signup注册一个密钥,使用该密钥可以将自己的应用放在服务器上供他人调用,同时可以向 Google 请求查询。不过最新版的 Google Earth 以及一些其他应用已经不再需要密钥。所以即使不注册也可以使用普通的 API 功能。当然,如果需要监控自己的应用的访问情况,最好还是按照提示注册一个应用。

我们现在关心的是通过 R 向 Google 进行查询,可以使用 ggmap 这个包。该包是 Google Maps API 的 R 语言接口,目前无需注册也能免费地获取信息,但是免费版每天只能请求 2500 次,此外获取的图片分辨率也只有 640×640。

安装 ggmap 后,最简单的操作是查询某些地址的经纬度:

```
library(ggmap)
library(tmcn)
geocode(toUTF8("中国人民大学"))

##         lon      lat
## 1 116.3188 39.96961
```

我们还可以根据经纬度来查询具体的地址:

```
revgeocode(c(lon =116.4075, lat = 39.90403))

## [1] "2 Zhengyi Road, Dongcheng, Beijing, China, 100006"
```

类似于 Google 地图上查两个地方之间的路程,ggmap 也提供了接口:

```
mapdist(toUTF8("中国人民大学"), toUTF8("北京大学"))

##              from        to    m    km    miles seconds
## 1 中国人民大学 北京大学 3717 3.717 2.309744     593
##   minutes      hours
## 1 9.883333 0.1647222
```

此外，Google Maps API 还提供了查询规划路线的接口，但是 `ggmap` 并没有实现。总体上来说，Google Maps API 提供的查询功能非常有限，如果是查询中国范围内的数据，建议使用百度的 API。本书作者之一李舰开发了一个百度 Map 的 R 语言接口，`RbaiduLBS` 包，可以获取更多的地理信息数据。详情请参考作者的 Github 主页：`https://github.com/lijian13`。

13.2　社交网络数据

社交网络分析（Social Network Analysis，SNA）是在传统的图与网络的理论之上对社交网络数据进行分析的方法。随着人类进入了移动互联网的时代，社交网络数据成了重要的数据资源。尤其是关于人们行为的研究，可以超出很多传统的方法，因此 SNA 成了大数据时代下非常重要的分析手段。

13.2.1　R 与网络数据

社交网络数据描述了人们在网络中的关系，图13.7是 facebook 发布的一幅著名的的社交网络图[3]，这也是 R 语言可视化的一个经典应用。在这里我们并不是为了重现该图的作法，而是以这张图为例来介绍一个社交网络的基本要素。

图 13.7　facebook 社交网络图

---

[3]Paul Butler 2010 年 12 月 13 日发布于 `https://www.facebook.com/notes/facebook-engineering/visualizing-friendships/469716398919`。

从图13.7中可以看出，除了背景和 logo 以外，整幅图只包含两个要素：顶点与边。图中每个顶点代表一个 facebook 的用户，每条边代表两个用户之间的一个连接。由于该网络包含了 facebook 全球所有用户，因此图中显示的任意一个顶点或者边的范围都代表了很多人，为了显示的美观，该图用亮度来表示人数，也就是说越亮的线代表了越多的连接，越亮的点代表了越多的用户。我们可以很直观地从图中看出一个世界地图的轮廓。

这幅图看上去像一幅艺术品，但也是一幅典型的社交网络图。在社交网络中，基础的图形元素就是**结点**（node）和**边**（edge），任意两个结点之间都可能会有一条边，当然也可能没有。简单的结点和边的关系就可以形成一个复杂的网络。如果结点与结点之间是有顺序的，我们将边称为有向边，通常会用带箭头的线来表示，箭头的出发点称为**源**（source），指向点称为**目标**（target）。有时候，每条边的地位也会不同，会有一个数值上的差异，我们称为 **权重**（weight）。一般来说，都是在边的中部写上该数值，也可以用其他的可视化方法来展现边的差异，比如这个例子中的亮度[4]。

我们并没有 facebook 的数据，所以通过自己的数据来展现社交网络数据的结构。`rinds` 包中包含了 lijian001.txt 文件，这是从本书作者李舰的微博（lijian001）上提取的转发关系：

```
snafile <- system.file("examples", "sna", "lijian001.txt",
    package = "rinds")
snadf <- read.table(snafile, header = FALSE,
    stringsAsFactors = FALSE)
head(snadf)

##          V1       V2 V3
## 1 user234 user312  2
## 2 user235 user312  2
## 3 user236 user312  2
## 4  user41 user283  2
## 5 user126  user99  2
## 6 user129  user99  2
```

该数据只包含 3 列，每一行表示一个转发关系，比如第一行表示 user234 这个用户一共转发了 user312 两次。其中 user234 "转发" user312 表示 user234 直接转发 user312 才导致转发 lijian001 的原微博的[5]。

---

[4]注意，一般不会使用边的长度来体现权重，因为为了网络展现构图的需要，边的长度可以任意变化。

[5]关于微博数据的提取，详情可以参考 "第284页：12.1.3 **Rweibo** 与 **OAuth** " 这一节。

　　微博的转发关系显然是有方向的，但是为了简便起见，我们可以忽略这种关系，建立一个无方向的网络图对象。在 R 中，`igraph` 包是专门用来处理网络图的。我们可以很容易地从一个数据框生成名为 igraph 的图对象：

```
library(igraph)
snaobj <- graph.data.frame(snadf, directed=FALSE)
class(snaobj)

## [1] "igraph"

snaobj

## IGRAPH UN-- 328 337 --
## + attr: name (v/c), V3 (e/n)
```

　　打印该对象可以显示结点和边的数目，从上例我们可以知道该对象包含 328 个结点和 337 条边。对于 igraph 对象，我们还能通过函数获取其中的属性信息。vcount 返回结点的数目，ecount 返回边的数目，neighbors 返回某个结点的邻居（具有直接连接的其他点），如下所示：

```
vcount(snaobj)

## [1] 328

ecount(snaobj)

## [1] 337

neighbors(snaobj, 6, mode = "all")

## [1]   64 250
```

　　通常在网络数据分析中，我们的研究对象都是结点，那么对于不同结点之间差异的度量是非常重要的。一般来说，一个结点最重要的特征是**中心性**（centrality），常用的度量方式有**度**（degree）、**中间性**（betweenness）和**紧密性**（closeness）。

　　度是社交网络中一个非常重要的概念，表示某个结点的边数，度的数值越大说明该结点连接的其他结点的数目越多，显然具有比较中心的地位。

　　在整个网络中，一个点在其他两两节点之间的最短路径上多次出现，我们说这样的点具有较高的中间性。这样的点不一定具有最多的边数，但通常都处于很核心的位置。

若某节点与其他节点的几何距离之和（如最短路径之和）相对较小，我们认为该节点的紧密性较高。这个特征用通俗的说法理解就是离大家都近，很显然也代表了中心的地位。

igraph 提供了一系列的函数可以计算这几个度量指标：

```
degree(snaobj, v = 6)

## user129
##        2

betweenness(snaobj, v = 6, directed = FALSE)

## user129
##        9

closeness(snaobj, v = 6)

##       user129
## 9.615477e-06
```

我们以第 6 个点为例，可以分别计算出它的三个中心性指标。如果我们不指定具体的点，那么可以返回所有点的值，通过计算平均数可以得到整个网络图的特征，能和其他的网络图进行比较。

除中心性之外，还有其他的指标可以衡量一个点的重要程度。最受欢迎的方法可能就是 PageRank，这是 Google 用来进行网页排名的经典算法，以 Google 的创始人 Larry Page 之姓来命名。它综合考虑到了结点之间的引用关系以及不同的重要程度，最终通过一个指标对重要性进行衡量。在 igraph 中也有对该算法的实现：

```
page.rank (snaobj, vids = 6)

## $vector
##    user129
## 0.00211492
##
## $value
## [1] 1
##
## $options
## NULL
```

除了衡量单点的特征，我们还可以计算不同点之间的相似程度，例如：

```
similarity.dice(snaobj, vids = c(6,7))

##             [,1]        [,2]
## [1,]  1.0000000  0.6666667
## [2,]  0.6666667  1.0000000
```

最后得到一个相似度矩阵。我们可以利用该矩阵对点进行聚类。

社交网络分析与其他的分析有一个很大的不同就是更加依赖于图形可视化的展现。由于社交数据之间的关系比较复杂，纯粹通过数值很难发现整体的模式，而借助图形可以很直观地发现规律。对于网络对象，当结点众多时，如何清楚明了地展现所有的点，也是一个很重要的研究问题，我们称之为布局算法。

常用的布局包括随机布局、圆形布局、球形布局和基于力导向的布局。图13.8是对这四种方式的一个展现。

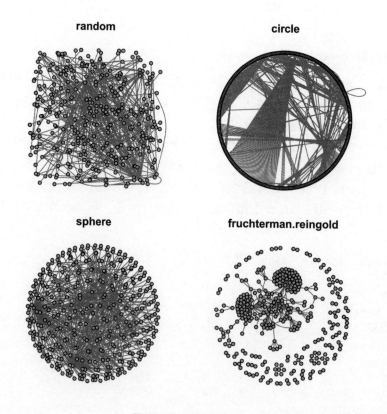

图 13.8 常用布局算法

随机布局是将各点随机地铺开，当点的数目比较大时看上去很杂乱。圆形布局是将所有点排列在圆周上，用直线连接有关系的任意两点。球形布局是将点分布在一个圆形区域，使用直线连接任意两点。当点数比较少的时候，圆形布局和球形布局都非常直观和美观，但点数一多仍然会显得非常杂乱，很多有用的信息会被掩盖。

通常来说，基于力导向的布局是最佳的选择。我们从图中可以看到，通过微博转发信息建立的网络图中非常明显地分成了几个簇。力导向算法假设不同的点是空间中的球体，任意球之间都具有引力和斥力，通过力的相互作用，最终达到一种平衡。常见的力导向布局算法有 Fruchterman-Reingold 算法和 Force Atlas 算法。`igraph` 中可以使用经典的 Fruchterman-Reingold 算法。

从初步的图形观察中我们可以发现微博转发构成的社交网络中具有明显的聚集和分群特征，因此我们希望能够将其进行分群，使用不同的颜色来标注不同的群体：

```
snaclass = walktrap.community(snaobj, steps = 5)
cl <- snaclass$membership
V(snaobj)$color = rainbow(max(cl))[cl]
```

此外，我们还希望知道其中的关键人物是谁。那么，我们选用中间性进行度量。我们将中间度的值高于某个数值（例如 1800）的点用比较大的圆圈进行显示，同时将用户名标注出来：

```
V(snaobj)$bte = betweenness(snaobj, directed = FALSE)
V(snaobj)$size = 5
V(snaobj)[bte>=1800]$size = 15
V(snaobj)$label=NA
V(snaobj)[bte>=1800]$label=V(snaobj)[bte>=1800]$name
plot(snaobj, layout = layout.fruchterman.reingold,
    vertex.size = V(snaobj)$size,
    vertex.color = V(snaobj)$color,
    vertex.label = V(snaobj)$label,
    vertex.label.cex = V(snaobj)$cex,
    edge.color = grey(0.5), edge.arrow.mode = "-")
```

最终得到的图形如图13.9所示。

从图中我们可以看到用户被分成了多个群，不同的群体现了不同的特征。中间度最高的几位用户的昵称都显示在图上。我们可以发现他们几乎都位于不同群的中心结点位置。尤其是中心度最高的"统计之都"、"刘思喆"等用户，在现实生活中本来就是作者的好朋友，而这种关系在社交网络图中得到了最好的展示。

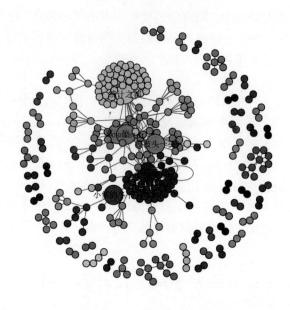

图 13.9　微博转发信息网络图

13.2.2 R 与 Gephi 的结合

Gephi 是专业的复杂网络分析软件，基于 Java，使用 OpenGL 作为可视化引擎。Gephi 遵循 GPL 和 CDDL 的开源协议，在业界有着数目众多的用户。

我们之前演示的使用 `igraph` 实现复杂网络的过程可以在 Gephi 中通过鼠标交互操作的方式来实现。对于探索性的问题，使用起来更加方便和直观。

我们在其主页 http://gephi.org/ 上可以下载最新的版本，其针对 Windows、Linux、Mac X 系统都提供了发布版可以直接安装。打开该软件后，直接选择我们的数据源 "lijian001.txt" 就可以建立一个复杂网络的工程。如图13.10所示。

我们可以通过交互式的图形界面选择布局算法，Gephi 中比较有特点的是基于力导向的 Force Atlas 和 ForceAtlas2 算法。对于网络中的结点，我们也可以在图形界面中计算其属性并实现分群，还可以根据不同数值选择在图形中使用不同颜色和点的大小来显示。最终实现整个分析的流程。

13.3　图像数据

图像数据是非结构化数据中的重要一环，长期以来都在数据分析中占有非常重要的位置。但是由于其数据处理和分析算法的专业性，传统的统计分析中并

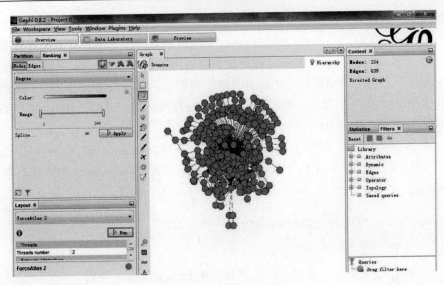

图 13.10　Gephi 操作界面

不包含图像分析的内容。但是作为一个数据科学家，图像数据就和文本数据一样，是对传统的数值型数据的最好补充，我们利用 R 可以轻松地对其进行处理，然后使用各种统计分析方法，可以实现很多很有意思的应用。

13.3.1　图像数据的处理

图像虽然是二进制的文件，但是我们可以很容易地通过 R 将其转成数据。当然，需要图像是**位图**才行。位图是和**矢量图**相对的，也称为**点阵图**，简单来说就是由像素点组成的图。比如我们常说的百万像素，就是指屏幕分辨率为 1024×768 时代常用的分辨率。1024×768＝786 432，意味着该图像是由将近 79 万个点组成。每个点实际上是一个彩色的点，组合在一起就拼成了一幅百万像素的图像。而矢量图使用了另外一套机制描述图形，通过曲线和角度来存储形状特征，无需通过像素。简单来说，矢量图无论如何放大都不会损失清晰度，而位图根据其像素的不同，放大到一定程度是会损失清晰度的。

对于位图中的每个像素点，我们可以使用一套色彩模式来描述其颜色。最常用的就是 RGB 模式，这也是我们熟知的"光学三原色"。R 表示红色，G 表示绿色，B 表示蓝色，三种颜色的光混在一起会变成白光。注意另外有颜料三原色的红黄蓝，三种颜料混在一起会变成黑色。我们知道通过三原色的颜料可以调成任意颜色，通过三原色的光也能混成任意颜色的光。在计算机中，通过对三种颜色赋予不同的权重，叠加起来也能变成其他各种颜色。由于计算机屏幕本身也是点阵式的，而且人们肉眼对颜色的敏感程度也有一定的界限，因此在使用计算机处理 RGB 颜色时，并没有对颜色值进行无限的划分，而是将每种原色分成 256 阶，用 0 到 255 的整数来表示，比如红色可以用 RGB(255, 0, 0) 来描述，表示只用纯红，不用任何绿色和蓝色。有时候，我们将所有的数值除以 255，就能将数值转化成 0 到 1 的实数，便于我们进行一些代数运算。此时，RGB(255, 255, 255) 表示白色，RGB(0, 0, 0) 表示黑色。

在 R 中处理图像的包有很多个。我们使用功能最强大的 EBImage。该包并不在 CRAN 上，而是属于 Bioconductor，我们要用 Bioconductor 的方式来安装包：

```
source("http://bioconductor.org/biocLite.R")
biocLite("EBImage")
```

在 EBImage_4.0.0 之前，该包需要依赖 ImageMagick 软件，安装和配置有些麻烦。在摆脱对 ImageMagick 的依赖后的最初几个版本，该包的功能比较简单，远比不上依赖 ImageMagick 时获取的功能，因此会有人一直使用旧版。不过最新版的 EBImage 已经很强大了，基本恢复了之前依赖 ImageMagick 时的水平，因此可以放心使用最新版的包。

EBImage 可以直接读取位图文件，将其转化成 R 中的数组。根据 RGB 色彩模式的意义我们可以知道，任意一幅位图，可以转化成 3 个 RGB 矩阵，每个矩阵的维度和像素相同，矩阵中的每个元素对应一个像素点，其值在 0 到 255 之间（或者在 0 到 1 之间），3 个矩阵分别表示 R、G、B 的像素值，在 R 中通过数组来实现。如果图像为灰度图（俗称黑白照片），无需 R、G、B 三个矩阵，只需要一个代表灰度值的矩阵就够了，其值域仍然为 0 到 1 的实数。

为了显示的方便，我们都以黑白图片作为例子。操作彩色图片的方法是一样的。如果是矢量图片（后缀名为 PDF 等），我们可以将其转为位图后再进行操作。图13.11是经典的 Lena 的照片[6]，我们选用了一张像素为 512×512 的灰度图。

通过 EBImage 中的 readImage 函数可以很容易地将该位图文件读成 R 中的数组。当然，为了处理的方便，EBImage 使用了特殊的对象"Image"，除了包含 RGB 矩阵转化而成的数组之外，还包含颜色模式、维度等信息：

```
library("EBImage")
f1 = system.file("images", "lena.png", package = "EBImage")
lena = readImage(f1)
```

---

[6]该照片来自 1972 年 12 月《花花公子》杂志中插页的扫描件，Lena 是一个瑞典模特，其名字在英语中也被拼为 Lenna。由于该照片包含了各种细节、平滑区域、阴影和纹理，再加上 Lena 本身是一个很迷人的女子，因此该照片被计算机图像处理领域的宅男奉为经典的标准测试图片，一直沿用到现在。

图 **13.11** lena 照片灰度图

```
class(lena)

## [1] "Image"
## attr(,"package")
## [1] "EBImage"

lena

## Image
##   colormode: Grayscale
##   storage.mode: double
##   dim: 512 512
##   nb.total.frames: 1
##   nb.render.frames: 1
##
## imageData(object)[1:5,1:6]:
##          [,1]     [,2]     [,3]     [,4]     [,5]     [,6]
## [1,] 0.537255 0.537255 0.537255 0.537255 0.537255 0.549020
## [2,] 0.537255 0.537255 0.537255 0.537255 0.537255 0.549020
## [3,] 0.537255 0.537255 0.537255 0.537255 0.537255 0.513725
## [4,] 0.533333 0.533333 0.533333 0.533333 0.533333 0.509804
## [5,] 0.541176 0.541176 0.541176 0.541176 0.541176 0.533333
```

我们从这个例子中可以发现，该照片是灰度模式，其数据是一个维度为 512 × 512 的矩阵（如果是彩色图，会是维度为 512 × 512 × 3 的数组）。我们在 R 中得到一个类型为 "Image" 的名为 "lena" 的对象。打印该对象会显示最前面的一个 5 × 6 的矩阵，从中我们可以窥得整个 RGB 矩阵的全貌。该矩阵描述了照片中左上角的 30 个点，其值都为 0 到 1 的实数。

对于这个"Image"对象，我们可以对其进行各种矩阵运算，其结果仍然是一个"Image"对象，只是对其中的数据矩阵进行了运算而已。通过这种矩阵运算的操作，我们可以发现在 R 中进行图形处理是一件非常容易的事情。

在各种图形修改软件中都具有调整亮度、对比度和伽玛系数的功能。我们通过简单的操作就使得照片的效果发生了改变。实际上，这些改变只是源于几个最简单的矩阵运算：

```
lena1 <- lena + 0.5
lena2 <- 3 * lena
lena3 <- (0.2 + lena)^3
EBImage::display(lena1)
```

将整个矩阵加上某个数值，就是增加图形的亮度。乘以某个数值就是增加对比度。加上某个数值然后乘方之后就是调高伽玛系数。如果代数运算后的结果超过了 0 和 1 的范围，在 **EBImage** 中会自动进行标准化处理，因此不用担心过界的问题。在 R 中可以通过几行简单的命令来实现。我们使用 **display** 函数可以看到修改后的图像的效果。如图13.12所示。

图 13.12　原图、增加亮度、增加对比度、增加伽玛系数的效果对比

在一些功能强大的图形处理软件中，除了基础的图形处理之外，还能通过滤镜[7]来做出各种特效。图13.13显示了一个类似雕刻效果的滤镜结果。

图 13.13　原图和雕刻滤镜的效果对比

---

[7]可以参考 Adobe Photoshop 或者 GIMP 的相关资料。

这个滤镜效果也可以通过设置一个很简单的矩阵操作来实现。我们可以设置一个过滤矩阵，该矩阵的中心元素代表当前点，其他元素代表相邻的点。最简单的矩阵是 3×3 的矩阵，只包含中心点和围绕自己的另外 8 个点。我们设置中心点为 -8，其他的点都为 1。这表示周围所有点的均值与当前点的差值的 8 倍。该操作的代码如下所示：

```
fhi = matrix(1, nc=3, nr=3)
fhi[2,2] = -8
lenafhi = filter2(lena, fhi)
EBImage::display(lenafhi)
```

可以想象，如果一个点和周围所有点比较类似，那么该点的数值与相邻点的均值差别不大，因此数值接近 0，在图中也就接近黑色。如果一个点和周围点的差异比较大，其数值不为 0，乘以 8 之后这个差异得到了放大（其实就是增加了对比度），会比较接近 1，因此在图中也就接近于白色。最终我们发现所有处于图中变化比较强烈区域的点都偏白色，其他点偏黑色，这样就形成了雕刻的效果。

通过类似的操作，我们可以直接使用 R 语言中的矩阵运算来实现各种复杂的滤镜，从根本上解决图像处理的问题。

13.3.2 图像识别

关于图像数据的一个最广泛的应用是图像识别。我们首先来看一个例子。图13.14 是一张高粱颗粒照片的截图。我们需要数出其中高粱颗粒的数目。这个需求在很多应用领域尤其是食品工业都很常见。通常的方式都是人工计数，或者结合抽样和估计的方式。但是我们如果利用图像数据，可以更加快速地得到结果。

图 13.14　高粱颗粒照片

由于照片是白色的背景，如果我们能够识别出其中深色的颗粒，就可以对其进行计数。这个问题就是图像识别的问题。小到谷粒的识别，大到人体肿瘤的识别，该技术在很多应用领域都有用武之地。图像识别中最常用的算法是边缘识别算法。R 中 biOps 包中包含了很多这类算法的实现。

biOps 包在 Windows 下需要依赖于 libjpeg 库，然后编译安装。从 R 3.0 开始，CRAN 上不再提供 biOps 的二进制安装包，需要自行安装。具体的步骤可以参考该包的 Github 主页：https://github.com/matiasb/biOps。

我们以高粱颗粒的照片为例，使用 readJpeg 函数读入到 R，然后使用 homogeneity 算法来进行边缘识别：

```
library(biOps)
f <- system.file("examples", "images", "sorghum.jpg",
                 package = "rinds")
sorghum <- readJpeg(f)
sorghum_edge <- imgHomogeneityEdgeDetection(sorghum, bias=64)
plot(sorghum_edge)
```

识别后的图片如图13.15所示。可以发现每颗高粱的边缘被清晰地识别出来了。

图 13.15 使用 biOps 识别高粱颗粒的边缘

需要注意的是，biOps 定义了一个新的对象"imagedata"，用来进行各类图像操作：

```
class(sorghum)
## [1] "imagedata" "array"
```

我们在 rinds 包中提供了 biOps2Image 和 Image2biOps 函数，支持 biOps 中的"imagedata"对象和 EBImage 中的"Image"对象之间的互转，从而可以方便地将两个包结合起来使用。

对于图像的识别，我们除了可以使用现成的边缘识别算法。还可以使用更加直接的方式进行处理。最简单而常用的方法就是通过 K-means 聚类来将各像素点通过颜色聚为多类。拿这个高粱颗粒识别的例子来说，我们将其聚为两类就可以实现颗粒的识别。关于像素点的聚类，我们可以直接使用 biOps 包中的 imgEKMeans 函数。聚类后的对象仍然是"imagedata"，我们将其转化成 EBImage 的"Image"对象，然后利用 EBImage 进行进一步的处理：

```
library(rinds)
imgKM_biOps <- imgEKMeans(sorghum, 2)
imgKM_EBImage <- biOps2Image(imgKM_biOps)
imgKM <- Image(imgKM_EBImage[, , 1], colormode = "Grayscale")
```

聚类后的像素点只包含两种颜色，其值为每一类所有点的均值。我们在 EBImage 中将其全部转成黑白色（对应数值为 0 或者 1）。只包含 0 和 1 的图像我们称之为"二元图像"，可以使用 bwlabel 函数计算连通区域：

```
imgKM@.Data[imgKM@.Data == min(imgKM@.Data)] <- 1
imgKM@.Data[imgKM@.Data != 1] <- 0
imgbw <- bwlabel(imgKM)
```

对于连通区域，EBImage 可以很容易地获取其边界，这和图形边界识别是一致的，但是可以得到更多的信息。例如，将边界用不同的颜色画在原图之上：

```
sorghum_EBImage <- biOps2Image(sorghum)
imgout = paintObjects(imgbw, sorghum_EBImage, col= "yellow")
EBImage::display(imgout)
```

在这里我们使用黄色在原图中划出划分之后的边界，结果如图13.16 所示。

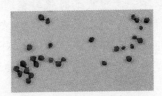

图 13.16 使用 EBImage 识别高粱颗粒

更重要地，对于连通区域的对象，我们可以很方便地得到每个独立区域的各类统计量，例如面积、周长、最大半径、最小半径等。

```
infobw <- computeFeatures.shape(imgbw)
infobw
```

```
##   s.area s.perimeter s.radius.mean s.radius.min
## 1    248          65       8.28473      1.24805
## 2    181          47       7.06720      2.44125
## 3    121          33       5.77692      4.86408
```

## 4	72	26	4.35125	3.75468
## 5	204	55	7.65283	2.04293
## 6	104	30	5.32430	4.57687

使用这些统计量我们可以对每个区域的形状进行判断。例如在本例中，有些高粱颗粒是粘连在一起的，通过边缘的识别无法将它们分开。但是我们观察形状的统计数据可以发现，正常的高粱颗粒接近椭圆，最长半径与最短半径的差别并不大。但是有的形状中最长半径非常大而最短半径非常小，这说明该形状中最短半径表示粘连处，而最长半径显然是包含了多个颗粒。

我们可以在 R 中编写函数处理这类问题，结合正常颗粒的面积，对粘连的情况也能进行很好的估计，从而计算出颗粒的真实数目。关于 computeFeatures 系列函数，除了可以获取形状信息外，还能获取包括位置信息在内的更多详细信息，在这里不做详细的介绍。读者可以自行研究，使用 EBImage 和 biOps 包进行更复杂的图像分析。

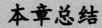

本章总结

大数据开启了一次重大的时代转型[6]。大数据时代可以说是数据科学家的时代，大量的数据使得我们可以不用纠结在少量的样本中。各种分析方法都找到了最好的舞台。但大数据时代最重大的意义并不是数据量的增多，而是数据类型的极大丰富和随处可得。

对于地理信息、社交网络、图形数据这些稍显专业的数据，在如今的时代下借助于 R 可以很轻松地获得和分析。这对传统的数据分析是一个非常有利的补充。我们介绍的这三类数据是如今在业界已经成为主流的新数据。实际上大数据的应用并不止于此，数据可以在许多意想不到的地方产生。

对于数据科学家来说，不能被手头的数据所局限是一个非常重要的能力。不合格的数据分析师经常会说"如果有某数据的话我就能进行某分析"，而真正的数据科学家永远都会将手头的数据发挥最大的效用，实在是缺某些数据的话，也能自己想办法将不可能的数据变为可能。这就是这一章里最值得强调的观点。

第 14 章　可重复的数据分析

不论是学术界还是产业界，研究人员的分析成果都需要和其他人交流，这种交流的载体可能是文档、幻灯片、网页等。但很多研究文档往往只有研究结果，而没有包括所有的研究过程。这很大程度上是因为做研究和写文档这二者之间经常是分离的。这样一来，其他研究者无法得到数据来源、数据分析过程等具体的信息。这样的研究结果难以被其他人所重复，前人的知识也没有很顺利地传递下去。

真正的**可重复研究**（Reproducible Research）要求研究过程的开源和透明。这意味着研究使用的数据和分析代码都可以随结果一起得到，并且足以使其他分析人员独立地重现结果。因此在进行一项可重复研究时，应该将数据获取、数据整理、数据分析、结果展现等步骤内容全部整合到一份文档中，便于研究者管理也便于交流，也使得其他人能重现并理解其过程和结果。

从两个角度来看，可重复研究有极大的益处，一个是从研究本身，一个是从研究者角度[17]。

从研究本身来看，可重复性原则可以说是实证科学中最主要的原则之一。如果一个现象或结果不能被别人重复，发现者声称的发现可能就是错误的或者是伪造的。可重复性研究也有利于人类知识的不断积累，研究者可以清晰地了解研究结果是如何得到的，可以全方位地对该研究做出评价，并在此基础上进一步研究拓展，从而避免了重复同质的研究工作。

从研究者角度来看，可重复性研究能形成更好的工作习惯。使研究者更好地计划和组织自己的研究工作。当意识到自己的源代码可能会被其他人阅读时，代码质量就会有很大的改善。可重复性研究也能更好地促进团队合作。因为所有的工作流程都在同一个框架下运行，团队成员能快速准确地理解彼此的代码和分析结果，所有人能很好地相互配合。

设想这样一个场景，研究者从数据源获取了数据，扔到图形界面的分析工具（例如 SPSS）中进行整理和分析，绘制了漂亮的图表，并将分析结果和图表手工粘贴到 Word 中。这种缺乏连贯性的工作流会产生很多问题，手工的步骤太多容易出现遗漏或错误；过多的图形界面的鼠标操作，流程不容易记录下来；假如说数据源产生一批新的数据，研究者需要重新做一遍以前的工作；整个分析和写作过程是分离的，研究者必须在两个方面切换注意力。如果是使用全套可重复分析工具，研究者只需要重新运行一遍代码即可自动生成图文并茂的文档。可重复数据分析不仅可以构造自动化分析报告，让我们从重复性工作中抽身出来，更重要的是，所有的工作流程都在一份代码文档中留下了痕迹，这使得可重复性研究成为可能。

本章将介绍几种常用的可重复研究或者自动化报告的形式，基于 R 并结合几种优秀的开源工具来实现可重复研究的整个流程。

14.1　基于 Sweave 的报告

14.1.1　LATEX 与 Sweave

TEX 是 Donald E. Knuth 编写的一个以排版文章及数学公式为目标的计算机程序。1977 年 Knuth 开始编写 TEX 排版系统的引擎。现在的 TEX 系统发布于 1982 年，在 1989 年时又稍作了改进。注意 TEX 的发音为 "Tech"，其中 "ch" 类似德语中的发音，和中文中的 "呵" 相似。

LATEX 是一个宏集，它使用一个预先定义好的专业版面，基于 TEX 程序作为排版引擎，可以使作者们高质量地排版和打印他们的作品。LATEX 最初由 Leslie Lamport 编写，现在由 Frank Mittelbach 负责维护。我们可以把 LATEX 类比成一个图书设计者，而 TEX 是其排版人员。很显然，我们直接接触的是 LATEX，这是目前最流行的科技文排版系统，本书除了封面以外的所有版面都是使用 LATEX 排版的。

TEX 文档一般为后缀名是.tex 的文本文件，我们可以使用 `pdflatex` 或者 `xelatex` 命令来将其编译成 PDF 文件。`pdflatex` 是最传统的命令方式，在很多系统中都有着广泛的应用。`xelatex` 是目前最流行的命令方式，对于字体处理更加方便，尤其是对于中文能够得到更好的效果。因此对于中文文档建议使用 `xelatex` 的命令方式。

对于 TEX 的工作环境，我们可以安装不同的系统。通常最轻量化的应用是 MiKTeX，我们可以在其主页 `http://www.miktex.org/` 下载发行版进行安装。对于中文操作，基于 MiKTeX 的最好版本是 CTeX，继承了所有和中文处理相关的宏包及工具。不过现在基于 TeX Live（Mac X 下称为 MacTeX）的套件越来越流行，在 `http://www.tug.org/` 可以下载到常用操作系统下的版本，能够很方便地跨平台使用。如果全部基于 UTF-8 编码，处理中文也没有问题。结合 `xelatex` 更加方便。因此 TeX Live 和 `xelatex` 是当前最流行的选择。

R 的所有文档全部基于 LATEX 系统，在安装 R 包时会被建议安装 MiKTeX，否则如果自己开发 R 包时无法编译文档。我们在 R 中使用帮助查找某个函数时会得到 HTML 格式的文档，如果我们在 CRAN 上下载 R 包，会发现每个包都会带有一个 PDF 格式的函数手册，这些函数的帮助文档都是在 TeX 环境下被编译而成的。

如果希望学习使用 R 语言进行开发，LaTeX 是必备的知识。R 中默认使用 MiKTeX 和 **pdflatex** ，当然 TeX Live 也是没有任何问题的。不过中文 Windows 操作系统下如果安装了 TeX Live，默认处理英文文档时有可能会报错，Windows 下处理 R 文档时最好安装英文版的 MiKTeX。

以下是一个最简单的 LaTeX 文档的例子：

```
1   \documentclass[a4paper]{article}
2   \title{Sweave Example 1}
3   \author{Friedrich Leisch}
4   \usepackage{Sweave}
5   \begin{document}
6   \maketitle
7
8   In this example we embed parts of the examples from
9   the \texttt{kruskal.test} help page into a \LaTeX{}
10  document:
11
12  \begin{Schunk}
13  \begin{Sinput}
14  > data(airquality, package="datasets")
15  > library("stats")
16  > kruskal.test(Ozone ~ Month, data = airquality)
17  \end{Sinput}
18  \begin{Soutput}
19          Kruskal-Wallis rank sum test
20
21  data:  Ozone by Month
22  Kruskal-Wallis chi-squared = 29.2666, df = 4,
23  p-value = 6.901e-06
24  \end{Soutput}
25  \end{Schunk}
26  which shows that the location parameter of the Ozone
27  distribution varies significantly from month to month.
28  Finally we include a boxplot of the data:
29
30  \begin{center}
31      \includegraphics{example-1-002.pdf}
32  \end{center}
33
34  \end{document}
```

我们使用 **pdflatex** [1]在操作系统的命令行进行编译，得到一个 PDF 文档，第一页如图14.1所示。

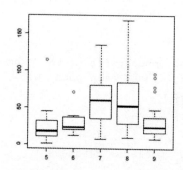

图 14.1   TEX 生成的 PDF 文档截图

这段代码就是标准的 LATEX 代码，我们可以进行一个简单的介绍。

文档的最开头是\documentclass 命令，定义了文档的格式。本例中表示 A4 纸张的"article"文档。"article"是与"book"等文档格式相对的，表示该文档是普通文章，因此可以直接使用通常文章的格式。这也是 LATEX 的好处之一，可以直接使用大量已存在的排版知识，无需自定义太多文档格式方面的内容。

在\begin{document} 之前的部分是导言区，我们可以在该部分定义一些格式方面的内容或者进行设置。在本例中我们设定了文档的标题和作者名，并指定了调用"Sweave"宏包。LATEX 的宏包类似于 R 中的第三方包，用来扩展其功能。这个"Sweave"宏包就是专门用来处理 R 语言相关格式的包。

\begin{document} 和\end{document} 之间的部分是正文，我们可以发现其主体几乎都是没有任何格式的普通文字。当然，也包括一些 LATEX 中特有的

---

[1]如果系统中安装了 CTeX 或者 TeX Live，环境变量中会自动加入程序路径，在命令行下可以直接调用 pdflatex。如果出现问题，需要手动添加环境变量。

命令，比如\texttt 和\LaTeX。L#T#X 中的命令通常都是由 \ 开头，{} 表示作用的范围。\texttt 表示打印字体，\LaTeX 表示罗马字母 LaTeX 作为专有名词的特殊写法：L#T#X。

最值得我们关注的是\begin{Schunk} 与\end{Schunk} 之间的部分。我们可以注意到这其实是一段 R 语言代码及其输出结果。\begin{Sinput} 与\end{Sinput} 之间的部分是 R 语言的可执行代码，我们可以发现该代码加载了 stats 包，并调用了 kruskal.test 函数进行 Kruskal-Wallis 检验。\begin{Soutput} 与\end{Soutput} 之间的部分是 R 控制台中的输出结果，类似于将 kruskal.test 执行的结果复制粘贴到该 tex 文档。

此外，需要注意 \includegraphics 引用了一个 PDF 格式的图形文件，表示将该图形显示在文档的这个位置。\begin{center} 表示居中对齐。

这是一个排版之后的文档，之前程序代码中毫无格式可言的文本得到了很好的排版，包括 R 语言代码的实现以及图形的排列都非常美观。

对于一篇普通的文档，如之前的例子那样基于 T#X 直接排版当然没有问题。但是我们注意到该例子使用了 R 语言进行分析和作图。假设这是一个每个月都需要的分析报告，那么到了下个月的时候，如果数据发生了改变，那么我们需要在 R 中使用新的数据进行 Kruskal-Wallis 检验，并作出新的图形。然后将检验结果复制在旧的文档模板中，并更换图形文件，然后重新编译该.tex 文件，得到新的 PDF 报告。

我们可以发现，在以上过程中所有的变化都是在 R 中发生的，那么如果我们能通过 R 来控制过程，将能自动实现报告的更新。也就是说，只要数据改变，报告就会自动改变，这个过程是可重复的，这也是可重复研究的内涵所在。

基于这个目的，R 提供了一种在 T#X 嵌入 R 代码的机制，称为 "Sweave"。我们可以在普通的 T#X 文档中使用特殊标记来嵌入 R 语言的代码，并控制结果的输出和图形的显示。通过 "Sweave" 宏包来对文档中 R 代码的格式进行控制，实现完美的输出效果。嵌入了 R 代码的 T#X 文档就是 Sweave 文档，通常后缀名为.Rnw。以下就是一个最简单的例子：

```
1    \documentclass[a4paper]{article}
2    \title{Sweave Example 1}
3    \author{Friedrich Leisch}
4    \begin{document}
5    \maketitle
6
7    In this example we embed parts of the examples from
8    the \texttt{kruskal.test} help page into a \LaTeX{}
9    document:
```

```
10
11      <<>>=
12      data(airquality, package="datasets")
13      library("stats")
14      kruskal.test(Ozone ~ Month, data = airquality)
15      @
16      which shows that the location parameter of the Ozone
17      distribution varies significantly from month to month.
18      Finally we include a boxplot of the data:
19
20      \begin{center}
21      <<fig=TRUE,echo=FALSE>>=
22      library("graphics")
23      boxplot(Ozone ~ Month, data = airquality)
24      @
25      \end{center}
26
27      \end{document}
```

　　我们仔细观察可以发现，该 Rnw 文档实际上和前一个例子中的 tex 文档是一致的，唯一的不同是之前所有和 R 相关的部分都被<<>>= 和@ 之间的 R 代码取代。并且其中的 R 代码全是纯的 R 代码，只包含可以执行的部分，不包含任何输出结果。默认情况下，将会在生成的文档中原样输出所有 R 代码和输出结果。我们可以在<<>>= 设置输出的参数，fig=TRUE 代表在文档中显示 R 代码产生的图形，反之则不显示。echo=FALSE 表示不显示 R 的输入代码、只显示输出结果。

　　在 R 中可以调用 Sweave 函数将一个 Rnw 文档"翻译"成 tex 文档，这个例子来自于 utils 包中自带的 Rnw 文件。我们使用 Sweave 函数将其转成 tex 文档后，就是我们第一个 tex 代码的例子。对于转换后的 tex 文件可以在系统中调用 pdflatex 直接编译成 PDF 文件，也可以使用 R 中 tools 包中自带的 texi2pdf 函数来生成 PDF 文档：

```
rnwfile <- system.file("Sweave", "example-1.Rnw",
                       package = "utils")
Sweave(rnwfile)
tools::texi2pdf("example-1.tex")
```

　　在 R 中执行以上代码后也能生成图14.1所示的 PDF 文档。这个过程就是 R 中调用 Sweave 实现可重复研究的过程。

14.1.2 R 的 Vignettes

R 中的 `Sweave` 除了可以在 R 环境下处理 Rnw 文档以外，还可以用于默认的文档机制。R 除了函数帮助文档以外，还鼓励在开发 R 包时编写 Vignettes 文档，直译是小品文，通常表示简短的使用说明，用户可以利用该文档快速地对这个包进行熟悉和操作。如果包中包含 Vignettes 文档，我们在 CRAN 上该包的下载页面中可以直接看到。R 不强制所有的包都必须包含 Vignettes 文档，但是一个有节操的作者通常会在自己的包中包含至少一个文档。Vignettes 文档的实现机制就是 Sweave。

下载某个 R 包的源码后我们可以发现，在有些 R 包中存在 vignettes[2]文件夹，该文件夹中通常包含 Rnw 文件。编译 R 包时无须进行任何设置，默认会将该 Rnw 文件编译成 PDF 格式的 vignettes 文档。如果不想编译 vignettes 文档，在编译包的时候加上 `--no-vignettes` 参数。

用作 vignettes 文档的 Rnw 文件与我们之前介绍的没有任何不同，但是如果以注释的形式加入一行 `\VignetteIndexEntry` 命令，将会在 R 中调用帮助文档时显示该文档的标题，用户体验会更好。如下所示，我们在文档的第一行添加了`%\VignetteIndexEntry{An example}`，表示该文档显示的标题是"An example"。

```
1    %\VignetteIndexEntry{An example}
2    \documentclass[a4paper]{article}
3    \title{Sweave Example 1}
4
5    ...
6
```

对于普通用户来说，如果不用自己开发并发布 R 包的话，无须了解 vignettes 文档的机制。但是普通用户在查看一些 R 包源码的时候通常会发现文件夹中包含 Rnw 文件从而产生迷惑，参考这一节的内容并且了解了 Sweave 和 vignettes 文档的机制后，这些问题就会迎刃而解。

14.2 基于 knitr 的报告

14.2.1 Markdown 简介

LaTeX 是一种极其强大而灵活的排版语言，但是学习成本比较高，初学者入门比较困难。很多时候，人们对排版的需求并不是排成专业的书籍或者论文的

---

[2]这是 R 3.1.0 之后的改变，之前的文档放在 inst 文件夹下的 doc 文件夹中。

格式，只是需要一个像普通网页那样简洁清爽的版面而已。Markdown 就是一种这样的轻量级标记语言，非常易于学习。其创始人为 John Gruber 和 Aaron Swartz [3]。它允许人们使用易读易写的纯文本格式编写文档，然后转换成有效的 XHTML（或者 HTML）文档。下面我们示范一个简单的 Markdown 文档。

```
1     # 一级标题
2
3     Markdown 是一种简单易学的标记语言。这是一个测验文档，
4         学习 Markdown 和 R 代码的混编，构成一个 Rmd 文档。
5
6     项目符号只需要在前面加上横线
7
8     - 第一点
9     - 第二点
10    - 第三点
11
12    使用三个点号，可以生成一个代码区块
13
14    ```
15    library(ggplot2)
16    head(mpg)
17    ```
```

打开 RStudio[4]，在当前工作空间新建一个 Rmd 文档，在编辑器中输入上面的字符和代码。保存后点击 Knit HTML 图标，可以生成一个排好版的 HTML 文件。

在当前工作空间会生成一个同名的 HTML 文档和 MD 文档。Markdown 很合适于发布到网络，而且它的语法简单到每个人都可以在 5 分钟以内学会。用户无需思考排版，这样可以集中精力写作。只包括 Markdown 代码的文档是以 md 为后缀的文件，而 RStudio 提供的 Rmd 文件格式可以将 Markdown 和 R 来混编。下面我们来修改一下前面的文档，普通的 md 文档中的代码区块用三个斜点号``` ` ` ` ```包围，但不会执行其中的代码。而 Rmd 文档中的 R 代码区块可以执行，并将执行结果包含在文档中。修改方法是在区块开头处增加{r} 特殊符号，下面我们来修改一下之前的示例。

```
1     # 一级标题
2
3     Markdown 是一种简单易学的标记语言。这是一个测验文档，
4         学习 Markdown 和 R 代码的混编，构成一个 Rmd 文档。
```

[3] Aaron Swartz 于 2013 年 1 月 11 日自杀，无论是圈内还是圈外都在感叹其中的无奈。
[4] 该编辑器在"第22页：1.2.4.4 **RStudio**"中进行过介绍，虽然也可以使用各种其他的文本编辑器来编辑 Rmd 文档，但是 RStudio 默认可以高亮显示并且自动编译 Rmd，使用起来比较方便。

```
5
6        项目符号只需要在前面加上横线
7
8        - 第一点
9        - 第二点
10       - 第三点
11
12       使用 ```{r} 开头, 可以生成一个 R 代码区块, 下面来绘制 cty
13       和 hwy 两变量之间的散点图。
14
15       ```{r}
16       library(ggplot2)
17       p <-   ggplot(data=mpg,mapping=aes(x=cty,y=hwy))+
18              geom_point(position='jitter') +
19              theme_bw()
20       print(p)
21       ```
```

从上面的代码可以看到, Rmd 文档使用 ```{r} 和 ``` 之间的区域来记录 R 代码。这和上一节里介绍的 Sweave 有异曲同工之妙。实际上, 这是 knitr [35] 的实现方式。而 knitr 本身就是用来代替陈旧的 Sweave 的工具。knitr 的作者是谢益辉, 针对 Sweave 中设置参数不灵活、更新非常慢等缺点, 重写了 knitr 包, 除了能够操作 Sweave 规则的 Rnw 文档之外, 还增加了对 Markdown 等多种格式的支持, 并且文档极其丰富, 一直在不断地更新, 非常有节操。RStudio 已经集成了 knitr, 并且最新版的 R 中也支持使用 knitr 的命令行选项。注意 knitr 读作 knit-r, 其中的 k 不发音。

将本文档保存后, 在 RStudio 中直接点击 knit HTML 按键, 它会调用 knitr 包先将文件转为纯 Markdown 格式, 形成 md 后缀文件, 再自动转为 HTML 文档, 转换后会预览到效果。点击 save as 可将此文档保存为一个包含了所有结果的 HTML 文件, 用户可发布到任何一个主机或网盘上。上面代码生成的网页结果如图14.2所示。

Rmd 文档是使用 ```{r} 来表示 R 代码的开始。大括号内部是参数区, 可以设置 knitr 参数。所有的代码和结果输出都整合到一个 HTML 文档中。在 RStudio 中可以直接使用 Ctrl+Alt+i 组合键来增加一个 R 代码区块, 或者点击工具中的 Insert Chunks 也是同样的效果。

Rmd 文档可以生成 HTML 文件用于网络展示, 如果需要, 我们也可以利用 knitr 中的 pandoc 函数将 md 文档转为 Word 文档。

```
1   pandoc('test.md', format='docx')
```

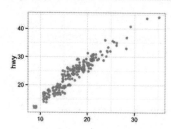

一级标题

Markdown是一种简单易学的标记语言。这是一个测验文档，学习Markdown和R代码的混编，构成一个Rmd文档。

项目符号只需要在前面加上横线

- 第一点
- 第二点
- 第三点

使用三个键盘左上角的斜点号加上{r}，可以生成一个R代码区块，下面来绘制cty和hwy两变量之间的散点图。

```
library(ggplot2)
p <- ggplot(data=mpg,mapping=aes(x=cty,y=hwy))+
    geom_point(position='jitter',color='darkgray') +
    theme_bw()
print(p)
```

图 14.2　Markdown 与 R 代码混编结果

然后你就可以在工作目录中看到一个新的名为 test.docx 的文件，在 Word 中可以看到图文并茂、格式整齐的 Word 文件了。使用 knitr 包中 pandoc 函数之前，需要安装开源的 pandoc 软件，可以到其主页 http://johnmacfarlane.net/pandoc/ 下载安装。pandoc 是文件格式转换的瑞士军刀，它可以把 Markdown、reStructuredText、textile、HTML 或者 LaTeX 格式的文件进行相互转换。

knitr 包提供了丰富的参数，以应对各种需要，下面是可以在参数区设置的部分参数功能：

eval 是否执行代码段

echo 是否显示原代码

results 如何显示代码结果

warning 是否显示代码结果中的警告

error 是否显示代码结果中的报错

message 是否显示代码结果中的信息

include 是否将代码和结果集成在输出中

tidy 是否进行代码整理

prompt 是否显示提示符

comment 如何显示输出符

在 knitr 官网上，也详细提供了这个扩展包的由来、特点以及各种示范帮助。

14.2.2 knitr 和 LaTeX

knitr 操作 LaTeX 的方式与 Sweave 并没有任何不同，同样是通过解析 Rnw 文件，然后转换成 tex，最后编译成 PDF。例如，之前的例子我们也可以使用 knitr 进行操作：

```
rnwfile <- system.file("Sweave", "example-1.Rnw",
                        package = "utils")
knit(rnwfile)
tools::texi2pdf("example-1.tex")
```

虽然操作方式上没有任何差异。但是 knitr 提供了更灵活的参数设置机制，对于 Rnw 文件，可以按照 knitr 的方式来进行操作，这与操作 Markdown 没有任何不同。

此外，knitr 提供了更为美观的格式。本书中所有的示例 R 代码全部基于 Sweave 的 Rnw 文件实现，并使用 knitr 进行编译。所有的代码显示风格都是默认的 knitr 风格。

14.2.3 报告中的图片

在统计报告中有两类图片，一类是外来图片，一类是用 R 代码生成的图片。对于外来图片，Markdown 可以将其插入到文档中，但没有尺寸重设的功能。如果需要重设尺寸需要使用 HTML 中的 img 元素，例如我们将某个图片重设为高 100px，宽 100px。

```
1    <img src="example.png" width="100px" height="100px"/>
```

也可以用相对比例设置图片的大小，例如设置为原图的 90% 大小。

```
1    <img src="example.png" height='90%'/>
```

对于 R 生成的图片，knitr 包中有如下几种设置：

fig.path 设置了图片生成的保存路径，对于 Markdown 的输出，图片格式将缺省存为 png 格式，LaTeX 的图片输出将缺省存为 pdf 格式。

dpi 设置了图片质量，即每英寸的像素点个数。对于网络文档输出，只需要 100dpi 就足够了，而对于高质量的印刷文档输出，则需要 300dpi。

fig.width 和 **fig.height** 设置了图片保存大小，以英寸为单位。

fig.align 设置了图片的对齐方式。

out.width 和 **out.height** 设置了图片在输出文档中的大小，相当于可以重设
　　文档中的图片尺寸，例如 "out.height= '450px'" 可以将图片高度设置为
　　450px。

　　下面的例子示范了如何自动生成一个 **ggplot2** 包中图片的过程：

```r
1  ```{r dpi=100,fig.width=6,fig.height=4,out.height='300px'}
2  library(ggplot2)
3  p <-   ggplot(data=mpg,mapping=aes(x=cty,y=hwy))+
4         geom_point(position='jitter') +
5         theme_bw()
6  print(p)
7  ```
```

14.2.4 xtable 与表格生成

　　表格是一种常见而有效的数据展现方式，不论是统计描述还是回归结果
的输出，都需要表格作为载体。而手工生成表格是相当麻烦的，特别是要使用
LaTeX 或是 Markdown 这类代码方式建立表格。所幸的是，我们可以利用 R 中
的 **xtable** 包，在报告中自动建立表格，以实现可重复的工作流程。

　　xtable 包支持以 LaTeX 或是 html 两种格式输出表格，下面我们来输出 tli
数据集的前六行生成一个 html 表格。注意在 Rmd 文件中，需要在 R 代码区块
的大括号内设置两个参数 results='asis',echo=FALSE，这样才能正确地输出
表格。之后加载 **xtable** 包，再用 **xtable** 生成表格对象，最后再将表格对象输
出。

```r
1    ```{r, results='asis',echo=FALSE}
2    library(xtable)
3    data(tli)
4    M1Table <- xtable(head(tli),
5                    caption='Head of tli dataset',
6                    digits = 1)
7    print.xtable(M1Table, type = "html",
8              caption.placement = "top")
9    ```
```

　　先建立一个 Rmd 文件，将上面代码放入文件中，编译成 HTML 后生成页
面如图14.3所示。

Head of tli dataset

	grade	sex	disadvg	ethnicty	tlimth
1	6	M	YES	HISPANIC	43
2	7	M	NO	BLACK	88
3	5	F	YES	HISPANIC	34
4	3	M	YES	HISPANIC	65
5	8	M	YES	WHITE	75
6	5	M	NO	BLACK	74

图 14.3 xtable 生成的表格结果

14.2.5 slidify 与幻灯片

除了写分析报告，制作幻灯片（slide）也是数据分析的必要工作，在很多场合需要将分析成果以幻灯片的形式与他人分享。精良的幻灯片要秀外慧中，有逻辑有内容，还要有外形有风格，达到这种标准并不容易。除了传统的 MS Powerpoint 之外，在 R 环境下，有另一种能高效生成动态 slide 的方法。

在 HTML5 的发展背景下，已经出现了大批以网页形式存在的幻灯片框架。在这些框架下，用户只需要懂一些 web 知识，就可将图片和数据嵌入到一个 HTML 模板中，生成一个动态可交互的幻灯片。前面我们谈到 **knitr** 包可以将 R 代码、运算结果和分析文字融为一体，自动生成一个 HTML 文档，略微修改一下也可以将它转换为一个 HTML 格式的幻灯片。

slidify 包就是一个效率极高的幻灯片制作工具，它整合利用 **knitr** 、R Markdown 来生成 HTML5 格式的幻灯片，有助于实现可重复的统计分析幻灯片。下面我们介绍如何使用它。

目前 **slidify** 还不在 CRAN 上，需要安装 **devtools** 包后从 github 网站下载它。

```
library(devtools)
install_github("slidify", "ramnathv")
install_github("slidifyLibraries", "ramnathv")
library(slidify)
author("example")
```

加载 **slidify** 后可以首先使用 **author** 函数，它会自动在当前工作目录下建立一个名为 example 的目录，并自动拷贝需要的文件到该目录中，而且会通过 R 中的编辑器打开一个 index.Rmd 文档供用户编辑。

index.Rmd 文档的前几行是该文档的元数据，用户可以填写标题、作者等信息。然后在撰写内容时需要用三横杠作为分隔符，来划分不同的幻灯片页面，写

完之后运行 `slidify("index.Rmd")`，即可在 Rmd 文档的目录中生成幻灯片，推荐使用 Chrome 浏览器打开它。

以下是一个简单的例子，我们对默认弹出的 index.Rmd 文档不做任何修改，只是在最后添加一段基于 knitr 的 R 代码：

```
1    ---
2    title      :
3    subtitle   :
4    author     :
5    job        :
6    framework  : io2012          # {io2012, html5slides,
7                                 #  shower, dzslides, ...}
8    highlighter : highlight.js   # {highlight.js, prettify,
9                                 # highlight}
10   hitheme    : tomorrow        #
11   widgets    : []              # {mathjax, quiz,
12                                # bootstrap}
13   mode       : selfcontained   # {standalone, draft}
14   knit       : slidify::knit2slides
15   ---
16
17   ## Read-And-Delete
18
19   1. Edit YAML front matter
20   2. Write using R Markdown
21   3. Use an empty line followed by three dashes to
22      separate slides!
23
24   --- .class #id
25
26   ## Slide 2
27
28   Let's use iris dataset to show the idea. We want
29   to get the mean of Sepal.Length for each Species.
30
31   ```{r}
32   summary(iris)
33   ```
```

最终生成的幻灯片如图14.4所示。

14.3　基于 Office 的报告

对于可重复研究来说，其概念更偏学术化。从广泛使用的工具来看也更符合学术界的习惯。基于 R 进行分析，通过 PDF 或者 HTML 格式的报告进行结

Slide 2

Let's use iris dataset to show the idea. We want to get the mean of Sepal.Length for each
Species.

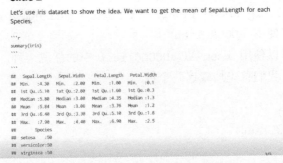

图 **14.4**　slidify 生成的幻灯片

果的展现，非常完美。如果要求简洁，可以使用简单的 Markdown；如果要求
正式和规范，可以基于 LaTeX 设计专业的报告；如果要求酷炫时尚，可以使用
`slidify` 结合各种动态可视化的技术。

但是产业界对可重复研究的需求有所不同，甚至连这个术语也是习惯于另
一个说法"自动化报告"。在产业界，报告是最常用的展现方式，不仅仅涉及研
究的结果，光是和数据相关的报告就可以是财务报告、管理报告、分析报告、监
控报告，等等。对分析和研究远没有学术界那么深入，但是报告的流程复杂程度
和覆盖面的广泛程度要远远高于学术界。因此业界常常会使用专门的信息系统
来生成报告，比如商业智能（BI）系统。在专门的系统之外，还有很多灵活的需
求需要手工解决，这种情况下通常都是基于 MS Office 的报告。

Office 报告，尤其是 PPT 格式的报告，已经深入到了各行各业的方方面面，
以致于 PPT 成了幻灯片的代名词，即使基于 LaTeX 的 beamer 和基于 HTML5
的幻灯片有着各种优势，仍然无法替代 PPT 在行业中的地位。因此，任何时候
提到可重复研究，基于 Office 的自动化报告都是不容忽视的重要一极。

通常 Office 环境下的自动化报告都是通过 VBA 或者 VSTO 来实现，但是
如果分析是在 R 中进行的，在 R 环境下实现自动化的报告是顺理成章的事情。
而 R 也可以非常方便地通过 DCOM[5]等接口来操作 Office 文档。

在这里，我们介绍两个常用的 R 包，并通过简单的例子来演示在 R 中创建
PPT 报告、实现可重复的数据分析的过程。

14.3.1 R2PPT

R2PPT 使用 DCOM 的方式实现 R 与 PPT 的交互。R 中常用的 DCOM
的客户端有两种，分别是 `rcom` 包和 `RDCOMClient` 包。`rcom` 包虽然稳定而且

---

[5] 关于 DCOM 的介绍请参考 "第347页：15.1.1 安装 **DCOM** 环境"这一节。

功能强大，但是免费版只能用于非商业用途。RDCOMClient 的主页是 http://www.omegahat.org/RDCOMClient/，该包遵循 GPL2 开源协议，可以商用，因此这里我们推荐使用 RDCOMClient 。

R2PPT 包可以使用 rcom 和 RDCOMClient 中的任意一种。在使用效果上并没有什么区别。我们首先加载这两个包：

```
library(R2PPT)
library(RDCOMClient)
```

在 R 中操作 PPT 的第一步是建立一个 DCOM 对象，该对象自动关联了一个新建的 PPT 文件，通过 RDCOMClient 可以使用 R 命令来操作 DCOM 对象，从而对 PPT 文件进行修改。当然这个过程由 R2PPT 替我们完成了，我们只需要初始化一个 PPT 对象即可，生成的 R 中的对象名为 "myPres"：

```
myPres <- PPT.Init(method = "RDCOMClient")
```

PPT.AddTitleSlide 用来添加 PPT 的封面页，该命令需要在其他命令之前执行。我们可以设置幻灯片封面的主标题和副标题，中文输入没有任何问题：

```
myPres <- PPT.AddTitleSlide(myPres, title = "PPT报告",
    subtitle = "基于R2PPT")
```

对于普通的文本幻灯片，R2PPT 可以直接添加，但是需要注意的是，文本的项目只能通过 "\t" 分隔符进行换行，对于下一层级的子条目则无法实现。PPT.AddTextSlide 函数可以添加一页文本幻灯片：

```
myPres <- PPT.AddTextSlide(myPres, title = "本报告包括",
    text="文字区域 \r图形 \r表格")
```

除了直接添加文本幻灯片以外，更通用的方式是添加一个只包含标题的空白幻灯片页，然后加入其他的元素，比如表格。R2PPT 使用 R 中的数据框来对应幻灯片中的表格，通过 PPT.AddDataFrame 函数将一个数据框粘贴到幻灯片上的某个位置，通过 size 参数来指定表格左上角的位置和表格的宽高信息，比如下面的例子表示将表格的尺寸调整为 600 像素宽、300 像素高，其左上角距离幻灯片左侧 55 个像素、距离幻灯片顶端 150 个像素。使用这种方式粘贴的表格在幻灯片中是可以编辑的，这是 DCOM 的优势所在。

```
myPres <- PPT.AddTitleOnlySlide(myPres, title = "表格")
myPres <- PPT.AddDataFrame(myPres, df = head(iris),
    row.names=FALSE, size=c(55, 150, 600, 300))
```

我们还可以将任意图片粘贴到幻灯片中。如果要在 R 中生成图像，可以先将图像存成某个文件，然后使用 PPT.AddGraphicstoSlide 函数将该图像文件粘贴到幻灯片中，size 参数与粘贴表格时的含义是一样的。我们可以将任意图像粘贴在幻灯片中的任意位置。

```
jpeg(file = "testRplot1.jpeg")
hist(rnorm(100))
dev.off()
myPres <- PPT.AddTitleOnlySlide(myPres, title = "图形")
myPres <- PPT.AddGraphicstoSlide(myPres,
    file = "testRplot1.jpeg",
    size= c(55, 150, 600, 300))
```

执行完操作后需要关闭这个对象：

```
myPres <- PPT.Close(myPres)
```

以上简单的例子生成了一个包含 4 页的 PPT 文件，如图14.5 所示。

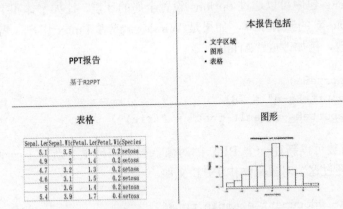

图 14.5   R2PPT 生成的 PPT

通过以上的例子我们可以发现，R2PPT 的操作方式非常简便。我们只需要不断地添加新的幻灯片，然后将我们需要的元素比如文本、表格、图像等插入到每一页的具体位置即可。该包还支持幻灯片模板的设置。但是除此之外，无法进行更复杂的操作，比如我们想灵活地定义文本中的字体，或者改变文本项目的样式，就没有办法直接得到，只能自己通过 `RDCOMClient` 包操作 DCOM 对象来解决。

因此，R2PPT 适合于新建对格式没有复杂需求的简单 PPT 文档，其优点是学习和使用都非常便捷，可以很方便地通过 R 和 PPT 实现自动化的数据分析和报告的生成。

14.3.2 ReporteRs

`ReporteRs` 依赖于 Java 库实现对 PPT 的调用。该包比起 R2PPT 要强大得多，即使比起商业软件也不会弱。其主页是`http://davidgohel.github.io/ReporteRs/`，有着丰富的介绍和文档。该包不仅仅是操作 PPT，还能使用同样的方式操作 Word 和 Excel，其功能的灵活性可以和在 Office 中直接使用 VBA 进行媲美。我们以 PPT 为例对其进行简单的介绍，读者可以通过文档学习其他的操作方法。

在使用 `ReporteRs` 之前需要安装 JRE 环境和 `rJava` 包[6]，然后从 Github 进行安装：

```
library(devtools)
install_github("ReporteRsjars", "davidgohel")
install_github("ReporteRs", "davidgohel")
```

`ReporteRs` 包中可以通过 options 设置全局的环境，比如字体和字号。其默认字体是 Mac X 的独有字体，如果是 Windows 或者 Linux 用户，需要首先将字体进行修改，例如改成"Arial"：

```
library(ReporteRs)
options("ReporteRs-e" = 28)
options("ReporteRs-default-font" = "Arial")
```

`pptx` 函数可以新建一个 PPT 的对象，同时在硬盘上新建了一个 PPT 文件，R 可以通过这个对象来操作 PPT 文件。

```
pptx.file <- "document_example.pptx"
doc = pptx(title = "title" )
```

在 `ReporteRs` 中，不会直接区分幻灯片页面的类型，而是通过 slide.layout 参数来指定新添加的页面类型。这和我们在 PPT 中点击"新建幻灯片"然后选择某个 Office 主题的效果是一样的，我们可以选择诸如"标题幻灯片"、"标题和

---

[6]参考"第358页：15.3.1 安装 **Java** 环境"这一节。

内容"、"节标题"等主题。比如下例中的"Title Slide"就表示"标题幻灯片"。
我们可以使用 addTitle 和 addSubtitle 函数来添加主标题和副标题：

```
doc = addSlide(doc, slide.layout = "Title Slide" )
doc = addTitle(doc, "PPT报告" )
doc = addSubtitle(doc , "基于ReporteRs")
```

对于文本的添加，ReporteRs 的功能要强大太多，addParagraph 函数可
以添加段落并设置段落的层次结构，如果需要对字体进行微调，还可以通过
set_of_paragraphs 函数来设置段落的组成部分，对于不同部分的文字设置不
同的字体和颜色，实现了完全灵活的定制化。以下的例子是最简单的文本添加，
复杂的应用可以参考 ReporteRs 的文档。

```
doc = addSlide(doc, slide.layout = "Title and Content" )
doc = addTitle(doc, "Texts demo" )
doc = addParagraph(doc, value = "haha")
```

如果要添加表格，可以使用 addTable 函数，它能够将 R 中的数据框直接
添加到幻灯片页面中。比起 R2PPT 更为强大的是，ReporteRs 除了可以设置表
格的大小和位置以外，还能设置表格的格式，只是操作比较复杂而已。

```
doc = addSlide(doc, slide.layout = "Title and Content" )
doc = addTitle(doc, "Table example" )
doc = addTable(doc, data = iris[25:33, ] )
```

除了表格，ReporteRs 自然也能粘贴图形。与 R2PPT 不同的是，ReporteRs
中的 addPlot 函数不需要指定文件路径，可以直接使用 R 中的作图函数将图形
粘贴到幻灯片中：

```
doc = addSlide(doc, slide.layout = "Title and Content" )
doc = addTitle(doc, "Plot example" )
doc = addPlot(doc, function( ) hist(rnorm(100) ))
```

所有的操作结束之后需要保存幻灯片：

```
writeDoc(doc, pptx.file)
```

以上简单的例子生成了一个包含 4 页的 PPT 文件，如图14.6 所示。

ReporteRs 还有很多复杂的功能，总而言之，基本上在 PPT 中进行手动操
作的功能都可以通过 ReporteRs 在 R 中进行实现。

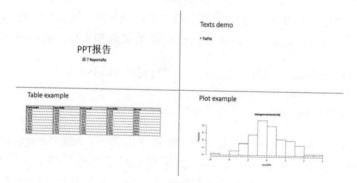

图 14.6 ReporteRs 生成的 PPT

本章总结

对于可重复研究，"可重复"是本章介绍的重点。我们可以发现，无论是使用何种工具，操作流程都是一样的。首先是需要选择一个报告的载体，比如 LaTeX、Word、PPT 等，再选用某种分析语言，在这里自然是 R，然后选用某种工具将 R 与排版的语言进行对接，比如 Sweave、knitr 、DCOM 等。将一个使用该工具排好版的源码编译成相应的 PDF、Word、PPT、HTML 报告。

需要注意的一点是，在我们这个流程下，目的都是为了"新建"一个文档，而不是"修改"一个文档，这也是可重复研究与业界对自动化报告的一些理解上的不同之处。在行业的应用中，尤其是根据中国人的习惯，喜欢在一个已经成型的复杂的模板（尤其是 PPT）上进行修改。通过可视化的方法创建一个模板，然后通过编程只修改某些地方。那么在 R 中最重要的并不是新建文档，而是能识别其中的对象，然后进行修改。目前我们介绍的包都没有这方面的功能。如果在 Office 报告中有类似需求，可以参考本书作者李舰开发的 Rofficetool 包：https://github.com/lijian13。

第 15 章　R 与其他系统的交互

　　R 语言除了在数据分析和处理方面有着强大的优势之外，同时也是一个非常灵活而开放的平台。很多时候，R 还会被当作"胶水语言"，用来和其他的程序语言或者应用系统进行交互。虽然 R 作为一种编程语言在很多方面都被人诟病，开发者通常会选择其他更高效和严密的编程语言作为胶水语言[1]，但是由于 R 在数据分析和建模方面有着天然的优势，也几乎成为开源分析工具的事实标准。因此在很多复杂的应用中，与 R 进行集成是一种很好的解决方案，可以综合各种工具的优势，实现尽可能好的效果以及尽可能低的开发成本。

　　在这一章里，我们针对行业里最常用的一些工具和平台，包括微软 Excel、Java 和微软的 Visual Studio，介绍 R 与他们的交互方法，通过一些简单的示例程序，演示连接的过程和调用的效果。

15.1　R 与 Excel

　　Excel 是最常见的数据分析和处理的工具，优势是简单直观，缺点是分析功能不强。如果将 R 与 Excel 结合在一起可以将二者的优势进行很好的融合。关于 R 和 Excel 整合的工具比较多，最方便直接的就是 RExcel（`http://sunsite.univie.ac.at/rcom/`）。

　　如果平时很少用 R，仅仅只是需要对 Excel 进行扩展，旧版的 RExcel 提供了一个 RAndFriendsSetupXXX.exe 的文件，集成了 R、`rscproxy` 、`rcom` 和 RExcel。双击安装后，自动把包括 R 在内的所有东西都装好并自动配置 Excel，直接就会发现 Excel 上多出一个菜单。

　　由于 CRAN 政策的变化，当前版本的 RExcel 不再提供一体化的安装方式，需要分别下载和安装。由于 RExcel 的安装过程中某些套件（比如 DCOM）还有着其他的作用，因此本章会介绍各部分分别安装的过程。

15.1.1 安装 DCOM 环境

　　RExcel 需要依赖 DCOM 环境，DCOM（Microsoft Distributed Component Object Model，分布式组件对象模型）是 COM（Component ObjectModel）的

---

[1]比如 Python、Perl、Ruby 等。

扩展，用来支持不同的两台机器上的组件间的通信。COM 提供了一套允许同一台计算机上的客户端和服务器之间进行通信的接口，而 DCOM 是一系列微软的概念和程序接口，利用这个接口，客户端程序对象能够请求来自网络中另一台计算机上的服务器程序对象。

REexcel 的主页上提供了一个非常方便的 DCOM 的版本 statconnDCOM，可以直接连接 R，非商业应用的话可以选择免费的非商业版本。该主页还提供了一个最新版的下载链接：http://rcom.univie.ac.at/download/current/statconnDCOM.latest.exe，通过该链接可以直接下载最新版的 statconnD-COM。

默认安装后在 Windows 的开始菜单中可以看到 statconn 的目录，里面包含一些测试的例子。比如 "Server 01 - Basic Test"，点击后会弹出一个测试的对话框，如果 DCOM 能正常与 R 交互的话，点击第一个名为 "R" 的按钮将能在对话框中成功执行一段 R 的代码。如果系统报错，说明无法连接到 R。此时应该检查环境变量的设置。statconnDCOM 默认会读取环境变量 R_HOME 中的路径，要确保该路径下的 R 中安装了 rcom 包，如果没有安装的话可以使用管理员权限打开该版本的 R，然后执行以下的安装命令：

```
install.packages(c("rscproxy","rcom"),
    repos="http://rcom.univie.ac.at/download")
```

成功安装后再次执行 "Server 01 - Basic Test" 的例子会发现可以成功运行。

如果需要将 REexcel 绑定到某个版本的 R，需要在该版本的 R 中执行以下命令来进行注册：

```
library(rcom)
comRegisterRegistry()
```

不过这个步骤不是必需的，REexcel 后台调用 R 的时候只需要环境变量中设置了 R_HOME 即可。

15.1.2 安装 REexcel

REexcel 的主页提供了安装文件的下载，非商业用途的话可以使用免费的家庭和学生版。该主页还提供了最新版安装文件的下载链接：http://rcom.univie.ac.at/download/REexcel.distro/REexcelInst.latest.exe。下载安装完成后打开 Excel 就会发现多出了一个 Rexcel 的菜单。

如果是 Excel 2007 及之后的版本，该菜单会出现在 "加载项" 菜单中，如图15.1所示。如果是 Excel 2003，菜单会直接出现在顶层。本书的内容基于 office

2010 家庭和学生版进行示例，但是在其他版本的 Excel 中也可以测试通过。

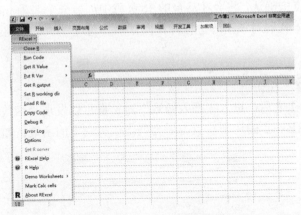

图 15.1 REexcel 界面

如果不需要 Excel 每次启动的时候都加载 REexcel，可以在管理加载项的选项中去除 REexcel 的勾选。否则该菜单将会作为 Excel 中的一个默认功能，每次打开 Excel 时都会启动。需要注意的是，该菜单随 Excel 启动后并没有立刻开启一个 R 的进程，需要进入 REexcel 的菜单，点击"Start R"才会开启一个 R 的进程，此时会发现很多功能按钮会被激活。

REexcel 的菜单中有一项是"Set R server"，可以设置服务在后台执行（Backgroud），这样就不会因为未注册或者冲突的原因而报错。每次点击"Start R"之后都会根据 R_HOME 的路径在后台开启一个 R 的进程，用来和 Excel 进行交互。

15.1.3 REexcel 的使用

15.1.3.1 执行 R 代码

在 Excel 中使用 R 的最简单的方式是把 Excel 当成一个 R 的编辑器。可以在任意单元格输入 R 的代码，然后选择所有代码后通过鼠标右键可以选择"Run code"，将会自动把选择好的代码发送到后台的 R 进程中执行。然后激活 Excel 中的某个空白单元格，通过右键选择"Get R Value"，将会弹出一个输入 R 表达式的对话框，可以在对话框中输入 R 代码或者选择某个单元格中已包含的 R 代码。如果该代码能够输出结果，那么将会以该单元格为起点，输出 R 中运算的结果。

这种方式有一个最大的好处，是可以将一个 Excel 中的数据表作为一个矩阵传入 R 中，通过鼠标选择一个 Excel 中的数值区域之后，右键选择"Put R

Var"，然后会弹出对话框要求输入该矩阵的名称，输入一个英文字符串（比如 matrix1）之后点击确认，将会在后台的 R 进程中创建一个名为 matrix1 的矩阵，然后可以使用 R 代码对该矩阵进行各种操作，并通过"Get R Value"得到相关计算的结果。

15.1.3.2　内嵌 R 公式

安装 RExcel 之后，进入"插入函数"对话框可以发现"函数类别"的最下面一行出现了 RExcel 的选项，点击后会列出该类别下的函数，如图 15.2 所示。

图 15.2　RExcel 函数

里面包括多个新增的函数，可以以和 Excel 内置函数完全一致的方式来使用。最方便的地方在于这些函数还能自动地将 Excel 里的行或者列的数值转化成 R 中的向量，将区域的数值转化成 R 中的矩阵。

这里主要介绍一个功能最强大的函数"RApply"，该函数主要需要两个参数。第一个参数是一个引号标准的字符，代表一个 R 中存在的函数名，第二个参数是 Excel 中的引用区域，可以使用引用区域的空间从 Excel 中选择行、列或者区域中的数值。如果该 R 函数还需要其他的参数，可以在 RApply 中增加参数，用法和 R 中的 `apply` 函数比较类似。

	E2		f_x	=RApply("mean",A2:C2)	
	A	B	C	D	E	F
1						
2	0.67205	-1.99834	0.345576		-0.32691	
3	-1.53202	0.05479	1.51732		0.013364	
4	0.406108	0.990804	1.315853		0.904255	
5	-1.38581	-0.33214	-1.5913		-1.10308	
6	-0.28003	2.340638	0.520896		0.8605	
7	0.576505	0.013286	-0.43859		0.050399	
8	0.088564	-1.94828	0.719741		-0.37999	
9	-0.46232	-1.39562	-0.3468		-0.73491	
10						

图 15.3　RApply 函数示例

图15.3显示了一个使用 RApply 的例子，该公式调用了 R 中的均值函数
`mean`，需要传入一个数值向量，我们从公式中可以看到这个向量是通过选择了
A2 到 C2 这一行的三个数得到的。利用这个公式就能在 Excel 中实现对某一行
均值的计算。与普通的 Excel 公式相同，可以通过拖拽单元格的方式来对公式进
行复制，从而实现对左边的数值矩阵的每一行计算平均值。

我们可以使用同样的方法在 Excel 中产生 R 的随机数，该函数不需要引用
Excel 中的数据，我们仍然能使用 RApply 公式，如图15.4所示。

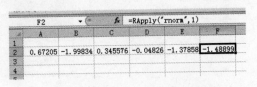

图 **15.4** RApply 产生正态随机数

每个单元格都产生了一个标准正态分布的随机数，横向拖动公式后就能产
生一系列的随机数。

15.1.3.3 VBA 中调用 R

R 与 Excel 结合能产生最大效用的地方在于 VBA，通过 Excel 中的 VBA
程序，可以完整地调用 R 中的任何函数，理论上可以在 Excel 上开发出任意基
于 R 的应用。

在 Excel 激活的状态下，通过快捷键 Alt+F11 可以打开 VBA 的编辑器，我
们打开工具菜单中的"引用"，可以发现 RExcelVBAlib 出现在了可使用的引用
列表中，我们勾选该引用就能实现在 VBA 中调用 R 了，如图15.5所示。

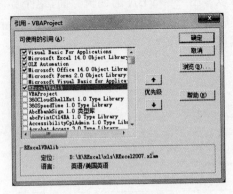

图 **15.5** VBA 中的引用

我们利用 VBA 和 R 写一个简单的 Hello world 的程序，首先在 VBA 编辑

界面中新建一个窗体，如图15.6所示。

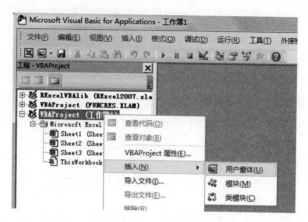

图 15.6   VBA 中新建窗体

在新建的窗体中添加一个"按钮"对象，如图15.7所示。

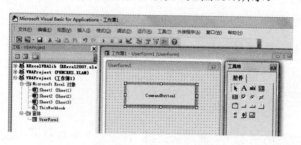

图 15.7   VBA 中添加按钮

双击这个按钮可以弹出一个 VBA 的编辑界面，这个界面也称为 VBE(Visual Basic 编辑器)。双击后默认产生一个名为 CommandButton1_Click() 的过程，我们可以在该过程内添加如下代码：

```
1  Private Sub CommandButton1_Click()
2      Dim outstr As String
3      rinterface.StartRServer
4      rinterface.RRun "x <- date()"
5      outstr = rinterface.GetRExpressionValueToVBA("x")
6      rinterface.StopRServer
7      MsgBox ("Hello world! " + outstr)
8  End Sub
```

从这段代码中我们可以发现，在 VBA 中可以直接使用 rinterface 这个对象进行接口的相关操作，通过调用 rinterface 对象内置的 StartRServer 方法可以在后台开启一个 R 的进程，然后可以通过内置的 RRun 方法以字符串的形式传入一段 R 代码并在后台的 R 进程中执行。GetRExpressionValueToVBA 方法可以将 R 中的表达式的值取到 VBA 中，我们将其赋给一个 VBA 中的字符串变量，就能够在 VBA 中被使用，从而实现了 R 与 VBA 之间的交互。

该按钮点击后的效果如图15.8所示。

图 15.8　VBA 与 R 交互的 Hello world

15.2　R 与数据库

　　R 操作数据库的方法与其他任何数据库的客户端没有什么不同。所有的数据库都会提供 API 供外部程序调用，每个数据库都会有自己独特的方式，因此通过一种通用的操纵关系型数据库的方式是最好的选择，能够保证在建立了同类型的连接之后，不会因为数据库品牌的切换而大量地修改代码。当前比较流行的方式是 DBI、ODBC 和 JDBC。

　　DBI 的全称是"数据库接口"（Database Interface），实际上，该接口具体指的是 Perl 的 DBI 模块。DBI 是一套基于 Perl 的连接数据库的规范，但是其他语言也能在这个接口的基础上连接数据库。R 在早期和 Perl 走得非常近，因此 R 中最原生的调用数据库的方式就是基于 DBI。各种常用的数据库都有 R 语言的接口，比如 ROracle、RMySQL、RPostgreSQL、RSQLite 等。这些接口的 R 包全部都要依赖 DBI 这个包。它是一个基于 S4 开发的通用接口，提供了很多虚类[2]，针对不同的数据库产品，可以在该包的基础上实现其专用的接口。DBI 是 R 的开发者最喜欢的数据库连接方式。

　　ODBC 的全称是"开放数据库互连"（Open Database Connectivity），是微软提供的一套标准的访问数据库的规范和接口，该接口独立于厂商的数据库，也独立于具体的编程语言。在操作系统中针对不同的数据库安装了相应的 ODBC 驱动后，就能在其他的语言环境（比如 R）中采用标准的方式来操作数据库。ODBC 是 Windows 操作系统中通用的连接方式，在 Linux 中也可以使用。由于

---

[2]关于 S4 面向对象编程的详情，请参考"第108页：5.3 **S4**"这一节。

ODBC 的连接可以非常方便地在操作系统中进行管理，一旦建立连接，在 R 中的操作方式都是一样的，因此 ODBC 是 R 中普通用户最常用的连接数据库的方式。

JDBC 的全称是"Java 数据库连接"（Java Data Base Connectivity），功能和 ODBC 比较像，但是基于 JAVA，可以非常方便地跨平台和跨各种数据库。不过 R 中的 JDBC 包也是依赖于 DBI 的，然后基于 JAVA 实现跨平台的操作。很多时候，直接选用某个基于 DBI 的接口会更有效率，因此 R 中的 JDBC 包不是很常用。

我们针对 DBI 和 ODBC 的不同方式，分别进行介绍，并通过具体的例子来演示配置和使用的过程。

15.2.1 DBI 和 RSQLite

基于 DBI 的数据库连接有很多种，我们在这里以一个最简单的内存数据库 SQLite 为例。SQLite 是一个麻雀虽小五脏俱全的小型数据库，以文件的方式存储，可以在内存中进行运算，是一个非常轻量级的开源关系型数据库，可以和其他数据库一样使用 SQL 语句和索引，其核心程序不依赖任何第三方库也无需安装。

R 中的 `RSQLite` 包是一个基于 DBI 的 R 语言接口，由于 SQLite 的核心程序非常小，所以该 R 包直接内置了整个数据库，无需进行任何安装就能够使用 SQLite 的所有功能。每个 SQLite 的数据库对应一个文件，通常使用的后缀名是.db，我们可以使用一些图形化的界面来进行管理[3]。

在 R 中，我们利用 DBI 包中的 `dbConnect` 函数来建立一个连接：

```
library(RSQLite)
dbfile <- system.file("examples", "db", "irisdb.db",
    package = "rinds")
conn <- dbConnect(dbDriver("SQLite"), dbname = dbfile)
class(conn)

## [1] "SQLiteConnection"
## attr(,"package")
## [1] "RSQLite"
```

对于 SQLite 数据库，每个数据库对应一个文件，因此需要传入一个文件的路径。如果该文件不存在，那么这个命令表示新建一个数据库的连接，对应地会在电脑磁盘上新建该文件。如果该文件是一个有效的 SQLite 数据库的文件，那

---

[3]比如开源的工具 SQLite Administrator:http://sqliteadmin.orbmu2k.de/

么这个命令将会在 R 中建立一个对该数据库的连接。有了这个连接后，我们就能够在 R 中通过内置的函数以及 SQL 语句来和数据库进行交互，比如说我们想查看一下该数据库中包含哪些表，并将该表取出来存成 R 中的数据框：

```
dbListTables(conn)

## [1] "iris"

res <- dbSendQuery(conn, "SELECT * from iris")
class(res)

## [1] "SQLiteResult"
## attr(,"package")
## [1] "RSQLite"

data.db <- fetch(res, n = -1)
dbClearResult(res)

## [1] TRUE

head(data.db)

##   Sepal_Length Sepal_Width Petal_Length Petal_Width Species
## 1          5.1         3.5          1.4         0.2  setosa
## 2          4.9         3.0          1.4         0.2  setosa
## 3          4.7         3.2          1.3         0.2  setosa
## 4          4.6         3.1          1.5         0.2  setosa
## 5          5.0         3.6          1.4         0.2  setosa
## 6          5.4         3.9          1.7         0.4  setosa
```

在 DBI 的操作中，我们可以通过特定的函数来实现某个功能，比如 `dbListTables` 函数可以用来列举该数据库中包含的所有表，只需要将数据库的连接 conn 作为参数即可。类似地，我们可以通过 `dbReadTable` 函数来读取某个数据表，使用 `dbWriteTable` 来将某个 R 中的数据框写入到数据库中。但是操作数据库的更一般的方式是通过 SQL 语句，也是我们在这里推荐的方式。我们使用 `dbSendQuery` 函数对这个连接传入一个 SQL 命令，其结果是一个 "SQLiteResult" 的结果集对象。如果该对象包含了取出的数据集，我们可以使用 `fetch` 函数将该结果集合中的数据取出来存入一个数据框。参数 n 可以指定取出的行数。负值表示取出所有。需要注意的是，当一个结果集不再被使用时，需要通过 `dbClearResult` 函数来清理。

当我们操作完数据库之后，需要关闭该连接，从而中断 R 与该文件的关联：

```
dbDisconnect(conn)
```

```
## [1] TRUE
```

15.2.2 RODBC 简介

ODBC 是 R 中另一种连接数据库的方式。与 DBI 的方式不同，无需针对每个数据库安装不同的 R 包，只需要装一个 RODBC 包即可。但是针对每个数据库，需要在操作系统中安装相应的驱动程序，然后使用 RODBC 就可以直接连到该数据库。为了便于和 DBI 方式对比，我们仍然使用 SQLite 数据库为例，但是不再使用 RSQLite 包作为接口。

首先我们需要在操作系统中安装 SQLite 数据库的 ODBC 驱动 [4]。以 Windows 为例，在 ODBC 的管理界面下会自动出现新安装好的驱动，如图15.9所示。

图 15.9　数据源驱动

我们选择 SQLite 驱动，新建一个连接，对于 SQLite 数据库，只需要指定数据库文件的路径即可，我们为该连接命名为"irisodbc"，如图15.10所示，那么将能够使用这个连接名在 R 中实现数据库的交互。如果将"irisodbc"的连接改成其他数据库，例如 MySQL，R 代码无需进行任何修改，将能直接接入新的 MySQL 数据库。

还是以上文用过的这个 SQLite 数据库为例，我们加载 RODBC 包后就可以直接新建一个连接，与 DBI 的连接不同，此时的"conn"对象表示一个 RODBC 连接。

---

[4]SQLite 的驱动在 http://www.ch-werner.de/sqliteodbc/站点进行下载，注意针对具体的操作系统选择 32 位或者 64 位的驱动程序。

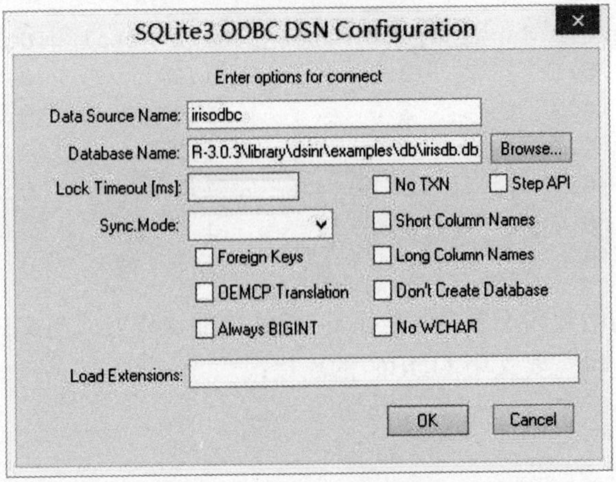

图 15.10 建立 ODBC 连接

需要注意的是，对于 Oracle 以及本例中的 SQLite 数据库，需要将 believeNRows 的值设为 FALSE。

```
library(RODBC)
conn <- odbcConnect("irisodbc", believeNRows = FALSE)
class(conn)

## [1] "RODBC"
```

在 ODBC 中，我们同样可以使用一些内置的函数进行数据库的操作，比如 sqlTables 可以列出数据库中已有的数据表，和 DBI 中的 dbListTables 是类似的，但是返回值的格式有所不同。同样地，我们推荐使用 SQL 语句来实现数据库的交互：

```
sqlTables(conn)

##   TABLE_CAT TABLE_SCHEM TABLE_NAME TABLE_TYPE REMARKS
## 1      <NA>        <NA>       iris      TABLE    <NA>

data.db <- sqlQuery(conn, "SELECT * from iris")
class(data.db)

## [1] "data.frame"

head(data.db)
```

```
##   Sepal_Length Sepal_Width Petal_Length Petal_Width Species
## 1          5.1         3.5          1.4         0.2  setosa
## 2          4.9         3.0          1.4         0.2  setosa
## 3          4.7         3.2          1.3         0.2  setosa
## 4          4.6         3.1          1.5         0.2  setosa
## 5          5.0         3.6          1.4         0.2  setosa
## 6          5.4         3.9          1.7         0.4  setosa
```

虽然具体的函数名不同，但是在 ODBC 中的操作方式与 DBI 是一致的。在结束操作之后，也需要关闭 ODBC 的连接：

```
odbcClose(conn)
```

15.3 R 与 JAVA

15.3.1 安装 Java 环境

本书中涉及到的 Java 环境在 JDK 1.6.0_32 下测试通过，建议安装 SUN 的 JDK 版本。如果操作系统中没有 JDK 环境，可以到 Oracle 的站点下载：http://www.oracle.com/technetwork/java/javase/downloads/index.html。

假设 JDK 的安装目录为 D:\jdk1.6.0_32，那么需要在系统中建立一个名为 JAVA_HOME 的环境变量，其值为 JDK 的安装路径，如下所示：

- D:\jdk1.6.0_32

接着建立名为 ClassPath 的环境变量，其值需要包含：

- .;%JAVA_HOME%\lib;

然后将以下路径添加到 PATH 环境变量中：

- %JAVA_HOME%\bin;
- %JAVA_HOME%\jre\bin;
- %JAVA_HOME%\jre\bin\server;
- %JAVA_HOME%\jre\bin\client;

注意查看 JRE 的安装目录中 jvm.dll 是位于 server 还是 client 子文件，确保该文件夹位于 PATH 环境变量即可。

如果 R 环境已经安装，并且系统环境变量中已经添加了一个名为 R_HOME 的环境变量（指向 R 的安装路径），那么需要在 R 的控制台中安装 rJava 包：

```
install.packages("rJava")
```

然后确保以下路径也已经添加到了 PATH 环境变量中 [5]：

- %R_HOME%\bin\i386;
- %R_HOME%\library\rJava\jri;

15.3.2 Java 调用 R

15.3.2.1 Rserve

Rserve 是最简单的交互方式，基于 TCP/IP 协议传递信息，实现 Java 对 R 的调用，在使用之前需要先安装 Rserve 包：

```
install.packages("Rserve")
```

如果是 Windows 系统，安装完包之后还需要将可执行文件复制到 R 的主目录，进入到 %R_HOME%\library\Rserve\libs\i386 文件夹 [6]，将 Rserve.exe 和 Rserve_d.exe 这两个文件复制粘贴到 %R_HOME%\bin\i386 文件夹中。然后把复制后的 Rserve.exe 文件建立一个快捷方式到桌面。每次开启工程的时候，可以通过双击桌面上的 Rserve 快捷方式来启动 Rserve。

安装了 Rserve 和 rJava 包之后，可以在 Java 中直接新建 R 的连接，然后以字符串的形式传入 R 的代码，例如：

```
1  public class rtest {
2    public static void main(String[] args)
3      throws REXPMismatchException,    REngineException {
4        RConnection c = new RConnection();
5        REXP x = c.eval("R.version.string");
6        System.out.println(x.asString());
7    }
8  }
```

以上代码可以在 Java 中调用 R 并打印当前 R 的版本，从而实现了 Java 和 R 的交互。

15.3.2.2 rJava

Java 中调用 R 的另一种方式是 JRI，全名是 Java/R Interface，这是一种完全不同的方式，通过调用 R 的动态链接库从而利用 R 中的函数等。目前该项

---

[5]这里假设使用 32 位的系统，如果是 64 位，请更改相应的目录。
[6]如果是 64 位则进入对应的 x64 文件夹。

目已经成了 rJava 的子项目, 不再提供单独的 JRI 的版本。因此使用时简单地通过 install.packages("rJava") 安装 rJava 就行, 在安装文件夹中, 可以看到一个 jri 的子文件夹, 里面有自带的例子可以用来测试。

　　使用时需要在 eclipse (以 eclipse 为例, 其他 IED 方法类似) 里导入外部的 jar 包 (在 rJava 目录下的 jri 子文件夹中), jri 中的 examples 文件夹里有现成的例子 (rtest.java 和 rtest2.java), 可以测试是否成功。

　　关于 Rserve 客户端服务器的方式和 rJava 动态链接库的方式, 各有所长, 按照需要选用。不管使用哪种方式, 设计时尽量少进行频繁的数据的交互, 在逻辑上把系统和计算分开, 使得 R 成为一个纯粹的运算引擎。

15.3.3　R 调用 Java

　　在通常的实际应用中, 通过 Java 来调用 R 的情况比较多, 因为 Java 适合开发大型的系统, 而 R 适合做统计分析的运算引擎, 在 Java 开发的系统之中调用后台的 R 进行分析是顺理成章的事情。但是有时候我们也需要在 R 中调用 Java。一般来说, 如果是统计或者数学模型, 在 R 社区可以找到很多有用的包, 但是一些其他领域的应用, R 的社区不一定有现成的包可以使用, 而 Java 社区中经常可以找到很多很方便的包, 通常都是以 jar 包的方式发布。

　　要在 R 中使用 Java 对象或者方法, 在http://www.rforge.net/rJava/ 页面有清晰的例子。首先加载 rJava 包, 然后利用 .jinit() 打开 JVM 虚拟机, 在该命令下可以指定 classpath 等启动参数, 有些类似在 IDE 中的设置。.jinit() 可以建立一个 Java 对象, .jcall (参数包括 R 中建立的 Java 对象、输入类型、方法、参数) 可以调用建立好的对象的方法。其实能够建立对象调用方法就已经足够, 面向对象的编程直接用 Java 写比较好。

　　rJava 中自带的例子很多都是 R 和 Java 在对象层面的交互, 其实实际开发中一般都是利用某个 Java 工程 (通常是 jar 包) 而不是 Java 的内置对象或方法。一般来说, 需要导入外部的 jar 包, 还需要 import 相关的类。在 rJava 中, 会直接找到系统环境变量中的 jar 包, 不需要单独导入。因此可以将需要的 jar 文件路径写入系统环境变量的 classpath 中, 直接 .jinit() 后就可以使用。如果不想频繁修改环境变量, 可以用 .jinit("D:/xxx.jar") 的方式添加。至于 Java 开发中需要的 import 某些类, 在 R 中不需要事先声明, 只要 classpath 中有的对象直接拿来用就行。

　　最好的方法是将 Java 的对象封装在 R 中, 然后使用 R 的函数调用 Java 的方法。开发 R 包的时候如果在 inst 文件夹内添加一个名为 java 的文件夹, 然后将 jar 包放在该文件夹内, R 就可以自动引用其中的 R 包, 非常方便。

15.4　R 与 Microsoft Visual Studio

微软的 Visual Studio 也是开发系统的利器，最常用的语言包括 VB 和 C#，本书基于 Visual Studio Express 2013 版本进行示例。

15.4.1 R 与 VB

VB 的操作方式与 Excel 中内置的 VBA 非常类似，都可以通过 DCOM 的方式来连接。假设"第347页: 15.1.1 安装 **DCOM** 环境"一节中介绍的 DCOM 环境已经安装好。打开 Visual Studio，新建一个 VB 的窗体应用程序的工程，如图15.11所示。

图 15.11　VB 中新建工程

为该工程命名为 vbtest1，在右侧的资源管理器窗口可以看到工程的详情，双击工程图标可以打开工程的窗口。如果成功安装了 statconn，可以在引用标签下成功添加 StatConnectorCommon 1.6 Type Library 和 StatConnectorSrv 1.3 Type Library，如图15.12所示。

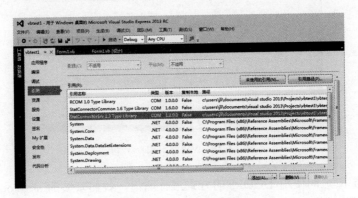

图 15.12　VB 中添加引用

看到开发环境中还有一个 Form1.vb 的页面，切换到设计模式，打开工具箱，添加一个"按钮"，效果如图15.13所示。

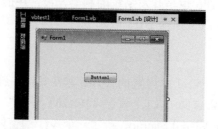

图 15.13　VB 中添加按钮

双击该按钮后会打开一个 VB 的程序编辑页面，在 sub 过程中间的代码区域输入以下测试代码：

```
1  Dim conR As STATCONNECTORSRVLib.StatConnector
2  conR = New STATCONNECTORSRVLib.StatConnector
3  conR.Init("R")
4  MsgBox(conR.Evaluate("paste('hello world',
5      date())").ToString)
6  conR.Close()
```

我们新建了一个 DCOM 的连接 conR，使用该连接初始化 R，在后台打开一个 R 的进程，然后调用 Evaluate 函数将一个 R 的表达式以字符串的形式传入 R 中执行，并将结果返回到 VB 中转成字符串，将这个字符串用消息的方式显示出来。代码和最终的效果如图15.14所示。

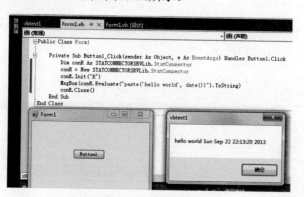

图 15.14　VB 的 Hello world

VB 与 R 之间使用 DCOM 的方式进行通信，我们安装的 statconn 会从系统环境变量中读取 R_HOME 的信息，并在后台调用该版本的 R，所以不需要显式地指定 R 的版本。如果需要切换 R 版本，直接修改环境变量即可；如果需要引用第三方的 R 包，需要在该版本的 R 中安装这些包。

15.4.2 R 与 C#

旧版本的 C# 和 statconn 也可以通过 DCOM 的方式来调用 R，但是最新版本的 C# 与当前版本的 statconn 在兼容性方面有些问题，在这里，我们使用另一种连接方式，.net 的连接。

http://rdotnet.codeplex.com/ 上提供了一个 R.NET 的项目，可以很方便地通过 .net 来连接 R。这里以 Windows 为例，从该主页上下载最新的 Windows 安装包，将得到的 zip 包解压到某个路径，可以发现其中包括 RDotNet.dll 和 RDotNet.NativeLibrary.dll 等文件。记下该安装文件夹的路径。

我们可以在 Visual Studio 中新建一个 C# 的工程，如图15.15所示。

图 15.15 新建 C# 工程

然后在资源管理器的引用模块[7] 添加引用，到刚才解压缩 R.NET 的文件夹选择 RDotNet.dll 和 RDotNet.NativeLibrary.dll 这两个文件即可。如图15.16所示。

图 15.16 添加 .net 的引用

---

[7]或者通过项目菜单选择"添加引用"。

在 C# 的开发界面下可以采用与 VB 相同的方式新建一个按钮，双击按钮进入 C# 源码的编辑界面，首先在导言区的最后添加以下两行代码：

```
1  using RDotNet;
2  using System.IO;
```

然后在对象的代码区域输入以下代码：

```
1  var envPath = Environment.GetEnvironmentVariable("PATH");
2  var rBinPath = @"D:\R\R-2.15.3\bin\i386";
3  Environment.SetEnvironmentVariable("PATH",
4      envPath + Path.PathSeparator + rBinPath);
5  using (REngine engine = REngine.CreateInstance("RDotNet"))
6  {
7      engine.Initialize();
8      engine.Evaluate("x <- date()");
9      string outstr =
10          engine.GetSymbol("x").AsCharacter().First();
11      MessageBox.Show("Hello world! " + outstr);
12      engine.Close();
13  }
```

基于 R.NET 项目，我们需要手工指定 R 的目录，通过修改系统环境变量来指定版本。然后新建一个 REngine 的连接，通过 Evaluate 函数来将 R 语言表达式传入后台运行的 R，整个机制与 DCOM 的方式相同，只是具体的实现方式有差异。通过这段代码我们也可以得到和之前例子相似的结果，如图15.17所示。

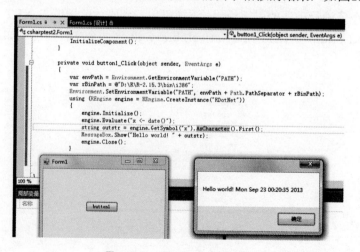

图 15.17　C# 的 Hello world

本章总结

在工程开发中，R 适用的系统是分析型系统。与传统的业务型系统不同，分析型系统并不需要处理复杂的业务流程，对应在数据层面，无需频繁地对数据进行存取，而是基于完整的数据，对其进行分析。

在分析型系统中，响应的效率并不是那么重要，复杂分析的能力和结果的准确度是最重要的考量目标，这恰好是 R 的强项。因此在很多定制化的分析型系统中，常常使用 R 作为分析引擎。在系统的开发中，针对不同的技术框架，比如 Java 或者 C#，按照本章中介绍的连接方式，调用 R 进行分析。

所有的分析功能全部基于 R 开发，在 R 中采用函数式编程的方式，将系统平台传入的参数和数据作为输入，将分析的结果通过图和表的方式进行输出，从而整合到整个系统中。

第 16 章 R 与高性能运算

　　R 在诞生初期最容易被人诟病的特点就是运算性能不强。与很多商业软件不同，R 是单线程的，通常情况下无法使用多核计算，造成了系统资源的浪费。R 语言同时又是一种解释型的语言，使用 R 定义的函数在每次运行之前都会解释一遍，牺牲了程序的性能。此外，R 默认把数据集全部读入内存，当数据量比较大的时候常常会遇到内存不够的情况。另外还有一个不易觉察之处，虽然 R 的优点在于矩阵运算，很多时候向量化运算的高效率会掩盖 R 本身自带的开源运算库的不足，但大部分条件下 R 的矩阵运算比一些商业软件要慢。

　　值得注意的是，在制约 R 性能的因素中，除了单线程可以算是 R 固有的缺陷外[1]，其他对 R 性能的质疑其实与 R 本身无关。

　　R 是一个统计计算和作图的环境，同时具备软件系统和计算机语言的特征。作为软件系统来说，尤其是统计分析软件，很多模型和方法的基础运算都依赖于 BLAS 和 LAPACK 代数运算库[2]。由于 R 是自由软件，因此默认安装包中包含的代数运算库是开源的版本，比起很多商业版的效率要低。而所有商用统计软件几乎都使用了商业版的代数运算库，很多时候，R 与其他商业统计软件相比效率低的最主要原因就是因为代数运算库的差别。如果在 R 中也替换成相同的版本，对于大部分统计模型在计算效率方面与商业软件相比不会有任何差别。后面的章节里我们会用一些更高效的代数运算库来替换默认安装的版本，从而优化这个问题。

　　作为计算机编程语言，R 甚至 S 语言的一个很重要的设计理念就是尽可能地节省开发和建模的时间，而不是机器运行的时间，因为人的时间、尤其是数据分析建模人员的时间要远比机器的时间宝贵。体现在 R 的特征上就是非常易学易用但是牺牲了一些运算的性能。无论是作为解释性语言还是 R 的一些其他的高级特征，最终的目的都是为了快速地分析和建模，享受到这些优点的同时，常常需要牺牲一些性能。在数据科学中，数据分析建模与数据处理或者软件系统的开发相比，有着极大的不同。由于模型依赖于数据，因此很多时候需要花大量的

---

[1] Duncan Temple Lang 和 Luke Tierney 一直在致力解决这个问题，目前也有 OpenMP 的尝试解决方案，但是短期内 R 单线程的问题不会有根本上的改变。

[2] "第370页：16.2 代数运算库的优化"进行了详细的介绍。

时间来建模或者实现算法，而只需运算一次求得结果，或者当今后数据更新的时候重新运行模型。而传统的软件开发中，某些功能会被一天之内亿万次地调用。因此，假设有两种方案，第一种需要开发半年，运行时间为 1 毫秒；第二种需要开发 1 天，运行时间是 5 分钟。很显然，对于分析建模的需求，会选择第二种方案。对于软件开发，会选择第一种方案。目前很多对 R 运行效率的质疑其实都来自于和软件开发类编程语言的比较。

好在 R 程序的效率并不是无法改变，如果不需要 R 编程中快速开发的特点，可以放弃使用 R 闭包[3]，使用 C 或者 Fortran 来开发函数。R 的底层就是基于 C 实现的，可以完美地集成 C、C++ 和 Fortran 函数。一般来说，如果某些函数是性能的瓶颈并且会频繁调用，并且需要提升其性能的话，建议使用 C 或者 Fortran 来开发。基本上 R 中所有内置的分析类函数都是用 C 或者 Fortran 写的，对于这些内置函数，效率方面不弱于任何其他语言开发的类似函数，因此尽可能地使用内置函数而不是自行开发新函数也是提高 R 性能的一个重要手段。如果了解的 R 内置函数比较少，习惯于按照程序员的思路开发新的函数，同时又具有优化性能的强迫症，可以尝试去理解数据科学家的思维方式[4]，最重要的是要在自己的开发时间和程序的运行时间之间进行价值上的衡量。

随着数据处理技术的不断发展，现在也已经进入了大数据时代，各种各样可以进行高性能运算的工具（尤其是开源工具）应运而生而且不断成熟。R 的版本也经历了几次大的升级，并且还在不断更新中，其中关于性能的提升一直是重中之重。我们可以针对 R 在性能上的各种不足采用不同的方式进行优化，从而实现高性能的运算，这也是我们这一章的主要内容。

16.1 性能的度量与函数编译

在介绍不同的性能优化方法之前，我们先简单介绍一下 R 中衡量运算性能的方式。

在下面的例子中，我们首先定义一个名为 `la1` 函数，该函数可以传入任意的列表（或向量）和某个函数，并使用循环来将该函数作用于列表中的每个元素。

```r
la1 <- function(X, FUN, ...) {
FUN <- match.fun(FUN)
if (!is.list(X))
    X <- as.list(X)
```

---

[3]关于 R 中闭包的概念，在"第88页: 4.3 函数式编程"中进行了介绍。
[4]"第9页: 1.1.2 如何成为数据科学家？"中进行了详细的介绍。

```
rval <- vector("list", length(X))
for(i in seq(along = X))
    rval[i] <- list(FUN(X[[i]], ...))
names(rval) <- names(X)
return(rval)
}
```

该函数中包含了函数调用、赋值、循环等最常用的操作，因此方便用来测试性能。在 R 中度量性能最常用的方式是 system.time 函数，将 R 中要执行的表达式作为参数传入到该函数中，就能在运算完成之后返回一个 proc_time 的对象，记录了运算中所消耗的时间：

```
y <- 1:1000
system.time(for (i in 1:1000) la1(y, is.null))

##    user  system elapsed
##   2.100   0.000   2.104
```

user、system、elapsed 分别表示用户时间、系统时间和总消耗时间。其中用户时间是指 R 花费的时间，系统时间是指操作系统花费的时间，比如 IO 操作等。

我们还可以使用 Rprof 函数来测量程序中不同部分所消耗的时间，需要通过 filename 参数指定一个文本文件的路径，通过 interval 设置采样的间隔时间，该时间设置得越小能够搜集到的信息也就越多，通常我们的目的是为了找出性能的瓶颈，不需要太关注运行时间很短的语句，因此该时间不用设置得太小。R 会自动采集后面所有程序的运行信息。直到再次运行该函数并将 filename 参数设为 NULL 时为止，将会停止采集。此时使用 summaryRprof 函数可以对运行结果进行分析，例如：

```
outfile <- tempfile(fileext = ".txt")
Rprof(filename = outfile, append = FALSE, interval = 0.02,
    memory.profiling=FALSE)
for (i in 1:1000) la1(y, is.null)
Rprof(NULL)
summaryRprof(filename = outfile)$by.self

##           self.time self.pct total.time total.pct
## "la1"          1.68    83.17       2.02    100.00
## "list"         0.14     6.93       0.14      6.93
```

```
##  "FUN"                 0.12      5.94      0.12      5.94
##  "as.list.default"     0.06      2.97      0.06      2.97
##  "seq.default"         0.02      0.99      0.02      0.99
```

我们可以得到一个列表，针对每一步操作分析其运行时间，主要关注"self"的部分，不包含系统的时间，能够精确地度量 R 程序的时间。在做任何的性能优化之前，最好是首先使用 Rprof 和 summaryRprof 函数来分析性能的瓶颈，找准原因，然后采用不同的方法进行优化。在本例中，耗时最多的是 la1 函数，也就是说调用并运行 la1 这个函数的时间，其内部代码的运行并不是很耗时。

R 是一种解释性语言，如果在程序中需要反复地调用某个自定义的函数将会花费大量的解释时间，造成性能的不足。从 R 2.13.0 开始，R 的发行包中内置了 compiler 包，包含了一种字节码编译器可以预先将函数编译成字节码，下次调用时就不需要重复解释，从而对性能进行加强。

在下面的例子中，我们使用 compiler 包中的函数 cmpfun 对 la1 进行编译，得到一个新的函数 la1c，分别执行相同的操作，然后比较运行时间：

```
library(compiler)
la1c <- cmpfun(la1)
system.time(for (i in 1:1000) la1(y, is.null))

##    user  system elapsed
##   2.018   0.000   2.021

system.time(for (i in 1:1000) la1c(y, is.null))

##    user  system elapsed
##   0.787   0.008   0.796
```

从结果可以看到，编译后的性能具有显著的提升。直接打印编译后的函数会显示原始的 R 代码以及字节码的引用地址，如果要查看字节码的话，可以使用 disassemble 函数：

```
la1c
disassemble(la1c)
```

如果有大量的程序代码需要编译，可以把它们存在文件里，然后使用 cmpfile 函数一次编译完所有的代码。

compiler 包还支持即时编译（JIT）的功能，可以在使用代码的时候进行编译，通过 enableJIT 函数来实现。其中参数 level 是一个 0 到 3 的整数：

- 0 表示不进行即时编译；
- 1 表示 R 函数在第一次使用之前编译；
- 2 表示在第一次使用之前和被复制的时候编译；
- 3 表示在第一次使用之前、被复制的时候以及每次执行之前都进行编译。

每次设置后会显示之前的状态值。默认情况下不进行即时编译。如果要改变状态就可以调用 `enableJIT` 函数。重启之后会失效并恢复到默认值。如果需要长期改变该值，可以在操作系统中设置一个名为 `R_ENABLE_JIT` 的环境变量，将其值设为期望的 level 参数的值。需要注意的是，并不是每次都进行编译是最好的，当函数比较简单的时候编译会花费更多的时间。所以比较合理的方式是在需要频繁调用某些复杂的自定义函数时才开启即时编译的功能。

16.2   代数运算库的优化

BLAS 即**基础线性代数程序集**（Basic Linear Algebra Subprograms），可以进行基础的线性代数操作。**LAPACK** 是 Linear Algebra Package 的简称，依赖 BLAS，可以求解多元线性方程式、线性系统方程组的最小平方解、计算特征向量、用于计算矩阵 QR 分解的 Householder 转换以及奇异值分解等。

BLAS 和 LAPACK 可以统称为**代数运算库**，有些版本的 BLAS 也包含了 LAPACK。大部分的统计方法都需要对矩阵进行操作，尤其是 BLAS 中的算法。因此 BLAS 的性能很大程度上决定了该统计软件的性能。

BLAS 发布于 1979 年[33]，其官方主页是 http://www.netlib.org/blas/，R 的发行版就是基于这个版本，针对 R 的应用进行过修改。在各平台上都会默认安装该版本的 BLAS 与 LAPACK。这个版本非常稳定，但不是最快的。

很多其他的组织、个人或者公司也发布了优化后的 BLAS 版本，有些是针对具体的硬件平台进行的优化，因此在很多运算还有平台上具有更好的性能。比如大部分的商业软件在 Intel 平台下都会选用 MKL。

在 R 中可以自主地替换原来的 BLAS 乃至 LAPACK，包括商业版本的代数运算库。有些代数运算库是支持多线程的，在 R 中安装后也就默认能进行多线程的代数运算。对于一个以统计计算为主的工具来说，如果能在基础代数运算上实现多线程运算，那么 R 本身单线程的制约则并没有想象中的那么大。

16.2.1 不同优化版本的实现

Atlas [5] 是最常见的开源代数运算库，其针对不同的平台进行了优化，用户可以根据自己的操作系统类系选择不同的版本。R 的官网也推荐了这种方式，并提供了下载。

MKL 是 Intel 提供的 BLAS 与 LAPACK 接口，是一个商业版的代数运算库，具有很好的性能，很多商业软件都采用了该库。在 Linux 下有非商用的免费版可以使用 [6]，下载后重新编译 R 就可以使用了。

Revolution 公司提供了免费的编译好了的高性能版本的 R，可以直接在 Ubuntu 上安装：

```
1 sudo apt-get install revolution-mkl
2   r-revolution-revobase revolution-r
```

在其他类 Unix 系统中也可以很方便地编译安装 Revolution 的免费版。当然，该公司的主打产品是 Revolution R Enterprise，针对开源的 R 进行了很多优化，极大地提升了 R 的性能。其中能多线程、高性能地进行代数运算的原因就是因为使用了企业版的 MKL。

在开源界还有一个很受欢迎的代数运算库，是由 Kazushige Goto（后藤和茂）开发的 BLAS，简称 Goto BLAS。http://prs.ism.ac.jp/~nakama/上有 R 版本的 BLAS 提供下载。该代数运算库也能支持多线程的运算，据说是目前最快的 BLAS。

在 Linux 下安装需要首先到http://www.tacc.utexas.edu注册一个帐号，然后进行安装：

```
1 apt-get install gotoblas2-helper
2 vi /etc/gotoblas2-helper/gotoblas2-site.conf
3 /etc/init.d/gotoblas2-helper start
```

在 R 中更换 BLAS 并不难，如果是类 Unix 系统，可以在编译安装 R 的时候直接选择相应的代数运算库进行编译。通过 `--with-blas` 选项来指定 BLAS 源。对于某些版本的操作系统，比如 Ubuntu，也可以找到二进制的发行版来直接安装，比如以上提到的安装方式。

在 Windows 中可以采用最简单的方式来替换原生的 BLAS。进入到 R 安装目录下的 bin 文件夹，针对不同的版本（32 位或者 64 位）进入相应的子文件

---

[5]可以在 R 的官网http://cran.r-project.org/bin/windows/contrib/ATLAS/获取源码或者编译后的版本。

[6]下载地址：http://software.intel.com/en-us/articles/intel-mkl/

夹，会发现 Rblas.dll 和 Rlapack.dll 这两个文件[7]，使用下载到的新版本替换已存在的 dll 文件，然后重启 R 即可。

16.2.2 性能对比

我们可以在 Windows 系统下进行一个简单的性能对比。最简单可获得的方式是 Atlas 和 Goto BLAS，其中 R 官网提供的 Atlas 是经过了平台优化的，针对不同的 CPU 有不同的版本。Goto BLAS 提供了源码和一个通用的 dll 文件，为了简便起见，我们直接使用该版本而不进行专门的编译，该版本的 BLAS 可以选择单核或多核计算。

测试环境为普通的 PC 机（Intel i7 CPU，4G 内存，Windows 7 32 位操作系统），在 R 3.0.3 下分别使用原生 Blas、Intel i7 优化后的 Atlas、Goto BLAS 的单核运算以及 Goto BLAS 的四核运算。运行普通的循环、矩阵乘法、QR 分解和奇异值分解。结果如图16.1 所示。

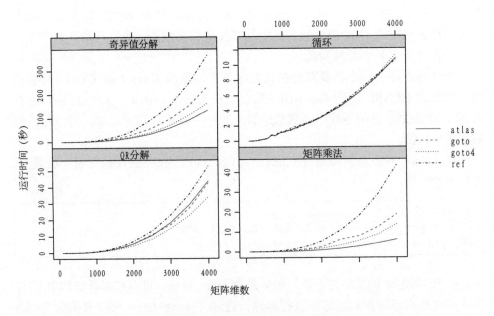

图 16.1　不同版本 BLAS 的性能对比

对于普通循环，我们可以发现四种 Blas 的性能并没有什么差别，那是因为普通的循环操作并没有使用到矩阵的运算，所以不需要调用 Blas 中的方法。对于矩阵乘法，明显可以看到内置的 Blas 耗费的时间远远高于另外三个版本，数

---

[7]以 Atlas 为例，假设 CPU 是 Intel 双核的 i7，那么可以在http://cran.r-project.org/bin/windows/contrib/ATLAS/C2i7/下载到 Rblas.dll 文件。

据量越大越明显，其中性能最好的是 Atlas，其次是 4 核的 Goto BLAS，然后是单核的 Goto BLAS。对于 QR 分解，内置的 Blas 仍旧性能最差，但是差距没有那么明显了，性能最好的是 4 核的 Goto BLAS，其次是单核的 Goto BLAS，然后是 Atlas。对于奇异值分解，性能最好的是 Atlas，其次是 4 核的 Goto BLAS，然后是单核的 Goto BLAS。内置的 Blas 的性能存在明显的差距。

16.3 超出内存的限制

很多人认为 R 将所有数据一次读入内存是一个很大的缺点，而事实上，除了 SAS 以外绝大多数的统计软件都是需要将数据全部读入内存的。一旦运算的过程中数据超出内存的限制，将会报错。R 程序中也经常会遇到 "cannot allocate vector of size" 或者 "无法分配大小为…的矢量" 这样的错误。原因很简单，基本都是产生一个诸如大矩阵这样的对象时发生的，最根本的解决办法有两种，第一种是加大内存换 64 位系统，第二种是改变算法避免如此大的对象直接进入内存。

单台计算机物理上的内存很难无限制地增加，那么如果分析的数据量太大的话，终究会遇到内存的问题。如果能将问题分成多个部分然后交由不同的计算机并行处理，视数据的多寡来决定需要计算机的台数，这是根本的解决之道，是我们在 "第379页: 16.4 并行计算" 这一节讨论的问题。对于大多数用户来说，如何在单机环境下解决超出内存限制的问题是高性能运算的一个很重要的需求。这是我们这一节重点讨论的内容。

16.3.1 内存管理机制

首先，我们需要对 R 的内存管理机制有所了解。在 32 位的操作系统下，系统能支持的最大内存为 $\frac{2^{32}}{1024^3} = 4G$。而 R 在 32 位 Windows 系统中最大使用内存不超过 $3G$，在一些系统中甚至不能超过 $2G$。对于 64 位的操作系统，系统能支持的最大内存为 $\frac{2^{64}}{1024^3} = 172 \times 10^8 G$。但这并不意味着 R 就能操作该数量级的对象。在 R 3.0.0 之前的版本，并没有长整型这个数据结构，数据的索引只能是整型，因此数据的大小会有限制。从 R 3.0.0 开始加入了长整型，理论上可以定义非常大的数据。因此，如果有条件的话，要尽量使用 64 位的操作系统和比较大的内存。

R 中的数据对象在内存中存于两种不同的地方，一种是**堆内存**（heap），其基本单元是 "Vcells"，每个大小为 8 字节，新建一个对象就会申请一块空间，把值全部存在这里，和 C 里面的堆内存很像。第二种是**地址对**（cons cells），和 LISP 里的 cons cells 道理一样，主要用来存储地址信息，最小单元一般在 32 位系统中是 28 字节、64 位系统中是 56 节。

在 R 中,可以通过 `ls` 来查看当前环境下所有已存在的对象名,对于每一个对象,可以通过 `object.size(x)` 来查看其占用内存的大小。如果要清除某个对象,可以使用 `rm` 函数。例如:

```
a1 <- 1
ls()

## [1] "a1"        "allfiles"    "cmdArgs"

object.size(a1)

## 32 bytes

rm(a1)
ls()

## [1] "allfiles"    "cmdArgs"
```

`rm` 用来删除对象时,只会删除变量的引用,并不会立即清除占用的内存空间,失去引用的对象就成了内存中的垃圾,R 会在一定时间内自动发现垃圾再集中清理。所以通过 `rm` 删除对象后在 Windows 的任务管理器可以看到 R 进程占用的内存并没有被立即释放,而是过一段时间后才会清理。如果想要删除的对象立刻被清理,可以运行垃圾处理函数 `gc` ,将会立刻释放空间。但是通常不是很必要,因为当内存不够时系统会自动清理垃圾的,我们要做的只是将不再使用的对象 `rm` 掉。

R 中几乎所有的内部函数都会触发垃圾收集。不过我们仍然能够使用 `gc` 函数来手动地触发它:

```
gc()

##          used (Mb) gc trigger (Mb) max used (Mb)
## Ncells 229039 12.3     460000 24.6     460000 24.6
## Vcells 466059  3.6    1023718  7.9     786431  6.0
```

函数 `gc` 可以回收垃圾并显示当前的内存情况。

16.3.2 内存性能的优化

在 R 中可以用命令 `memory.size(NA)` 或者 `memory.limit` 来查看当前设置下操作系统能分配给 R 的最大内存是多少。同时可以用 `memory.size(FALSE)`

查看当前 R 已使用的内存（单位是 Mb），memory.size(TRUE) 查看已分配的内存。刚开始时已使用内存和已分配内存是同步增加的，但是随着 R 中的垃圾被清理，已使用内存会减少，而已分配给 R 的内存一般不会改变。下面是这两个函数的例子 [8]：

```
memory.size()

## [1] 24.41

memory.limit()

## [1] 8052
```

如果 memory.limit 得到的数是一个很小的内存，说明操作系统分配给 R 的内存太小。解决办法很简单，在 R 中运行 memory.limit(2000)，将会分配 2G 内存给 R。如果是 Windows 系统，可以通过在"运行"中输入"Rgui max-mem-size 2Gb"（假设要分配 2G 内存且在环境变量中正确设置了 R 的安装文件夹）来打开 R。

memory.limit 可以在操作系统允许的条件下，提高或降低 R 的内存上限。比如 32 位的 Windows 在没有开启 3G 模式时，单个进程最多只能申请 2G 内存。不论 memory.limit 设得多高都无法突破操作系统的障碍。大多数情况下改变 memory.limit 的值都不会有效果，因为这个值已经足够大，那么无法分配内存的原因是系统本身的内存就不足，这个时候就需要针对具体情况进行处理。

如果是因为当前对象占用内存过多，那么可以通过改变对象的存储模式来获取更大的可用内存。通过 storage.mode(x) 可以看到某个对象的存储模式，比如某个矩阵默认是"double"型的数据，如果这个矩阵的数值都是整数甚至 0 或者 1，完全没必要使用 double 来占用空间，可以使用 storage.mode(x) <- "integer" 将其改为整数型，可以看到该对象的大小会变为原来的一半：

```
x <- matrix(0, 1000, 1000)
object.size(x)

## 8000200 bytes

storage.mode(x) <- "integer"
object.size(x)

## 4000200 bytes
```

---

[8]这两个函数只能在 Windows 下使用。

对于当前对象占用内存过多的情况，一个很主要的原因就是在写程序的过程中造成了太多的中间对象。R 是一个很方便的语言，大家使用它一般都是写各种复杂的模型和算法，很多问题构造几个矩阵经过一系列的矩阵运算就可以很快解决，但是这些辅助算法的大矩阵如果不清理，就会留在系统中占内存。因此在写程序中对于中间对象，经常使用 `rm(x)` 是一个很好的习惯，如果是非常重要的信息不想删掉，可以存在硬盘里，比如 csv 文件或者 RSQLite 内存数据库等。

要处理好内存的问题其实很简单，养成随时关注内存的习惯即可，每新建一个对象或者循环赋值的时候适当估算一下所占内存，大内存的中间变量用完后记得清理。如果实在需要新建一个巨大的对象，那么就该考虑一些内存外运算的方法，我们将在下一节进行讨论。

16.3.3 内存外运算

内存外运算并不是一个专门的术语，业界一般把传统的完全基于内存计算之外的方法统称为内存外运算。由于内存具有存取极快的特点，如果有条件将所有的数据都存在内存里，那么进行各类运算都会非常高效。如果数据无法全部读入到内存，也是可以进行操作的，比如磁盘存取。数据如果以文件的形式存储在硬盘中，也是可以通过一些算法实现快速访问的，比如基于文件的哈希运算。如果能够针对性地设计某种数据结构的文件，将各类分析的算法与硬盘上的文件整合到一起，实现基于文件的高性能运算，不再需要将所有数据读入内存，这就是内存外运算最主要的实现方式。

对于某些商业软件，比如 SAS，自己定义了特殊的数据结构并实现了所有的分析算法，可以让用户感觉不到内存外运算与内存运算的区别。R 作为开源软件，其基础包中并没有这么强大的功能，只能靠第三方扩展包进行实现。常用的包有 `bigmemory` 家族、`ff` 包、`biglm` 等。

16.3.3.1 bigmemory 家族

`bigmemory` 家族是当前使用最广的 R 语言内存外运算的包，`bigmemory` 包是其核心，用来建立 big.matrix 对象，可以通过 R 代码或者读取文件的方式来建立一个类型为 big.matrix 的对象。该对象就是前文所说的特殊数据结构的文件，在 R 中与该文件建立连接之后就可以使用 `bigmemory` 家族其他包中的函数对其进行自由的操作。

`bigmemory` 家族中的嫡系成员包括 `bigmemory.sri`、`synchronicity`、`biganalytics`、`bigtabulate` 和 `bigalgebra` 这 5 个包。其中 `bigmemory.sri` 和 `synchronicity` 是功能性的包，用来提供读写锁和其他接口，用户一般不用直接操作。`biganalytics` 可以对 big.matrix 对象实现 `apply`、`kmeans`、`lm` 等函

数以及常用的描述统计方法。`bigtabulate` 用来实现大矩阵的 `table`、`tapply` 和 `split` 等方法。

最令人期待的是 `bigalgebra`，该包很久前就有了开发的计划，但一直到 2014 年 4 月才正式发布。该包基于 big.matrix 对象实现了 BLAS 和 LAPACK 的功能，也就是说使得基础的矩阵运算能够直接实现。由于大部分的统计模型都可以用矩阵运算来表示，因此基于该包可以很方便地开发其他的分析方法，毕竟通常的矩阵运算和普通的 R 函数是无法直接作用到 big.matrix 对象的。从这个意义上来说，`bigalgebra` 的问世使得 R 中的内存运算有了和商业软件一较长短的可能。唯一美中不足的是，`bigalgebra` 目前无 Windows 下的版本。

事实上，当前版本的整个 `bigmemory` 家族的包都不支持 Windows。但是在 4.3 之前的版本是支持 Windows 的。若要在 Windows 下使用 `bigmemory`，可以使用 4.3 之前的版本，例如 4.2.11。需要注意的是，最好是在 R 3.0.0 之前的版本中使用，因为从 R 3.0.0 开始，装旧版的 `bigmemory` 之后无法正常使用 `biganalytics` 包。

假设我们在 R 2.15.3 下安装 bigmemory_4.2.11，可以到 CRAN 上下载旧版的源码包，然后编译安装：

```
install.packages("bigmemory_4.2.11.tar.gz", repos = NULL,
    type = "source")
```

使用 `bigmemory` 可以很容易地建立 big.matrix 对象。`read.big.matrix` 函数可以从文件中读取数据建立 big.matrix 对象，由于在读取的过程中并不需要将所有数据读入内存，而是实时地生成另一个缓存文件，最终在 R 中生成的对象是一个与缓存文件的连接，因此可以节约大量内存：

```
library(bigmemory)
x <- as.big.matrix(as.matrix(iris[, -5]), type = "double")
bigdatafile <- tempfile(fileext = ".txt")
write.big.matrix(x, bigdatafile, col.names = TRUE)
y <- read.big.matrix(bigdatafile, type ="double", header =TRUE)
class(y)

## [1] "big.matrix"
## attr(,"package")
## [1] "bigmemory"

y
```

```
## An object of class "big.matrix"
## Slot "address":
## <pointer: 0x235ef10>
```

biganalytics 包提供了一些基础的分析函数，比如描述统计以及 Kmeans 聚类：

```
library(biganalytics)
colmean(y, 1)

## Sepal.Length
##        5.843

cl1 <- bigkmeans(y, 3)
cl1$centers

##       [,1]  [,2]  [,3]   [,4]
## [1,] 4.732 2.927 1.773 0.3500
## [2,] 6.315 2.896 4.974 1.7031
## [3,] 5.194 3.631 1.475 0.2719
```

biganalytics 提供的分析模型是非常有限的，除了基础的数据处理和描述统计之外，只有回归和聚类这两种最常用的分析方法。但是借助于 bigalgebra 包，我们可以很方便地对 big.matrix 对象进行矩阵运算，在此基础上可以自行开发出很多统计分析方法。在这里，我们以最简单的矩阵乘法为例[9]：

```
library(bigalgebra)
A <- big.matrix(3, 5, init = 1)
B <- big.matrix(5, 2, init = 2)
C <- A %*% B
C

## An object of class "big.matrix"
## Slot "address":
## <pointer: 0x25cc5f0>

C[,]

##      [,1] [,2]
## [1,]   10   10
## [2,]   10   10
## [3,]   10   10
```

---

[9]该操作目前无法在 Windows 系统中进行。

除了 bigmemory 家族自带的包，还有其他作者基于 bigmemory 开发的分析包，比如 bigpca 可以用来进行主成分分析，bigrf 可以用来实现随机森林。随着 bigalgebra 的完善，相信还会有更多基于 bigmemory 的分析包出现。

16.3.3.2 ff 包和 biglm 包

在 bigalgebra 问世之前，ff 包和 bigmemory 包是同类型的解决方案，同样构建了自己的文件系统，然后在 R 中进行数据的存取和分析，当然只能实现基础的描述统计和一些简单的分析方法。因为其发布的时间比 bigmemory 更早，所以文档资源比较丰富，一段时间内比 bigmemory 更受欢迎。在其基础上，也有人开发了 biglars 包用来进行最小角回归和 Lasso 回归。

ff 包的回归分析依赖于 biglm 包。该包的发布时间更早，2006 年就问世了，可以很方便地基于数据库计算回归模型和广义线性模型。即使是 bigmemory 家族，基于数据库进行分析时也要依赖 biglm 包。

biglm 最大的特点就是可以直接连接数据库并进行回归分析。这和 bigmemory 以及 ff 需要事先建立一个文件对象然后进行分析是不一样的，在流程上更简单直接。而且对于内存外的数据，数据库比起文件有着更广泛的应用。这也是 biglm 能够在众多 big 开头的 R 包中独树一帜的原因。

16.3.3.3 基于数据库的内存外运算

除了使用 biglm 对数据库进行分析以外，在 R 中还可以直接连接数据库并利用数据库的特性来优化运算，比如使用 SQL 语句和自定义索引等。操纵数据库的具体方法可以参考"第353页：15.2 R 与数据库"。

值得一提的是，著名的数据库厂商 Oracle 也提供了企业版的 Oracle R Enterprise（ORE）[10]，基于 Oracle 数据库重写了很多分析函数，能够使用类似 biglm 的方式运行大量的分析函数。当然，该软件和 Revolution R Enterprise 一样，是需要付费的。

16.4　并行计算

并行计算（parallel computing）也称平行计算，指的是很多指令同时进行的计算模式。在高性能的运算中，通常是指将一个复杂的任务拆解成不同的子任务，然后交由计算机的多个核或者不同的计算机分别处理，最后自动将结果汇总的过程。

对于普通的计算来说，并行计算是个非常简单的过程。假如我们要把从 1

---

[10]http://www.oracle.com/technetwork/database/database-technologies/r/r-enterprise/overview/index.html

到 100 的数连加起来，那么要进行 99 次加法运算。我们可以将数据分成两部分，第一部分是从 1 到 50，第二部分是从 51 到 100。然后将这两部分数据分给两台计算机，每台计算机只需要运行 49 次加法即可，这两台机器可以同时计算，我们把两台机器的结果加和就是最终的结果。这个例子就是最简单的并行计算。

如果问题变得更复杂，比如说我们要计算两个 100×100 矩阵的乘法，如果将每个矩阵分成 4 块，并不能如上个例子般直接将数据的子集交给不同的计算机，然后各自计算矩阵乘法后简单地汇总。这个具体的问题在高等代数中属于分块矩阵乘法的问题，很显然比起前一个连加的例子更为复杂。我们可能需要自己设计算法才能实现这个并行的过程。

实际工作中的并行问题不会像第一个例子般简单，但通常也不需要自行开发如第二个例子般底层的算法。根据不同的问题，主要的工作量是将算法并行。关于各式各样的并行算法，不是本书讨论的问题，在这里我们主要介绍并行的原理和 R 中实现的方式，因此我们也会用简单的例子来举例。

在并行计算中，可以分成**显式并行**和**隐式并行**。显式并行是指由用户控制的并行，需要在源代码中给予明确的指定。隐式并行是指系统自动进行的并行处理，用户无需做明确的指定。拿矩阵乘法的例子来说，如果我们根据分块矩阵乘法的原理使用 R 语言写程序来实现并行的算法，这个设计并实现算法的过程就是显式并行。我们知道，像矩阵乘法这样基础的矩阵运算是包含在 BLAS 中的，因此如果我们调用某个多核或者多计算机节点的运算，就可以直接求得两个矩阵的乘积。BLAS 自动帮我们实现了并行的算法，在我们来看，这和单核运算的操作没有任何不同，这个过程就是隐式并行。

很显然，如果所有的并行都能隐式地完成，那么事情就会简单太多，否则的话，针对每一个问题可能都要针对性地开发并行的算法，而且要通过底层的工具来实现，是一个非常麻烦的过程。好在我们可以使用很多比较方便的工具和框架，尽量简化部署和实施的过程，用户只需要关注自己的问题和算法，其他的交由工具来处理，比如目前非常流行的 MapReduce 框架和 R 中非常简洁的 foreach 结构，这些都会在后文进行介绍。

16.4.1 Rmpi 与显式并行

要完全理解并行计算并不容易，如果要详细讨论的话会远远超出本书甚至 R 语言的范围，如果只是简单地演示几个例子又很难解释清楚。在这里，我们尽量从比较底层的显式并行出发，通过例子来说明并行计算的实现方式。

并行计算最常见的实现方式是**共享变量**和**消息传递**。共享变量是一种隐式并行的方式，最典型的实现是 OpenMP，也是 R 的核心版本致力的方向。消息传递是最典型的显式并行方式，扩展性非常好，代表性的实现方式有 MPI 和 PVM。我们通过 MPI 来介绍并行的实现。

MPI 是 Massage Passing Interface 的缩写，也就是消息传递平台，它是一种函数库的规范，提供了很多函数接口，Fortran 和 C 可以直接调用这些接口。用户一般不需要直接去调用它们，最好是选择成熟的软件版本。常见的 MPI 的实现版本有 MPICH、OpenMPI 以及 MS-MPI 等商业版本。

CRAN 上可以下载 R 中的 MPI 接口 Rmpi 包，该包需要依赖于某个 MPI 的实现版本。一般来说，Linux 和 Mac 下最好的选择是 OpenMPI，可以直接编译安装。Windows 下最简单的方式是安装 MS-MPI，但是该版本无法运行一些 Rmpi 中的函数，因此建议使用 MPICH。可以到 http://www.mpich.org/ 下载最新的源版本进行编译安装[11]。安装成功后注意要到安装目录中去运行 wmpiregister.exe 这个文件，输入操作系统当前登录帐号的用户名和密码，否则运行时会处于死机状态一直等待。

我们在此处以 Windows 平台为例[12]，安装成功 MPICH 后，在 R 中安装 Rmpi 包，加载并运行如下代码：

```
library("Rmpi")
mpi.spawn.Rslaves()

##  4 slaves are spawned successfully. 0 failed.
## master (rank 0, comm 1) of size 5 is running on: jli-fujitsu
## slave1 (rank 1, comm 1) of size 5 is running on: jli-fujitsu
## slave2 (rank 2, comm 1) of size 5 is running on: jli-fujitsu
## slave3 (rank 3, comm 1) of size 5 is running on: jli-fujitsu
## slave4 (rank 4, comm 1) of size 5 is running on: jli-fujitsu
```

如果是多核的 CPU 会自动将每个核显示为"Slave"，出现如上信息时说明安装无误。在 MPI 乃至并行计算中，"Master"和"Slave"是两个重要的概念，这里我们称为"主机"和"从机"。一般来说，主机是分配任务的机器，可以理解成工头，从机是干活的机器，可以理解成搬砖的 IT 民工。在多核的 CPU 中，虽然是单机，也可以脑补成多台机器并行工作的画面。

MPI 编程的原理如果用最简单的语言来描述的话，就是通过消息传导来指挥各个民工干活。我们可以把每位民工想象成只知道接收指令的机器人，那么只需要将具体的任务分配给对的人就行了。如何分配是算法的问题（这也是我们

---

[11]对于大部分 Windows 用户来说这并不是容易的事情，因此可以选择下载页面下方的"非官方"版本，直接下载 MSI 文件进行安装。

[12]Linux 和 Mac 需自行安装 OpenMPI，此后在 R 中的操作与 Windows 完全相同。

使用 MPI 编程的核心问题），如何接受命令是 MPI 平台的问题。在接受命令上，最重要的是知道自己是谁，然后才能认领分配给自己的任务。这个"知道自己是谁"的函数在 Rmpi 中就是 `mpi.comm.rank` ，我们可以看一个简单的例子：

```
mpi.remote.exec(paste("I am", mpi.comm.rank(), "of",
    mpi.comm.size()))

## $slave1
## [1] "I am 1 of 5"
##
## $slave2
## [1] "I am 2 of 5"
##
## $slave3
## [1] "I am 3 of 5"
##
## $slave4
## [1] "I am 4 of 5"
```

在这个基础上，我们就可以开始 MPI 编程了。假设我们想进行回归分析，但是由于数据量过大，我们希望能将其随机地分成 4 部分，然后分别交给 4 台机器（本例中是 4 个核）计算，这样我们可以估计出 4 套系数，然后比较 4 个系数的差异，看看是否稳定在某个值附近。

这个问题非常简单，每个从机的任务是一样的，没有先后之分，因此我们可以使用一个最简单的消息传递方式"bcast"，也就是广播，将信息同时"广播"到所有的从机。

首先我们随机模拟一批数据，只包含变量 x 和 y，一共 1 万行。我们进行简单随机抽样将其分到四个组，变量 sampleid 记录了每条记录分配的组号。

```
lmdata <- data.frame(y = rnorm(10000), x = rnorm(10000))
sampleid <- sample(1:4, 10000, replace = TRUE)
```

然后我们定义一个从机的函数，这是最关键的一步，所有的消息传递和机器的工作都要在这里定义：

```
slavefun <- function() {
    tmp.data <- lmdata[which(sampleid == slaveID), ]
    tmp.model <- lm(y~x+0, data = tmp.data)
    tmp.sum <- summary(tmp.model)
```

```
    return(c(Est = tmp.sum$coefficients["x", "Estimate"],
        P = tmp.sum$coefficients["x", "Pr(>|t|)"]))
}
```

我们的这个例子比较简单，每台从机的工作是相同的，对于分配给自己的数据，运行 lm 函数，然后返回 x 的估计值和 P 值。对于每台从机只需要根据自己的 ID 选择对应组号的数据即可。需要注意的是该函数并没有参数，但是函数中包含了 lmdata, sampleid 和 slaveID 这三个外部环境的变量，严格来说这并不符合函数式编程的习惯，但是在此处的 MPI 编程中可以获得很大的便利。

lmdata 和 sampleid 是数据集，我们使用广播的方式将其发布到每台从机。slavefun 是执行的函数，也使用同样的方式来发布。在 Rmpi 中有个非常便利的函数，可以很方便地将任意 R 对象广播到所有的从机：

```
mpi.bcast.Robj2slave(lmdata)
mpi.bcast.Robj2slave(sampleid)
mpi.bcast.Robj2slave(slavefun)
```

slavefun 中还包含 slaveID 这个变量，之前并没有定义过。我们可以知道该变量表示的是从机的编号，由于我们的测试环境是 4 核，具有 4 台从机，因此我们将数据集分成了 4 份，和每台从机一一对应。mpi.bcast.cmd 可以使用广播的方式来传入命令，我们使用之前介绍过的 mpi.comm.rank 来识别从机的身份：

```
mpi.bcast.cmd(slaveID <- mpi.comm.rank())
```

所有的数据和函数部署好之后，我们的 MPI 编程已经完成，下面只需要执行即可：

```
res <- mpi.remote.exec(slavefun(), simplify = FALSE)
res

## $slave1
## [1] 0.01214 0.54001
##
## $slave2
## [1] 0.01954 0.32362
##
## $slave3
## [1] 0.01802 0.37171
```

```
##
## $slave4
## [1] -0.02525  0.20676
```

我们简单地将自定义的从机函数使用 `mpi.remote.exec` 来执行，并通过设置 simplify 参数来原样保持各从机的结果。可以发现最后输出一个列表，包含每台从机运行的结果，这正是我们想要的。运行完所有任务后，我们要记得关闭 MPI：

```
mpi.close.Rslaves()
```

```
## [1] 1
```

通过以上简单的例子，我们可以了解到 MPI 的运行机制。真实应用中的 MPI 编程通常不会是如此简单的广播方式，而是常常需要更复杂的消息传递，比如使用 `mpi.send` 和 `mpi.recv` 来进行点对点的信息传递，这样可以实现更为复杂的并行计算。虽然在算法的设计上要复杂得多，但是就实现的原理来说与我们介绍的例子是一样的。

16.4.2 parallel 包的应用

大多数时候，我们并不需要自行开发复杂的并行算法，仅仅只是需要如之前的例子般简单地将一些计算分配到不同的机器或者核，这个时候直接使用 MPI 编程是一种很不经济的方式。好在 R 中还有更好的选择，帮我们封装了很多并行的函数，让我们可以使用更加容易的方式来实现简单的并行。

在 R 2.14.0 之前，R 中的并行主要借助于 snow 包来实现。此外还有一个 `multicore` 包，当时只能运行于类 Unix 和 Mac 系统，可以自动地使用 `apply` 类似的结构将任务分配到多核，实现一定程度上的隐式并行。

从 R 2.14.0 开始，R 自带了 parallel 包，该包基于 snow 和 `multicore` 进行了增强和修改，使得 R 自带了并行的机制。以该包为基础，其他一些更为方便易用的第三方包被开发出来了，比如 doParallel，还能和 foreach 等包结合，实现更通用的并行方式。

我们仍然以单机多核的操作系统为例，将运算分配到 CPU 不同的核中完成，从而实现并行。detectCores 函数可以查看本机有多少个核：

```
library(parallel)
detectCores()
```

```
## [1] 2
```

parallel 可以采用不同的通信方式，MPI 显然是其中的一种，该方式非常稳定但是需要依赖于 MPI 环境的安装。如果仅仅只是为了测试或者是简单的应用，我们可以使用最简单的 SOCKET 方式来通信。只需要指定网络中的计算机名或者是本机中核的数据就可以建立一个并行集群的对象：

```
cl <- makeCluster(c("localhost", "localhost"), type = "PSOCK")
cl

## socket cluster with 2 nodes on host 'localhost'
```

parallel 默认使用 PSOCK 的方式，在类 Unix 的机器上还可以使用 FORK，如果要使用 MPI 或者 PVM 的话需要安装 snow 包和 Rmpi 或者 rpvm 包。无论采用何种方式建立好集群对象后，之后的操作都是一样的，最简单的应用是 clusterApply 函数，它可以使我们像使用 lapply 函数一样进行操作，并自动将任务分配到每个从机进行计算。例如：

```
clusterApply(cl, 1:2, fun = function(X) {Sys.sleep(1);
    paste0("Element ", X, " at ", date())})

## [[1]]
## [1] "Element 1 at Sun May 17 19:01:37 2015"
##
## [[2]]
## [1] "Element 2 at Sun May 17 19:01:37 2015"
```

这是一个简单的类似 lapply 的程序，我们对一个长度为 4 的向量的各元素进行操作。该操作并无实际的意义，只是为了演示并行的效果。我们自定义的函数在运行时会等待 1 秒，然后输出操作的元素的编号和当前时间。之前我们创建了一个具有 2 节点的集群，可以发现，两个运算被自动分配到了两个节点。元素 1 和 2 是同时完成的，说明本次运算中我们使用到了双核。

同样的函数，我们使用 lapply 进行操作：

```
lapply(1:2, FUN = function(X) {Sys.sleep(1);
    paste0("Element ", X, " at ", date())})

## [[1]]
## [1] "Element 1 at Sun May 17 19:01:38 2015"
##
## [[2]]
## [1] "Element 2 at Sun May 17 19:01:39 2015"
```

从时间上来看，`lapply` 中的两个元素是依次运行，运行时间是 `clusterApply` 的 2 倍，说明了并行的 `clusterApply` 充分利用了多核的优势。

16.4.2.1 foreach 简介

`apply` 函数分而治之的思想和并行是一致的，因此 `parallel` 包与 R 的习惯非常契合。虽然 R 的最佳实践中总是建议尽量使用 `apply` 系列函数少用显式循环[13]，但是循环并不是一无是处。很多时候，循环的结构更加简洁明了易于阅读，更重要的是更加易于编程，而易于编程本身就是 R 的核心优势之一。

在 R 中内置的 `for` 、`while` 、`repeat` 这几种循环结构之外，`foreach` 包提供的 `foreach` 循环结构也是一种非常受欢迎的方式。

`foreach` 结构与 `for` 循环比较类似，在循环条件中设置迭代变量，然后使用 `%do%` 语句来开始循环体。整个循环过程会在迭代变量的取值范围内重复循环体的内容，并将结果使用列表进行输出：

```
library(foreach)
x <- foreach(i=1:3) %do% sqrt(i)
x

## [[1]]
## [1] 1
##
## [[2]]
## [1] 1.414214
##
## [[3]]
## [1] 1.732051
```

与 `for` 循环不同的是，`foreach` 的迭代变量可以用多种形式，比如同时包含两个变量：

```
x <- foreach(a=1:1000, b=rep(10, 2)) %do% {
    a + b
}
x

## [[1]]
## [1] 11
##
```

---

[13]这并不是指 `apply` 比起循环有着更高的效率，而是因为更能体现向量化编程的思想。

```
## [[2]]
## [1] 12
```

值得注意的是，当存在多个迭代变量时，这些变量的变化是同步的，所以当某个变量停止时其他变量也会停止，如上例所示，以长度较短的变量为准。关于迭代变量更高级的用法，可以参考 `iterators` 包。

foreach 另一个不同之处在于使用列表来输出循环结果，并且提供了 `.combine` 参数来指定汇总结果的方式，这样可以节省很多代码，例如对于之前的例子：

```
x <- foreach(i = 1:3, .combine='c') %do% sqrt(i)
x

## [1] 1.000000 1.414214 1.732051
```

我们设置汇总的函数为 `c` ，那么，结果会自动变成一个向量。

16.4.2.2 foreach 和 doParallel

如果 foreach 仅仅只有以上介绍的功能，那么它只是一个比起 for 循环更方便和灵活的可选方案，并没有非常突出的优势，但是 foreach 最大的意义在于其可以支持并行计算。我们使用 `doParallel` 包可以无缝地集成 `foreach` 和 `parallel` ，只需要将 `%do%` 命令改写成 `%dopar%`，将可以对整个循环结构完美地实现隐式并行。当然事先需要注册一个并行的集群，我们使用之前创建的 `cl` 对象，例如：

```
library(doParallel)
registerDoParallel(cl)
foreach(i = 1:2) %dopar% {
    Sys.sleep(1)
    paste0("Element ", i, " at ", date())
}

## [[1]]
## [1] "Element 1 at Sun May 17 19:01:40 2015"
##
## [[2]]
## [1] "Element 2 at Sun May 17 19:01:40 2015"
```

我们可以发现该循环自动并行计算了，结果与之前直接使用 `parallel` 是一样的。

所有的操作结束后最好显式地停止集群：

```
stopCluster(cl)
```

对于很多运算，如果我们不需要自行开发并行算法，仅仅只是需要将操作分解后并行处理，`parallel` 包是最好的选择。其内置的 `clusterApply` 函数可以取代 R 中常用的 `lapply`，我们同样也可以使用 foreach 来替代 for 循环，这样就可以充分使用到并行的便利性，进一步提高程序的性能。

16.4.3　RHadoop 简介

在如今大数据的时代，Hadoop 炙手可热，甚至有很多第一次关注 R 的人都是被 Hadoop 与 R 的集成吸引过来的。关于 Hadoop 的安装部署以及调用 R 的资料非常多，在这里我们就不进行详细的介绍了。有兴趣的读者可以到 Hadoop 的主页 `http://hadoop.apache.org/` 找到最新的版本和使用说明，或者参照其他的书籍进行安装和配置。

关于 Hadoop，大家都知道它是 MapReduce 的一个很好的开源实现。MapReduce 是谷歌内部的大规模数据处理的模型框架，于 2004 年向公众发布[39]。我们可以拿 MapReduce 和之前介绍的 MPI 进行简单的比较。MPI 是一种古老的基于消息处理的并行模型，如果要开发并行算法，需要深入到集群中的每个节点，时常需要一对一的编程。但是 MapReduce 框架提供了一套更为便利的编程模式，只需要按照标准编写每个节点的映射（Map）和总体化简（Reduce）的函数，将其放在整个计算框架中，就能实现自动的任务分配和并行计算。MapReduce 的效率并不高，但是能极大地节省编程的工作量，这个特点和 R 是非常相似的。

Hadoop 是 Apache 基金会的开源项目，其前身可以追随到 Lucene 项目的 Nutch 系统，该项目发起于 2002 年，业界广泛地使用它来实现网络爬虫。该项目实现了 NDFS（Nutch Distributed File System）分布式文件系统。2004 年谷歌的文章发布后，该项目开始实现 MapReduce 的机制，并且与 Google 的 GFS（Google File System）相对应地发展了 HDFS 分布式文件系统。到 2006 年的时候，Apache 启动了对 Hadoop 项目的独立支持，正式从 Nutch 分离。2008 年的时候 Hadoop 开始成为 Apache 的顶级项目。

Hadoop 的核心是 MapReduce 框架和 HDFS 分布式文件系统，此外，还有建立在 HDFS 之上的 HBase 系统，这是一个分布式的存储系统，与 Google 的 BigTable 相对应。

Hadoop 是基于 Java 编写的，支持 streaming 的方式，可以用文件脚本的方式传入 mapper 和 reducer 函数，自然也支持 R 脚本。但是更方便的方式是使用 Revolution 公司维护的开源项目 RHadoop，该项目的主页在 GitHub 上：`https://github.com/RevolutionAnalytics/RHadoop`。由于 Hadoop 的环境超

出了本书讨论的范围，因此在这里不做具体的介绍和示例。读者可以很容易地参照 RHadoop 主页或者其他书籍来实现一个简单的 MapReduce 的例子。但是和 MPI 一样，要实现复杂的并行计算的示例对于算法开发的要求很高，并不需要每个人都掌握。

一般来说，基于 R 的高性能运算主要是指前面一些章节中提到的方法。在与 Hadoop 结合的方式中 R 的地位并不是很突出，如果是使用 R 来开发全局的并行算法，其实并没有很强的使用 R 的必要，直接用 Java 会更方便。但是如果有些任务可以分拆到各个节点来独立运行，这样才能体现 R 的优势，但这已经不是技术层面的问题了，更多的是关于分析目标和任务拆分方面的考虑。但是不管怎样，R 与 Hadoop 结合的能力大大地扩展了 R 的应用范围，尤其是在已有 Hadoop 平台和 R 分析模块的前提下，可以非常方便地将 R 作用于系统的各个环节，尤其是最后的分析环节，从而实现更大的妙用。

本章总结

针对 R 的性能中存在的各种问题或者质疑，本章都提出了改进的方法或者进行了解释。对于解释性语言性能上的弱点，可以使用内置的 compiler 包进行编译；对于 R 语言计算能力的低效，我们需要尽量使用内置函数或者用 C 或 Fortran 编写被频繁调用的函数；对于开源代数运算库的问题，可以更换更高效的版本；对于单线程的缺陷，可以使用并行计算。

另外有些问题并不是 R 的问题，比如有一种质疑是"R 只能在内存内计算"。事实上，几乎所有的编程语言和绝大多数的统计软件都是如此，只是其他编程语言的用户很少遇到巨大的矩阵运算而已，也只有 SAS 等少数商业软件可以实现内存外运算。而 R 通过第三方包的支持，也能很好地实现内存外运算。

对于更巨大的数据，如果要实现可扩容的数据分析。R 又成了一个高性能分析方案的好选择，通过并行机制的分解，我们使用 R 可以轻松地在数据上实现并行。如果要在算法上实现并行，那么使用 R 和使用其他任何语言基本上没有区别，但是由于 R 强大的可扩展性，可以非常方便地和流行工具进行集成。

后 记

写一本书的后记可能是最愉快的时候，就像是一场马拉松看到了终点线。这只是比喻，当然我没有跑过。

不记得我们是在什么时间正式起跑的，这本书的缘由还得回溯到第五届北京R会，也就是 2012 年的初夏。当时李颖撺掇我们写一本原创的 R 语言书。正好空闲时间还挺多，就答应了下来。回家后就和李舰合计大纲。马拉松在起跑的时候大家体力还不错，比较乐观的样子。当时我们预计可以在 2013 年夏天完成初稿，还在 ggplot2 的那本书的后面挂上了本书的新书预告，一时之间引来众多垂询。当时挖的一个大坑，现在终于要补上了。

李舰有软件工程背景，把写书也看作是一项工程，目录定好后给我发来一份长长的攻略，搭建写书环境。于是乎 Eclipse 走起来，SVN 走起来了，LATEX 走起来。一开始环境安装比较麻烦，但是后面的事就省了好多。不用在 Word 里面乱折腾，这种方式写书和写代码一样，感觉很愉快，很高大上。

2013 年数据科学这个名词越来越热，新的方法和工具不断在涌现，我们的书稿内容也是一改再改。雏形已经有模有样。这一年大家的生活都有些变化，李舰家庭人口急剧膨胀，达到了惊人的 50% 人口增长率。本人作为发展中国家，更是达到了 100% 的人口增长率。人口多事情也多了，跑步的速度就慢了下来，一转眼 2013 年上海 R 会也到了，又要碰见李颖了，但书稿进度还没完，项目延后，心有点虚。

2014 年的时候，李颖已经没有再催稿子了。马拉松还没看到终点，益辉同学的忍者在向我们招手致意。不过，在 To-Do List 上面，这份书稿仍昂首排在第一个，每天看看它有点内疚，坚持挤出时间弄一点。一转眼夏天快过完了，官网上的 R 包增长到了 6000 个，我们书稿的页码也慢慢积累到了 500 多页。到现在，我终于可以来写这最后的后记。

当做一件事情成为习惯，就容易坚持下去。不论是学东西、写东西还是其他。

肖凯

2014 年 11 月 5 日于上海

编后记

　　自"R 语言应用系列"丛书在 2011 年首度面世，至今已经是第 5 个年头了。在这期间每年在北京、上海两地的 R 会议如火如荼地举办着，并且在 2014 年又开辟了更多的新会场，很高兴看到 R 语言已经从崭露头角的蓓蕾，跻身为大数据时代倍受追捧的编程软件。在 R 语言红得发紫的当下，也听到了林祯舜博士在 R 会议上和大家的分享，在 R 用户趋于平稳之后，希望与会的各位还会继续关注 R。是的，我在心里暗暗对自己说，即便在 R 技术成熟之后，作为编辑的我还会多角度深入挖掘它，让它的技术魅力尽情绽放，也会跟进 R 的更新以飨读者。

　　回到这本书上来。这本书是 R 系列中非常珍贵的一本，原因在于 R 起源发展于国外，国外作品在技术前期具有领先优势，所以我们之前的出版物也多以英译汉作品为主。如今这本原创的书是一个突破，特别是以李舰和肖凯的业界深厚背景为基础，全面阐述了 R 语言在数据科学中的发展，许多章节中的内容第一次公开了技术细节，我相信这本书会成为一本看得懂、用得上的技术案头书。

　　如肖凯所述这本书经历了三四年时光，我的真心感受是这不亚于母亲孕育一个孩子，从列提纲、组织内容、具备雏形到正式出版，这个过程中李舰和肖凯倾注了他们大量的心血，牺牲了许多个人的休息时间，李舰回复邮件的时常是深夜，毫不夸张地说我们这个工作小组的邮件加到一起也足够出一本对话语录了。书中许多细微之处渗透着他们的智慧，也展现着他们精益求精、专业的工作态度，比如本书所有的代码在五个操作系统装载最新版的 R 下经过了严格的测试，所以说很多时候他们是站在读者的角度来想问题，能成为他们的读者是幸运的。在全书付梓之际，最要感谢的是李舰和肖凯这一路的坚持，也让我在编辑过程中学习到了许多知识，同时也感谢吴喜之教授的细心点拨以及对晚辈的关爱，还要感谢在本书出版过程中给予指导帮助的赵丽平编审、周丙常副教授以及出版社的支持，最后感谢我的家人，让我在做妈妈的同时还能静下心来从事我热爱的出版工作。

李颖

2015 年 2 月 16 日于西安

参考文献

[1] 施光燕，钱伟懿. 最优化方法. 北京：高等教育出版社，1999.

[2] 吴喜之. 复杂数据统计方法：基于 R 的应用. 北京：中国人民大学出版社，2010.

[3] 吴喜之. 统计学：从数据到结论. 北京：中国统计出版社，2013.

[4] 吴喜之. 非参数统计. 北京：中国统计出版社，1999.

[5] 王星. 非参数统计. 北京：中国人民大学出版社，2005.

[6] （英）迈尔-舍恩伯格，（英）库克耶著；盛杨燕，周涛译. 大数据时代. 杭州：浙江人民出版社，2013.

[7] 拜凡德，裴贝斯玛，格梅尔-卢比奥著；徐爱萍，舒红译. 空间数据分析与 R 语言实践. 北京：清华大学出版社，2013.

[8] 齐民友. 概率论与数理统计. 北京：高等教育出版社，2012.

[9] 张波. 应用随机过程. 北京：中国人民大学出版社，2001.

[10] 何晓群，刘文卿. 应用回归分析. 北京：中国人民大学出版社，2001.

[11] 谢海棠，黄晓晖，史军. 定量药理与新药评价. 北京：人民军医出版社，2011.

[12] 蒋学华. 临床药动学. 北京：高等教育出版社，2007.

[13] 刘克辛，韩国柱. 临床药物代谢动力学. 北京：科学出版社，2009.

[14] 胡伟. *LATEX2e* 完全学习手册. 北京：清华大学出版社，2011.

[15] William W.S. Wei. *Time Series Analysis: Univariate and Multivariate Methods*. Addison-Wesley Publishing Company，1990.

[16] Gergely Daróczi, Michael Puhle, Edina Berlinger, et al. *Introduction to R for Quantitative Finance*. PACKT Publishing Company，2013.

[17] Christopher Gandrud. *Reproducible Research with R and RStudio*. CRC Press, 2014.

[18] David Ruppert. *Statistics and Data Analysis for Financial Engineering*. Springer, 2010.

[19] Hadley Wickham. *ggplot2: Elegant Graphics for Data Analysis*. Springer, 2009.

[20] Winton Chang. *R Graphics Cookbook*. O'Reilly Media, Inc., 2013.

[21] Nathan Yau. *Visualize This: The FlowingData Guide to Design, Visualization, and Statistics*. Wiley Publishing, Inc., 2011.

[22] Noah Iliinsky, Julie S. *Designing Data Visualizations*. O'Reilly Media, Inc., 2011.

[23] Pang-Ning Tan, Michael Steinbach. *Introduction to Data Mining*. Addison-Wesley, 2005.

[24] Michael R. Berthold, Christian Borgelt, Frank Höppner, et al. *Guide to Intelligent Data Analysis*. Springer, 2010.

[25] Luis Torgo. *Data Mining with R: learning with Case Studies*. CRC Press, 2011.

[26] Brett Lantz. *Machine Learning with R*. Packt Publishing Ltd, 2013.

[27] Nina Zumel, John Mount. *Practical Data Science with R*. Manning Publications Co., 2014.

[28] Robert I. Kabacoff. *R in Action*. Manning Publications Co., 2011.

[29] John Maindonald, W. John Braun. *Data Analysis and Graphics Using R*. Cambridge University Press, 2003.

[30] Richard Cotton. *Learning R*. O'Reilly Media, Inc., 2013.

[31] Norman Matloff. *The Art of R Programming*. No Starch Press, Inc., 2011.

[32] Wang Y, Sung C, Dartois C, et al. *Elucidation of Relationship Between Tumor Size and Survival in Non-Small-Cell Lung Cancer Patients Can Aid Early Decision Making in Clinical Drug Development*, Clinical Pharmacology & Therapeutics, 2009, 86, 167-174.

[33] C. L. Lawson, R. J. Hanson, D. Kincaid, et al. *Basic Linear Algebra Subprograms for FORTRAN usage*, ACM Transactions on Mathematical Software, 1979, 5(3).

[34] 王亚宁. 定量药理学与新药注册. 中国临床药理学与治疗学, 2010 10, 15(10).

[35] Yihui Xie. *knitr: A general-purpose package for dynamic report generation in R*. URL http://yihui.name/knitr/, R package version 1.7, 2014.

[36] 周志华. 机器学习与数据挖掘. URL http://cs.nju.edu.cn/zhouzh/zhouzh.files/publication/cccf07.pdf, 2007.

[37] C.F. Jeff Wu. *Statistics = Data Science?*. 1997.

[38] Ross Ihaka. *R : Past and Future History*. A Draft of a Paper for Interface '98, 1998.

[39] Jeffrey Dean, Sanjay Ghemawat. *MapReduce: Simplied Data Processing on Large Clusters*. In OSDI, 2004 12.

[40] Bin Yu. *Let Us Own Data Science*. IMS Presidential Address, 2014 7.

[41] 吴喜之. 科学, 统计, 数学, 教学和科研. 2012.

索　引